第四代核能系统与钠冷快堆概论

成松柏　王　丽　张　婷　编

U0301853

国防工业出版社
·北京·

内 容 简 介

本书主要对第四代核能系统尤其是钠冷快中子反应堆的相关知识进行综合性介绍。内容包括第四代核能系统概述(发展背景和定义,先进核燃料循环,核反应堆安全,核能的经济性)、钠冷快堆基础(发展概况和基本特性,快堆物理,快堆热工流体力学,快堆材料,快堆安全)以及其他五种四代堆(高温/超高温气冷堆,熔盐反应堆,超临界水冷堆,铅合金液态金属冷却快堆和气冷快堆)的基本信息。

本书既可作为高校核电专业学生在第四代核能系统方面的入门教材,也可作为核电专业技术人员科研和培训的参考书籍。

图书在版编目(CIP)数据

第四代核能系统与钠冷快堆概论/成松柏,王丽,张婷著.—北京:国防工业出版社,2018.1

ISBN 978-7-118-11485-0

Ⅰ.①第… Ⅱ.①成… ②王… ③张… Ⅲ.①核技术 ②钠冷快堆 Ⅳ.①TL

中国版本图书馆 CIP 数据核字(2017)第 330160 号

※

国防工业出版社出版发行

(北京市海淀区紫竹院南路 23 号 邮政编码 100048)

国防工业出版社印刷厂印刷

新华书店经售

*

开本 787×1092 1/16 印张 13¼ 字数 300 千字

2018 年 1 月第 1 版第 1 次印刷 印数 1—2000 册 定价 60.00 元

(本书如有印装错误,我社负责调换)

国防书店:(010)88540777 发行邮购:(010)88540776

发行传真:(010)88540755 发行业务:(010)88540717

前　言

　　核电作为一种安全、清洁、低碳和高效的能源,历来受到我国政府的高度重视。受2011年日本福岛核事故的影响,核电的安全性再度成为发展核电国家最为重视的问题。目前,全球在建核电站正逐步过渡到三代技术,但第四代核能系统已成为核能研究人员在未来多年内重点研究的课题。

　　相对于第二、三代反应堆,第四代核能系统是一种安全性更高、经济竞争力更强、核废物量更少以及可有效防止核扩散的先进核能系统。2002年,第四代核能系统国际论坛选定了六种第四代核电站概念堆系统,即液态钠冷却快堆系统、超高温气冷堆系统、熔盐反应堆系统、超临界水冷堆系统、铅合金液态金属冷却快堆系统和气冷快堆系统。其中,钠冷快堆因其良好的增殖特性以及最为丰富的建造和运行经验,已成为国际上第四代核能系统中的"一号种子选手"。

　　2016年4月,我国颁布的《能源技术革命创新行动计划(2016—2030年)》明确提出要加快"先进核能技术创新",积极"推进快堆及先进模块化小型堆示范工程建设,实现超高温气冷堆、熔盐堆等新一代先进堆型关键技术设备材料研发的重大突破"。国家"十三五"科技创新规划更进一步指出要"稳步发展核能与核安全技术及其应用",重点是"超高温气冷堆、先进快堆、小型核反应堆和后处理等技术研发及应用"。此外,2016年11月国务院公布的《"十三五"国家战略性新兴产业发展规划》也再次重申要"加快开发新一代核能装备系统""加快推动铅冷快堆、钍基熔盐堆等新核能系统试验验证和实验堆建设",重点发展"高温气冷堆、快堆及后处理技术装备""加快示范工程建设"。

　　当前,人才已成为我国核电大发展的主要瓶颈,因此,近年来全国已有近百所高等院校(包括高职高专院校在内)开办起核工程专业。第四代核能系统代表了先进核能系统的发展趋势和技术前沿,属于核工程专业学生应掌握的重要知识,因此迫切需要一本能适应该形势的教材。然而,新一代核电技术涉及面广,技术复杂,且创新不断,因此我们编写本书的指导思想主要是发挥导引作用,即对每一种堆型立足于宏观介绍,尽量避开具体的技术细节。

　　全书共分为三篇。第一篇从燃料循环、安全性和经济性等角度对第四代核能系统进行总体概述,使读者对第四代核能系统有初步的认识和感知;第二篇相对详细地介绍了钠冷快中子反应堆的相关知识,包括钠冷快堆的概念、物理基础、热工流体力学、材料以及安全等方面;第三篇则分别对其余五种第四代反应堆系统进行了简要的描述,以使读者对这些堆型的发展历史和现状、技术特点等方面有整体的认知和把握。

　　本书在编写过程中,参考了国内外各相关单位和科研机构公开发表的大量论文、报告和书籍,并引用了部分插图,在此特向相关专家和学者表示崇高的敬意和感谢。由于编者学识水平有限,书中错误和不妥之处,恳请读者批评指正。

编者

2017年3月

目　　录

第一篇　第四代核能系统概述

第二篇　钠冷快中子反应堆

第三篇　其他第四代堆型概述

第一篇

第四代核能系统概述

第一章　引　　论

1.1　世界核电发展背景

核能的和平利用始于 20 世纪 50 年代。美国、苏联等工业发达国家在进行核军备竞赛的同时,也竞相发展核电站。1954 年,苏联建成电功率 5MW 的试验型原子能电站,为世界上首座核电站;1957 年,美国建成电功率为 90MW 的希平港原型核电站,这些成就证明了利用核能发电的技术可行性。国际上把上述试验型和原型核电机组称为第一代核电机组。至今,第一代核电厂基本已经退役。

20 世纪 60 年代中期,在试验型和原型核电机组基础上,世界上陆续建成电功率在 300MW 以上的压水堆、沸水堆和重水堆等核电机组,它们在进一步证明核能发电技术可行性的同时,使核电可与火电、水电相竞争的经济性也得以证明。20 世纪 70 年代,因石油危机引发的能源危机促进了核电的发展,目前世界上商业运行的 400 多座核电机组绝大部分是在这段时期设计修建的,称为第二代核电机组。第二代核电机组主要是按照比较完备的核安全法规和标准以及确定的方法,考虑设计基准事故的要求而研发的。第二代核电机组主要有压水堆(PWR)、沸水堆(BWR)、加拿大的压力管式天然铀堆(CANDU)、苏联开发的石墨沸水堆(LGR)、改进的气冷堆(AGR)、高温气冷堆(HTGR)和液态金属冷却快中子增殖堆。目前运行和在建的第二代核电机组中的优势机组是 PWR、BWR 和 CANDU。

20 世纪 80 年代以后,各国采取大力节约能源以及能源结构调整的措施,世界经济特别是发达国家的经济增长缓慢,因而对电力需求增长不大甚至有所下降,核电发展遇到重重困难。1979 年美国三哩岛核电事故全美震惊,核电站附近的居民惊恐不安,约 20 万人撤出这一地区,对世界核电发展产生了重大影响,美国和西欧一些国家不得不重新审视相关核能发展计划。1986 年 4 月,苏联又发生切尔诺贝利事故,这次事故所释放出的辐射剂量是第二次世界大战时期爆炸于广岛的原子弹的 400 倍以上,共造成损失约两千亿美元(已计算通货膨胀),是近代历史中代价最"昂贵"的灾难事件。这两次较大的核电事故,加深了公众对核安全的疑虑,形成了一股强大的反核势力。在这种情况下,公众和政府对核电的安全性要求不断提高,致使核电设计更复杂,政府审批时间和建造周期加长,建设成本上升。20 世纪 90 年代全球核能进入了缓慢发展的"低谷期",在此期间全球新投运核电机组仅 52 台。尽管如此,全球核能工作者依然做出了大量的努力和贡献。美国电力研究院(EPRI)于 20 世纪 90 年代出台了"先进轻水堆用户要求"URD 文件,用一系列定量指标规范核电站的安全性和经济性。欧洲出台的 EUR 文件,也表达了与URD 文件相同或相似的看法。国际上通常把满足 URD 文件或 EUR 文件的核电机组称为第三代核电机组。第三代核电技术总结了几十年核电技术的发展成果,按照当时新的核安全法规设计,把超设计基准事故(或严重事故)作为设计基准,确保了安全壳在严重事故情况下的完整性,其安全性和经济性都有明显提高。

第四代核能系统的发展是由美国能源部(DOE)主导的发展计划。为了促进国际合作,在2000年2月,由美、法、日、英等10个国家组建的国际联盟成立,同年5月,形成了关于第四代核能系统技术目标的初稿。2001年,以美国为首的一些发达国家联合成立了"第四代核能系统国际论坛"(Generation IV International Nuclear Energy Forum,GIF)。立足于核电的长期可持续发展,第四代核能系统是指安全性和经济性更加优越、废物量极少、无须厂外应急,并且具有防核扩散能力的先进核能系统。

历年来,世界各主要国家核电技术的总体发展状况如下:

1. 美国

自1951年以来,美国开发核电已有60多年的历史,至今共建造商业核电站132座,目前仍有99座正在运行,居世界各国之首。

由于经济需要等各方面的原因,美国核电站绝大多数都建在人口稠密的城市附近。核电站建造者严格遵守核规章委员会制定的安全标准条例,因此核电站从未出现过实际威胁附近城市居民安全的严重事故。1979年三哩岛核电站发生严重事故,这次事故虽然没有造成人员伤亡,但使政府承受巨大压力,也使美国的核电工业遭受了沉重打击,导致其核电发展在近30多年间基本停滞。2011年初,美国政府强调将大力发展包括核能在内的清洁能源,并在2012年度预算中把建造核电站的政府贷款数额提高到540亿美元。日本福岛核事故后,美国表示大力发展核电的立场不会改变,新的核电建设仍按原计划进行,但同时要把日本核电运营的经验教训运用到设计和建造新一代核电站上,以提高核安全技术水平。美国政府多次明确表示,要满足日益增长的能源需求,同时避免气候变化带来的严重后果,必须提高核能供应量。

2. 俄罗斯

1954年,苏联的世界第一座热功率为5MW石墨水冷堆核电站的建成并顺利运行,对世界核电的发展起到了重大的推动作用。在此后30年间,苏联以较高速度和巨大规模发展了核电事业。主要采用两种堆型,即轻水冷却石墨堆和压水堆,前者是在生产堆基础上发展起来的,但自切尔诺贝利事故后,苏联便不再发展石墨水堆核电站,而主要发展压水堆系列堆型。

俄罗斯现有31座核电站共计35台机组(总容量26053MW)在运行。这些核电站年发电量为1000~1100亿kWh,约占俄罗斯全国总发电量的13%,占其欧洲部分总发电量的27%左右,装机容量利用率为55%~56%,能基本满足全国的电力需求。最近10年,俄罗斯核电站的运行经验证明,其可靠性和安全指标均达到了较高水平,尤其是近几年核电机组运行中的事故几乎减少了一半,其中事故保护自动动作的指标为该项指标最好的国家之一。

3. 法国

核电是法国的动力之源。20世纪七八十年代的石油危机,促使法国选择了发展核电的道路。当时法国需要一种可靠的能源,但开发此能源必须是经过检验的成熟技术。为尽量降低风险,法国决定从当时的核能大国美国引进技术。在技术选择上始终遵循一个原则,即经得起验证、安全可靠和风险最小。通过对比,法国最终选择了压水堆技术。现在,法国全国核电供电比例由最初的 2% 逐步增长至约 80%,是世界上核电供电比例最高的国家。这样的成功来源于选择了可靠的伙伴、成熟的技术和合作方式。几十年来,法国在建立核工业的同时,在核废料处理、核安全等方面也积累了丰富的经验。1993 年 5 月,法国和德国的核安全当局提出在未来压水堆(EPR)设计中采用共同的安全方法,通过降低堆芯熔化和严重事故概率以及提高安全壳能力来提高安全性,从放射性保护、废物处理、维修改进、减少人为失误等方面根本改善运行条件。1998 年,法国完成了 EPR 基本设计。2000 年 3 月,法国和德国核安全当局的技术支持单位完成了 EPR 基本设计的评审工作,并于 2000 年 11 月颁发了一套适用于未来核电站设计建造的详细技术导则。目前,新一代 EPR 已经完成了技术开发层面的工作,现已进入建设阶段。

4. 日本

20 世纪 50 年代初期,日本开始了对核电的开发研究和设备制造的准备工作。1956 年成立日本原子能研究所,1961 年组建成日本原子能发电公司,并于 1961 年 3 月开始兴建东海核电站。1966 年 7 月,该核电站建成并投入运行,开创了日本核电生产的新纪元。该电站采用英国通用电气公司的石墨气冷堆(GCR)机组,其容量为 166MW。东海核电站的建设和运行,为日本建立核安全审查体系、设备国产化以及人才培训等做出了很多贡献。20 世纪 70 年代,美国的轻水堆(LWR)机组经过近 10 年的运行和改进,其经济性和可靠性已基本上得到确认,日本原子能委员会决定第二台核电机组采用轻水堆系列。之后,虽然核安全问题时有发生,但日本仍坚持发展核电。2011 年福岛核事故后,日本经过三年的紧张应对,核电态势基本趋于稳定,得到国际原子能机构的积极评价。现日本正积极准备停运核电机组的重启工作,以克服因进口碳基燃料而带来的重大经济投入以及二氧化碳排放的大幅增加等不足。

5. 中国

我国的反应堆技术研究始于 1955 年,经过 60 多年的发展,现已建立起完备的核工业体系。1958 年,苏联援建的研究型重水反应堆在中国原子能科学研究院交付使用。之后,我国确立了自行研究和设计核潜艇动力堆的任务,从而带动了一系列反应堆技术的实验研究工作。我国的核电起步于 20 世纪 70 年代,80 年代初,政府制定了发展核电的技术路线和政策,采用“以我为主,中外合作”的方针,引进国外的先进技术,逐步实现设计自主化和设备国产化。1983 年,国务院决定在 20 世纪内把主要力量集中在压水堆核电站的研究、开发和建造方面。90 年代,建成了秦山和大亚湾核电站,两座核电站的建成,标志着中国的核电已经起步。“九五”期间开工的四座核电站(秦山二期、秦山三期、岭澳和田湾核电站),则进一步标志着我国的核电站建设已由起步阶段步入了小批量建设阶段。

进入 21 世纪后,国家对核工业的发展做出了新的战略调整。世界首台 AP1000 的引进,为我国核电技术的跨越式发展提供了重要平台。通过引进第三代 AP1000 核电技术并加以消化吸收,将进一步提高我国设计、施工和装备制造水平,加快核电技术的发展步伐。同时,通过对 AP1000 的工程建设和自主化发展,可以促进核电技术的自主创新,进一步提高核电建设的管理水平,尽快形成我国自主品牌的先进核电技术和综合管理能力,提高国际竞争力。随着以浙江三门、山东海阳为代表的第三代 AP1000 核电站的开工建设,我国核电工业的春天已经到来。目前,我国在运核电机组除秦山一期 300MW 原型机外,均属于第二代核电机组,以压水堆为主。在建及已核准或通过国家能源局核准开展前期工作的项目中,主要采用改进的二代+核电技术,部分机组采用美国 AP1000 和欧洲 EPR 的第三代核电技术。

日本福岛核事故发生后,国务院在认真分析事故情况的基础上,针对我国核电运营、建设和发展做出了四项决定(简称"国四条"):①立即组织对我国核设施进行全面安全检查;②切实加强正在运行核设施的安全管理;③全面审查在建核电站;④严格审批新上核电项目。日本福岛核事故对我的核电建设和发展产生了一定的负面影响,但影响相对有限。"十二五"期间,中国核工业成果丰硕,核电机组并网运行 17 台,开工建设 13 台,在建规模世界第一。2016 年通过的国家《电力发展"十三五"规划》已明确核电"十三五"规划目标,即全国核电投产约 3000 万 kW、开工建设 3000 万 kW 以上,2020 年装机达到 5800 万 kW。2017 年发布的《"十三五"核工业发展规划》纲要再次重申要"安全高效发展核电",并着重攻克乏燃料后处理的技术短板。

1.2 世界核电发展动向

1.2.1 世界核电发展总体情况

随着科学技术的不断发展,核电已成为世界能源的重要组成部分。美国、法国、日本等国在 20 世纪 70 年代石油危机时期,果断决策执行强化核电发展战略,形成了强大的核电产业;韩国是一次能源短缺的国家,也一直把发展核电作为国策,使核电成为该国的主要能源。但是日本福岛核事故后,各国在未来核电发展问题上出现态度不一的情况。目前,主要存在"弃核"与"挺核"两种对立态度,主要核能利用国家仍致力于进一步深化核能的研究与利用,表示要在保障安全的基础上继续发展核电,国际社会对于核能利用的基本原则与发展方向未发生根本性转变。目前,全球核电正逐渐走出日本福岛事故的阴影,进入重启阶段。其中,中国引领了这一波的建设风潮,在建核电反应堆数量居世界第一。

目前,全世界约 30 个国家拥有核电站,主要分布在欧美发达国家。如表 1—1 所列,截至 2016 年 1 月,全球在运核电机组共计 341 台,总装机容量 300174MW。根据世界核协会(WNA)统计,2015 年全世界核能发电总计 24413 亿 kW·h。全球发电总量中,核能发电比例超过 10%。其中,法国核能发电比例最高,占全国总发电量的 76.3%;拥有核电站数量最多的是美国,目前有 104 座反应堆,核电发电量占美国总发电量的 19.5%;中国大陆核电发电量占大陆总发电量的 3.01%。目前世界各国不断采取措施,对现有反应堆开展安全评估,同时针对极端情况,电厂增设了防水淹、移动柴油机电源和非能动消氢等设施,优化核电技术,提高安全响应能力和管理水平。当前,全球核电产业逐渐回归正常发展轨道,核电建设逐步复苏。截至 2016 年 1 月,全世界在建核电机组共计 64 台,总装机容量 67635MW,中国、俄罗斯、印度和美国为在建核电项目建设最多的四个国家。

表 1-1　各主要核电大国最新核电机组情况(截至 2016 年 1 月)

国家	在运核反应堆		在建核反应堆		拟建核反应堆	
	台数	净装机/MW	台数	总装机/MW	台数	总装机/MW
中国	30	26849	24	26885	40	46590
俄罗斯	35	26053	8	7104	25	27755
印度	21	5302	6	4300	24	23900
美国	99	98990	5	6218	5	6263
韩国	24	21677	4	5600	8	11600
阿联酋	0	0	4	5600	0	0
日本	43	40480	3	3036	9	12947
巴基斯坦	3	725	2	680	2	2300
白俄罗斯	0	0	2	2388	0	0
斯洛伐克	4	1816	2	942	0	0
阿根廷	3	1627	1	27	2	1950
巴西	2	1901	1	1405	0	0
芬兰	4	2741	1	1700	1	1200
法国	58	63130	1	1750	0	0
英国	15	8883	0	0	4	6680

目前,全球已建核电站主要采用第二代技术。我国在建核电站以改进型压水堆(CPR1000,二代+技术)为主,同时引进第三代 EPR 和 AP1000 压水堆核电技术。国外在建核电站以第三代核电机组为主,主要为压水堆。与第二代技术相比,其主要优点是安全性更高。具有代表性的第三代核电机组有法德合作开发的欧洲动力堆 EPR、美国西屋公司研发的 AP1000 以及美日合作开发的改进型沸水堆 ABWR。第三代先进轻水堆技术特点详细比较如表 1-2 所列。

表 1-2　第三代先进轻水堆技术比较

核电机场	国　家	特　点	堆　型
EPR	法德合作	通过降低堆芯熔化和严重事故概率,提高安全壳能力来提高安全性;在放射性保护、废物处理、维修改进、减少人为失误等方面改善运行条件	压水堆
AP1000	美国	以非能动安全系统、简化设计和布置以及模块化建造为主要特色。非能动系统是指遭遇紧急情况时,不依赖外部电源,无需能动设备即可长期保持核电站安全的系统。非能动式冷却可显著提高安全壳的可靠性,安全裕度大	压水堆
ABWR	美日合作	与第二代沸水堆相比,安全性和燃料利用率更高。该堆型目前主要在日本应用	改进型沸水堆

第三代核电技术的主要不足是核电站建设运营成本高、经济性差,且未考虑有效防止核扩散。目前美国、法国等国家均在政府支持下开展第四代核电技术的研究。第四代

核电技术将在第三代技术基础上进一步提高安全性,降低建设及运营成本,考虑防止核扩散的要求,使未来核电更加安全、廉价。

1.2.2 世界核电发展面临的挑战

目前全球经济、政治和生活都离不开化石能源,但是随着消费量的不断增加、化石能源储量的不断减少,人们迫切需要寻找一种替代能源,而同时满足能效高、技术可行、环保等条件的能源并不多。面对能源危机、雾霾围城,核能以绿色、高效、低碳排放和可规模化生产的突出优势,成为较为理想的替代能源。但同时核电发展也存在一定的制约因素。

1. 核电的安全性

长期以来,核电的安全性一直是制约核电发展的主要原因之一。各国必须着力实现严谨的设计和严格规范的监督管理。

2. 核电系统的复杂性

核事故是复杂系统间相互作用的结果,核电系统有两个特点:①高度的复杂性;②各部分之间紧密连接,一部分出问题,将会迅速影响到整个系统,而且很难预见和及时处理。因此,需要设置较多的安全设备,但这同时也会增加核能发电系统的复杂性。

3. 自然灾害的影响

自然灾害是人们难以预见且不可避免的。2011 年日本福岛核事故就是由地震以及地震引发的海啸造成的。福岛核事故对日本造成了严重影响,其核辐射对环境的影响以及排入海洋的污水对生态的破坏作用是持久的,需要投入大量的人力物力进行灾后维护与重建。

4. 高昂的建设成本

与其他所有能源技术相比,建设核电站无法形成规模经济,并且容易造成相当大的成本超支。在 1966 年的全球核电站建设初期阶段,隔夜成本预计为 560 美元/kW,但实际是 1170 美元/kW,达到预计的 209%。2004 年从 AREVA NP 订购的芬兰奥尔基洛托的欧洲压水反应堆的合同价格已经是 2000 欧元/kW(相当于 3000 美元/kW),该项目落后于预定计划 4 年并且至少超出预算 70%,总成本预计达到 57 亿欧元(83 亿美元),单位合同价格接近 3500 欧元/kW(5000 美元/kW)。

核能发展面临安全性、经济性、核废物处置和防止核扩散的重大挑战,但其面临的最大挑战是来自社会和政治上的阻力,也就是公众接受性的问题。尽管如此,发展核电仍是当前社会的必然选择,核电与其他能源相比有其独特优势,如能量巨大、污染低、运输方便等。因此,世界各国对于核能发电的研究工作仍处于积极的状态,人类对可替代能源的追寻永远不会止步。

1.3 第四代核能系统简介

1.3.1 第四代核能系统的划分

所谓第四代核能系统就是正在运行的最新型的先进轻水堆(例如先进沸水堆

ABWR)及其后继堆型,它们不仅仅作为发达国家的替代堆型,而且是瞄准将来能源需求大幅增长的发展中国家市场的下一代核能系统概念。2000 年 1 月,受美国能源部(DOE)核能局局长的邀请,世界各主要核大国的代表于华盛顿召开会议,自此,第四代核能系统构想和基于符合世界市场要求的下一代反应堆国际协商的开发构想被提上了议事日程。其后,规定国际合作框架的宪章出台,2001 年 7 月,阿根廷、巴西、加拿大、法国、日本、韩国、南非、英国、美国等 9 个国家签署协议,2002 年 2 月,又批准瑞士正式加盟。2002 年年底,第五次第四代核能系统国际论坛(GIF)政策小组会议在日本东京召开,参加会议的 10 个国家选定了六个下一代核能系统概念作为国际共同研究开发的对象,各国共同的目标是到 2030 年实现这些概念技术的应用。第四代核能系统概念不仅用于发电,还包括制氢及海水淡化等功能,堆型包括钠液体金属冷却堆(日本)、超高温气冷堆(法国)、超临界水冷却堆(加拿大)、铅合金液态金属冷却堆(瑞士)、气冷快堆(美国)以及熔盐反应堆(括号内注明的是购买了国际研究合作总结资料的国家)。

在六个第四代核能系统概念中,有半数即三个为快堆(表 1-3)。第一个概念采用的是钠冷却,包括氧化物燃料和金属燃料,另外还含有干式和湿式后处理技术,主要课题是循环技术。铅冷却和气体冷却快堆也在清单之中,具体选取哪个,则是基础性与长期性题目的定位问题。东京大学冈芳明教授主导的超临界压水堆也入选,该堆目前虽然还属于热中子型反应堆,但从长远来看应该是属于快堆的范畴,因此四代堆中包含此堆在内有 2/3 与快堆有关。

钠液体金属冷却堆(Sodium-cooled Fast Reactor,SFR)系统是快中子谱钠冷堆,它采用可有效控制锕系元素及可转换铀的转化的闭式燃料循环。SFR 系统主要用于管理高放射性废弃物,尤其在管理钚和其他锕系元素方面较为擅长。该系统有两个主要方案:中等规模核电站,即功率为 150~500MW,燃料用铀—钚—次锕系元素—锆合金;中到大规模核电站,即功率为 500~1500MW,使用铀—钚氧化物燃料。

气冷快堆(Gas-cooled Fast Reactor,GFR)系统是快中子谱氦冷反应堆,采用闭式燃料循环,燃料可选择复合陶瓷燃料。它采用直接循环氦气轮机发电,或采用其工艺热进行氢的热化学生产。通过综合利用快中子谱与锕系元素的完全再循环,GFR 能将长寿命放射性废物的产生量降到最低。此外,其快中子谱还能利用现有的裂变材料和可转换材料(包括贫铀)。参考反应堆是 288MW 的氦冷系统,出口温度为 850℃。

铅合金液态金属冷却快堆(Lead-cooled Fast Reactor,LFR)系统是快中子谱铅(铅/铋共晶)液态金属冷却堆,采用闭式燃料循环,以实现可转换铀的有效转化,并控制锕系元素。燃料是含有可转换铀和超铀元素的金属或氮化物。LFR 的特点是可在一系列电厂额定功率中进行选择,例如 LFR 可以是一个 1200MW 的大型整体电厂,也可以选择额定功率在 300~400MW 的模块系统与一个换料间隔很长(15~20 年)的 50~100MW 电池组进行组合,从而满足市场上对小电网发电的需求。

超高温气冷堆(Very High Temperature Reactor,VHTR)系统是一次通过式铀燃料循环的石墨慢化氦冷堆。其堆芯可以是棱柱块状堆芯(如日本的高温工程试验反应堆 HTTR),也可以是球床堆芯(如中国的高温气冷试验堆 HTR-10)。VHTR 系统提供热量,堆芯出口温度可达 1000℃以上,从而可为石油化工或其他行业生产氢或工艺热。该系统中也可加入发电设备,以满足热电联供的需要。此外,系统采用铀/钚燃料循环,可使废物量最小化。参考堆采用600MW堆芯。

超临界水冷堆(Super-Critical Water-cooled Reactor,SCWR)系统是高温高压水冷堆，在水的热力学临界点(374℃,22.1MPa)以上运行。超临界水冷却剂能使热效率提高到轻水堆的约1.3倍。该系统的特点是，冷却剂在反应堆中不改变状态，直接与能量转换设备相连接，因此可大大简化电厂配套设备。燃料为铀氧化物。堆芯设计有两个方案，即热中子谱和快中子谱。参考系统功率为1700MW，运行压力为25MPa，反应堆出口温度为510~550℃。

熔盐反应堆(Molten Salt Reactor,MSR)的冷却剂及燃料本身皆是熔盐混和物，有许多不同细节设计的延伸型，目前世界上已建造了几个实验原型炉。最初和目前广泛采用的概念，是核燃料溶于氟化物中形成金属盐类，如四氟化铀(UF_4)和四氟化钍(ThF_4)。当燃料熔盐流体流入以石墨减速的堆芯内时，会达到临界质量。现行大部分设计是将熔盐燃料均匀分散在石墨基体中，提供低压、高温的冷却方式。

为了进一步提高第四代核能系统的持续发展性、安全性、经济性和防核扩散性的目标，GIF已确定将《技术开发计划》(规划图)作为国际合作的框架，由成员国共同完成，对有望近期就能实用化的下一代核能系统尤为关注。

表1-3　第四代反应堆特点比较

反 应 堆	中 子 谱	冷 却 剂	出口温度/℃	燃料循环
超临界水冷堆(SCWR)	热/快	水	510~625	一次通过/闭式
超高温气冷堆(VHTR)	热	氦	900~1000	一次通过
熔盐反应堆(MSR)	热/快	氟化物盐	700~800	闭式
钠液体金属冷却堆(SFR)	快	钠	550	闭式
铅合金液态金属冷却快堆(LFR)	快	铅	480~800	闭式
气冷快堆(GFR)	快	氦	850	闭式

1.3.2　第四代核能系统的发展

虽然GIF将第四代核能的发展目标聚焦在2030年前后，但事实上，多家研究第四代核能系统的国家、企业和机构已经迫不及待，希望能够尽快建立起示范项目或尽早实现自己技术上的重大突破。

由中国原子能科学研究院主导的中国实验钠冷快堆已经在2012年通过了国家科技部的验收，2014年通过了国防科工局的8项验收，并在2014年年底实现了100%功率运行。中国原子能科学研究院拟在2017年开工建设我国第一台钠冷快堆示范电站，其第一候选厂址为福建的三明市。石岛湾的高温气冷堆项目原计划于2017年建成并投产发电。中国科学院核能安全技术研究所认为铅基反应堆有望成为首个实现商业利用的第四代核能系统。同时俄罗斯代表明确表示计划于2017年建成国际上首个液态铅铋冷却示范反应堆。此外，泰拉能源主推的行波堆技术，虽然不在GIF确定的六大第四代核能系统之中，但也属于快堆技术，具有第四代核能系统的特征。

各家第四代核能技术似乎都在力推示范项目以及实现商业化的进程。但事实上，对于这几种技术本身，目前都存在需要克服的瓶颈。四代堆型中最有可能商业化的钠冷快堆,安全性问题一直备受担忧,因为其存在发生钠水反应事故的隐患。行波堆由于目标在于30~40年不更换燃料,所以关键设备及材料的质量和寿命期限是亟需解决的问题。对于高温气冷堆,经济性问题则十分突出。原计划投资30亿元的石岛湾项目,实际建设成本将达到3~4万元/kWh,这对于示范项目或可承受,但要达到商业化推广,成本无疑过高。

此外,当前第四代核能研究与实现商业化的研发过程尚不能形成有效的产业链,如何把研究机构和产业应用企业连接起来是关键,否则将容易出现规模放大的工程可实现性、设备制造等问题,带来前期投入"打水漂"的风险。

参 考 文 献

[1] 温鸿钧.从世界核电动向看中国核电的市场空间[J].中国核工业,2014(03):25-28.

[2] 范中华.国际核能应用及我国核电的发展[J].科技视界,2016(21):220-257.

[3] 欧阳予,汪达升.国际核能应用及其前景展望与我国核电的发展[J].华北电力大学学报,2007,34(05):1-10.

[4] 李伟哲,吴兴伟.我国核电未来发展展望[J].沈阳工程学院学报,2014,10(02):109-112.

[5] 张哲贤,刘行,宋扬.中国核电发展现状及对策分析研究[J].学术论坛,2015(03):237.

[6] 叶奇臻.中国核电发展战略研究[J].电网与清洁能源,2010,26(1):3-8.

[7] 朱继洲.核反应堆安全分析[M].北京:中国原子能出版社,1988.

[8] 吴华武.核燃料化学工艺学[M].北京:中国原子能出版社,1989.

[9] 邬国伟.核反应堆工程设计[M].北京:中国原子能出版社,1997.

[10] Mitenkov F M,Antonovsky G M,Panov Y K,et al. New Generation Medium Power Nuclear Station with VPBER-600 Passive Safety Reactor Plant[J]. Nuclear Engineering and Design,1997,173(1-3):99-108.

[11] 马昌文,徐元辉.先进核动力反应堆[M].北京:中国原子能出版社,2001.

[12] Anzieu P,Lenain R,Thomas J. Nuclear Reactor System[M]. France:EDP Science,2016.

[13] Hewitt G F,Collier J G. Introduction to Nuclear Power[M]. CRC Press,2000.

第二章　先进核燃料循环

2.1　铀的需求与供应

2.1.1　铀资源现状

铀作为一种能源资源,对国民经济、核电事业以及国防工业的发展具有重要作用。铀通过核裂变释放巨大的能量,是重要的核燃料,主要用于原子能发电和核武器,同时铀也是热核武器氢弹的引爆剂。铀核裂变时产生的 200 多种放射性同位素,经分离后可广泛用于医疗、工业等国民经济领域。随着核电技术的逐步完善以及核电事业在全球范围内的快速发展,我们在关注核电发展的同时,也需要关注世界铀资源的发展状况,及时了解铀资源的储量、生产情况、价格、供需形势等。

目前世界上已发现的铀矿床(Uranium Deposit)主要类型有不整合型、砂岩型、古砾岩型、热液脉型、侵入岩型、变质岩型、角砾杂岩型。其中高品位的不整合型及可用地浸(ISL)技术开采的低成本砂岩型矿床是当前勘查和生产的最佳类型。国际原子能机构(IAEA)和经济与合作发展组织的核能机构(OECD/NEA)按探明程度将铀资源依次划分为合理证实资源(Reasonably Assured Resoures,RAR)、估计附加资源 I (Estimated Additional Resources-category I,EAR-I)、估计附加资源 II (Estimated Additional Resources-category II,EAR-II)和推测资源(Speculative Resources,SR),如图 2-1 所示。

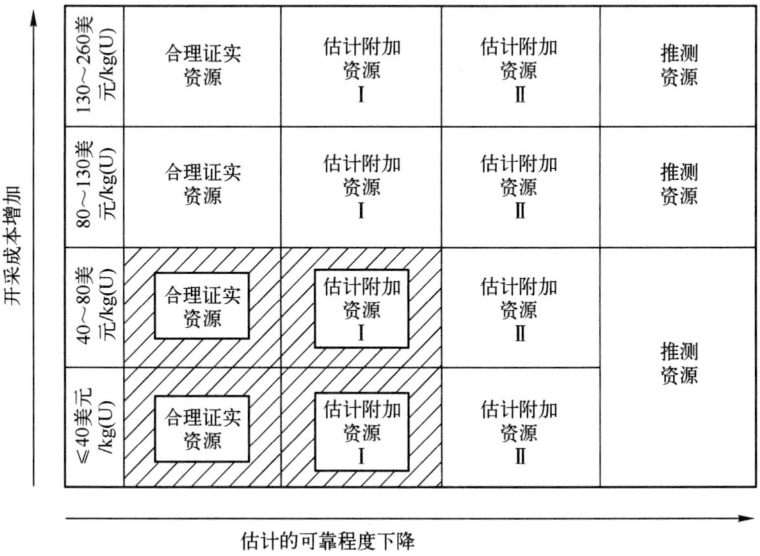

图 2-1　NEA/IAEA 铀资源的分类

其中,合理证实资源指在目前成熟的技术条件下能在所规定生产成本范围内开采的,并已知其储量大小、品味及分布的铀矿资源,即合理证实资源的已查明程度最高;估计附加资源Ⅰ指根据直接的地质资料证实,在合理证实储量之外可能存在的资源;估计附加资源Ⅱ指在估计附加资源Ⅰ之外,主要依据间接证实和成矿条件预计会有的矿床;推测资源指用目前已有探测技术,根据间接证实或地质上外推有可能在估计附加资源之外再发现的附加资源。合理证实资源和估计附加资源Ⅰ又统称已知常规资源,估计附加资源Ⅱ和推测资源又统称为未探明常规资源。

根据经济合作与发展组织核能机构以及国际原子能机构于2014年9月9日联合发布的铀红皮书(《2014年铀:资源、生产和需求》),全球已查明铀资源总量相比2011年增加了7.6%,达到763.52tU。以2012年的全球铀需求水平计算,已查明铀资源量可满足全球120年的需求。

表2-1列出了2011年和2013年两版红皮书中不同开采成本类别的已查明铀资源量(即合理确定资源量与推断资源量之和)。可以看出,截至2013年1月1日,全球已查明铀资源总量(即开采成本低于260美元/kgU)达到763.52万tU,比2011年1月1日的709.66万tU增长了约7.6%,但低开采成本(即开采成本低于40美元/kgU)的铀资源总量基本未变。增加的铀资源量大部分属于高开采成本的铀资源,其中开采成本低于260美元/kgU和130美元/kgU的铀资源量分别增长了7.6%和10.8%,但开采成本低于80美元/kgU的铀资源量却降低了36.4%。

表2-1　各种开采成本的已查明铀资源量(万tU)

铀资源量	资源类别	截至2011年1月1日	截至2013年1月1日	增幅百分比
已查明资源总量 (即合理确定资源量 与推断资源量之和)	开采成本低于260美元/kgU	709.6	763.52	+7.6%
	开采成本低于130美元/kgU	532.72	590.29	+10.8%
	开采成本低于80美元/kgU	307.85	195.67	-36.4%
	开采成本低于40美元/kgU	68.09	68.29	+0.3%
合理确定资源量	开采成本低于260美元/kgU	437.87	458.72	+4.8%
	开采成本低于130美元/kgU	345.55	369.89	+7.0%
	开采成本低于80美元/kgU	201.48	121.16	-39.9%
	开采成本低于40美元/kgU	49.39	50.74	+2.7%
推断资源量	开采成本低于260美元/kgU	271.79	304.80	+12.1%
	开采成本低于130美元/kgU	187.17	220.40	+17.8%
	开采成本低于80美元/kgU	106.37	74.51	-30.0%
	开采成本低于40美元/kgU	18.70	17.55	-6.1%

表 2-2 列出了截至 2013 年 1 月世界主要国家查明铀资源分布。世界已查明常规铀回收成本低于 130 美元/kg 的可回收铀资源量约 562.9 万 t。其中回收成本低于 80 美元/kg 铀的资源量约 177.72 万 t，回收成本低于 40 美元/kg 铀的资源量约 68.29 万 t。世界铀资源主要分布在澳大利亚、尼日尔、哈萨克斯坦、加拿大、纳米比亚、俄罗斯、南非、巴西、中国、乌克兰、蒙古等国，其铀资源量均在 10 万 t 以上，合计占世界铀资源量的 98.5%。

表 2-2　世界主要国家查明铀资源分布(截至 2013 年 1 月)

国　　家	合理确定铀资源/t				推断铀资源/t			
	开采成本低于 40 美元/kg	开采成本低于 80 美元/kg	开采成本低于 130 美元/kg	开采成本低于 260 美元/kg	开采成本低于 40 美元/kg	开采成本低于 80 美元/kg	开采成本低于 130 美元/kg	开采成本低于 260 美元/kg
澳大利亚	—	—	1174000	1208000	—	—	532100	590300
尼日尔	0	14800	325000	325000	0	600	79900	79900
哈萨克斯坦	20400	199700	285600	373000	68900	316000	393700	502500
加拿大	256200	318900	357500	454500	65600	99400	136400	196000
纳米比亚	0	0	248200	296500	0	0	134600	159100
美国	—	39100	207400	472100	—	—	—	—
俄罗斯	0	11800	216500	261900	0	30500	289400	427300
巴西	137300	155100	155100	155100	0	73600	121000	121000
南非	0	113000	175300	233799	0	69300	162800	217100
中国	51800	93800	12000	120000	13900	54800	79100	79100
乌克兰	0	42700	84800	141400	0	16900	32900	81300
乌兹别克斯坦	41700	41700	59400	59400	24700	24700	31900	31900
印度尼西亚	0	1500	6300	6300	0	0	0	1700
印度	—	—	—	97800	—	—	—	22100
蒙古	0	108100	108100	108100	0	33400	33400	33400
坦桑尼亚	0	38300	40400	40400	—	8500	17700	17700
博兹瓦纳	—	—	12800	12800	—	—	56000	56000
世界总量	507400	1031100	3425000	4228600	175500	745100	2204000	3048000

2.1.2　铀资源的需求与供应

铀是核电站反应堆的主要燃料。由 1.2 节可知，截至 2016 年 1 月，全球在运核电机组共计 341 台，总装机容量 300174MW，超过世界总发电量的 10%，达到了可以和煤电、油电、水电以及气电平起平坐的地位，可见核能已经成为一种重要能源，这使得铀也变成了一种十分重要的资源。另一方面，世界主要铀生产国大多不是铀消费国，而主要铀消费国又不是铀生产大国，从而使得当前的世界核电发展模式国际化程度日益加深。

铀资源与铀需求之间是一种相互依存的关系。需求量的增长必然会推动天然铀的生产和铀矿的勘查，而铀勘查也将引起铀资源和铀生产的增长。目前世界铀资源总量足以满足未来 130 年铀生产及未来 120 年核电的铀需求。世界核学会和国际原子能机构相关资料表明,2009 年世界铀矿的总产量为 50772t,提供了全球核反应堆需求量的 77.63%;2010 年总产量为 53663t,提供了需求量的 55.22%;2011 年总产量为 54610t,提供了需求量的 87.30%。上述数据一方面表明世界铀产量与世界铀需求量之间的供需缺口正逐步缩小,但另一方面也说明世界铀矿的产量仍不能满足世界铀需求,约有 20% 的需求需要二次铀(包括乏燃料循环利用、政府过剩的和民间库存以及核武器卸下来的高浓缩铀的转化、贫铀尾料的再浓缩)来补充,致使二次铀源的不稳定性也会不断刺激铀价格的起伏。2020 年以后世界将迎来核电发展的高峰期,对天然铀的需求量会大幅增长,将使供需缺口进一步拉大。同时随着二次铀供给的消耗,在 10~20 年依赖二次铀源之后(弥补供需缺口),如何转回到以初次生产的铀来供给铀市场是当前面临的最大挑战。

铀(U_3O_8)的价格在 1973 年石油危机时曾高涨至约 40 美元/lb,在 1979 年发生的三哩岛核电站事故的影响下,1980 年的现货价格约为 32 美元/lb,此后进一步下降。到 2004 年,铀的价格已十分低廉,只有 20 美元/lb。除去一些开采经济性较强的地域以外,几乎没有对铀资源积极的投资活动。但是近年,亚洲地区对铀的需求量日益高涨,对二次供给铀也有大量的消费,这使得二次供给铀的库存已接近极限,加上铀供需结构的脆弱性,2003 年 4 月 MacArthui River 矿以及 2006 年 Cigar Lake 矿相继发生涨水事故后,2007 年 6 月,铀现价急速上升至 136 美元/lb。异常的高价在短期沉静之后,2012 年以 50~55美元/lb 的高价位推移。

据统计,2011 年生产的铀的平均价格约为 26 美元/lb,这个价格加入利润后的铀现价可以保证不亏损。但是若按照实际每年 60000t 以上的需求量计算,则铀的平均生产价格变成大约 30 美元/lb。随着铀的增产,生产价格将会上升,加之二次供给源显著减少,可以预见在铀的需求量逐渐增大的情况下,未来铀的价格也将会继续维持高位。

根据 2011 年 BP 公司的世界能源统计评价可计算出各类化石燃料的可开采年数,石油是 46.2 年,天然气是 58.6 年,煤炭是 118 年;而铀的可开采年数如果以 Uranium 2009 的数据以及价格不足 260 美元/kg 来计算则是 93 年。不论利用哪种能源,大约 100 年后这些资源都会枯竭。因此,减少温室气体排放、高效合理地消费能源就显得尤为必要。铀燃烧后再处理,通过利用 PUREX 流程回收铀和钚,铀资源可以延长使用 1.3 倍左右。将来若能有效利用快堆,铀的可开采年数将变为数千年。

2.2 核燃料循环概述

2.2.1 核燃料循环的意义

为了维持链式裂变反应,装在反应堆内的易裂变燃料必须保持或大于临界质量,而要使核电站在一定运行周期内发出额定功率,堆内的易裂变燃料则需超过临界质量,从而使反应堆活性区具有足够的后备反应性。当燃料达到一定的燃烧深度(燃耗)后,由于易裂变核素的消耗,以及运行期间产生并积累的裂变产物的毒化效应(吸收中子),使后备反应性接近消失时,虽然燃料元件中尚含有相当数量的易裂变燃料,也得将其从堆内卸出并换入新燃料。卸出的燃料元件称为乏燃料,其含有大量的易裂变核素(^{235}U 等)和可转变核素(^{238}U等),包括原先装入尚未燃烧的^{235}U以及运行周期中在堆内转换生成的^{239}Pu等,均属于价值贵重的核能资源。乏燃料的化学组成主要取决于装入反应堆的新燃料成分以及堆内的燃烧深度。典型轻水堆核电厂卸出的乏燃料中含有约95%的铀、1%的钚和约4%的裂变产物元素(共含有30多种元素)以及少量次锕系元素(镎、镅、锔等)。

针对乏燃料是否进行后处理可将核燃料循环模式划分为两种:一种是不进行后处理的开路循环模式(Open Fuel Cycle);另一种是进行后处理的闭式循环模式(Closed Fuel Cycle)。开路循环模式由于不进行后处理,燃料循环只通过反应堆一次,乏燃料从反应堆卸出后经过中间储存和包装之后直接进行地质处置,铀、钚不回收重复使用,故亦称"一次通过式"燃料循环(Once-through Fuel Cycle),如图2-2所示。闭式核燃料循环(图2-3)则指乏燃料经过分离处理,将其中的裂变产物分离除去,并将回收得到的铀和钚重新制成燃料元件返回反应堆中复用,因此,闭式燃料循环的核心环节是乏燃料后处理。

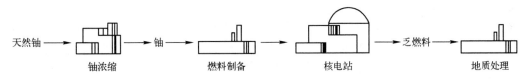

图2-2 "一次通过式"核燃料循环

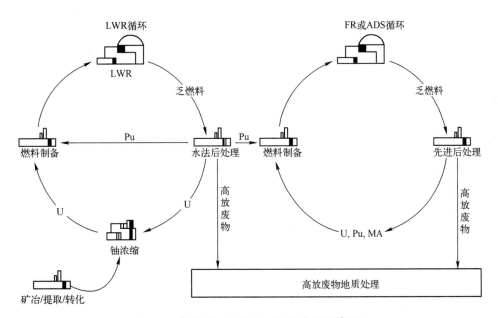

图2-3 热堆(左)和快堆(右)闭式核燃料循环

核裂变能系统的核燃料循环包括从铀矿开采到核废物最终处置的一系列工艺过程。它以反应堆为界分为前段和后段。两种循环模式在核燃料循环前段没有差别,均包括铀矿勘探开采、矿石加工冶炼、铀转化、铀浓缩和燃料组件加工制造。两种循环模式的差异在燃料循环后段:闭式循环包括从反应堆中卸出的乏燃料中间储存、乏燃料后处理、回收燃料(Pu和U)再循环、放射性废物处理与最终处置。回收的核燃料既可以在热中子堆

(热堆)中循环,也可以在快中子堆(快堆)中循环。

"一次通过式"核燃料循环相对简单,在铀价较低的情况下也比较经济,有利于防止核扩散,但该方案存在如下问题:①铀资源不能得到充分利用,"一次通过式"循环的铀资源利用率约为 0.6%,而乏燃料中约 96% 的 U 和 Pu 被当做废物进行直接处置,造成严重的铀资源浪费;②需要地质处置的废物体积太大,将乏燃料中的废料(裂变产物和次锕系元素)与大量有用的资源(U、Pu 等)一起直接处置,将大大增加需要地质处置的废料体积;③乏燃料中包含了所有放射性核素发热源,单位体积废物所需的处置空间大;④乏燃料放射性长期毒性高,安全处置所需的时间跨度过长,对环境安全存在长期威胁。

核裂变能可持续发展必须解决两大主要问题,即铀资源的充分利用与核废物量的最少化,因此只有采取闭式核燃料循环模式,才能实现上述目标。与"一次通过式"循环模式相比,热堆闭式核燃料循环模式可以使铀资源利用率提高 20%~30%,从而相应减少对天然铀和铀浓缩的需求。此外,采用闭式循环的高放废物的处置体积可降至"一次通过式"循环的 1/4 以下。

采用快堆(包括加速器驱动的次临界装置)闭式核燃料循环模式的优势在于:①充分利用铀资源,将大部分 ^{238}U 燃烧掉,使铀资源的利用率提高 60 倍甚至更高;②实现废物最少化,将具有长期高毒性和高释热率的次锕系元素(Minor Actinides,MA)和长寿命裂变产物(Long-Lived Fission Products,LLFP)分离出来,在快堆中焚烧,使需要地质处置的高放废物体积和长期毒性降低 1~2 个数量级,并显著减少废物处置所需空间,提高处置库容量。这意味着,采用快堆及其先进的核燃料闭式循环,可使地球上已探明的可经济开采的铀资源使用几千年,并实现废物最少化,废物安全地质处置所需时间也从十几万年缩短至几百年,从而确保核裂变能的可持续发展。

尽管按照当前的天然铀价格水平,"一次通过式"循环的经济性有可能略优于闭式循环,但从核能的长期可持续发展角度出发,为了充分利用铀资源和减少核废物体积及其长期毒性,闭式核燃料循环无疑是必由之路。

2.2.2　核燃料循环的基本过程

核燃料循环是以反应堆为中心建立的,包括核燃料进入反应堆前的制备和在反应堆中燃烧及燃烧后进行处理的整个过程。通常将核燃料在核反应堆中使用前的工业过程,即包括铀矿开采及加工冶炼、铀纯化与转化、铀浓缩和核燃料组件的加工制造称为核燃料循环前段(Front-end of Nuclear Fuel Cycle),而将核燃料在反应堆中使用后,卸出的乏燃料的后处理、回收核燃料再循环使用以及产生的放射性废物的处理、处置等工业过程称为核燃料循环后段(Back-end of Nuclear Fuel Cycle)。

整个核燃料循环过程分为以下几个主要阶段。

1. 铀矿开采与冶炼

铀矿开采是生产天然铀的第一步,其任务是把具有工业价值的铀矿石从地下矿床中挖掘出来。就世界范围而言,含铀量在万分之几到百分之几的铀矿具有开采价值。铀矿开采与其他有色金属矿的开采方法基本相同,但由于铀矿具有放射性,又存在品味低、矿体分散和形态复杂等特点,因而其开采需要考虑一些特殊问题,其中最重要的就是在采矿过程中要采取一系列的放射性检测和防护措施。目前世界上大多数国家采用地下开采法,少数国家采用露天开采法和就地浸出法。

为了提高铀的回收率和减少放射性物质对环境的影响,铀精矿的冶炼常采用湿法流程。铀湿法冶炼的第一步是浸取(浸出)。浸取是用化学试剂溶液处理矿石或其他固体物料,以选择性溶解欲提取组分的分离过程,具体的浸取方法要根据矿石的类型来选择。尽管铀矿石的种类繁多,成分复杂,但大体上可分为碳酸盐矿和硅酸盐矿两大类。前者宜使用酸法浸取,后者宜使用碱法浸取。铀矿浸出液中的铀浓度很低,一般每升矿浆仅含几百毫克铀,高的也不过 $1\sim2g$,其余大部分都是杂质。因此,铀从矿石浸出后必须首先采用强有力的分离手段将铀从浸出液中提取出来。常用的提取方法有化学沉淀法、离子交换法和溶剂萃取法等。在核工业发展初期,化学沉淀法曾经是提取铀的主要分离方法,但因其存在生产工序多、试剂消耗量大和铀的回收率低等缺点,目前已被另外两种方法所取代。至于实际流程中究竟选用离子交换法还是溶剂萃取法,要根据浸出液的组成和特点而定。一般来说,对铀浓度低的清液用离子交换法较好,而对铀浓度较高的料液则用溶剂萃取法更为适宜。铀矿冶炼的产物为铀的化学浓缩物,一般称为黄饼,主要以重铀酸盐或铀酸盐的形式存在,黄饼中铀的含量为 $40\%\sim70\%$。

2. 铀纯化与转化

用萃取法或离子交换法处理浸出液得到的铀化学浓缩物仍然含有相当数量的杂质元素,达不到核燃料所需要的纯度要求,因而必须进一步纯化(精制)。目前各国常用纯化方法仍是溶剂萃取法和离子交换法。从铀纯化过程直接得到的产品一般是硝酸铀酰、重铀酸铵或三碳酸铀酰胺等化合物。这种产品要根据核燃料循环后续工序的要求,进一步转换为所需的化学形式。若纯化铀是送去进行同位素分离,便需将其转化为六氟化铀;若纯化铀直接用作反应堆燃料,则可将其转化为金属铀、二氧化铀或碳化铀等形式。铀的这种转化过程大多采用干法工艺流程。

3. 铀浓缩

从铀矿石中提炼出的核纯级天然铀,仍是 ^{238}U、^{235}U 和 ^{234}U(极少量)的混合物,其中易裂变核素仅占 0.712%。因此,天然铀除可用作生产堆和少数动力堆的燃料外,在大多数动力堆及其他应用领域都还不能直接利用。如轻水堆需使用低浓缩铀做燃料,其 ^{235}U 富集度一般为 $3\%\sim4\%$;而快堆在缺乏钚的情况下使用铀做燃料时,^{235}U 富集度则更高。为了获得能满足上述不同需求的浓缩铀,必须采用特殊的方法进行铀同位素分离,这种从铀同位素混合物中提高所需同位素(^{235}U)含量的工艺过程称为铀的浓缩。在已知的多种分离方法中,迄今只有三种方法具有工业应用的价值,即气体扩散法、高速离心法和分离喷嘴法。随着技术的发展,目前法、日、美、俄、南非等国正在加紧研究激光分离同位素的新技术,虽然理论上此方法可实现单级同位素完全分离,大大降低电能消耗和分离功成本,但仍存在许多技术难关,需继续投入大量的研究开发工作。另一种铀浓缩的方法是化学法(离子交换法)分离同位素,日本等国家已经达到中等规模生产应用,也是一种能有望获得实际应用的方法。

4. 燃料制造

核燃料通常以燃料元件形式装入反应堆内。燃料元件在堆内受到强烈的中子辐照、高流速冷却剂和裂变产物的化学腐蚀以及各种复杂的机械负荷(包括由于温度、压力变化而引起的应变和应力)的影响,所处工作环境相当恶劣,而又要求它在整个工作期间保持完整性及形状和尺寸的稳定性,因此,燃料元件必须具有耐高温、耐辐射、耐腐蚀以及良好的力学性能。此外,从维持链式反应看,为了有效地利用中子,应尽量避免随核燃料或包壳材料将中子毒物带入堆芯,而且包壳应做得尽可能薄。

不同反应堆使用不同的燃料元件。在通常情况下,生产堆多用金属铀做燃料,用对热中子(慢化中子)吸收截面较小的铝、镁及其合金做包壳材料;轻水堆用低浓度二氧化铀陶瓷做燃料,以锆合金做包壳材料;而在钠冷快中子增殖堆内,活性区装料为铀钚氧化物的混合物烧结的陶瓷块,增殖区为贫化铀的烧结陶瓷块,包壳材料由特殊不锈钢制成。由此可见,燃料元件的制造工艺要根据具体反应堆类型来确定,需要综合考虑有关金属或化合物的物理性质、化学性质和核性质。

5. 堆内燃烧

核燃料循环是以反应堆为中心建立的。在以铀作为燃料时,反应堆中的主要核反应过程用简化方式可描述如下:

(1) ^{235}U 吸收一个中子时,发生的主要反应是裂变,但也进行一些中子俘获反应,生成不可裂变的 ^{236}U; ^{236}U 是一种中子毒物,它能吸收另一个中子而生成短寿命的 ^{237}U,再衰变为 ^{237}Np。显然从保持反应堆的中子平衡角度看,发生这些消耗中子的副反应是不利的,但 ^{237}Np 本身却是一种很有价值的放射性核素。

(2) ^{235}U 裂变产生的中子被 ^{238}U 吸收产生短寿命的 ^{239}U,它能再连续衰变生成 ^{237}Np 和 ^{239}Pu,在大多数燃料分析中,可近似看成 ^{238}U 吸收中子后,立刻就生成 ^{239}Pu。

(3) 在反应堆中生成的 ^{239}Pu 不可能立刻从反应堆中取出,因而它将不断地受到中子的辐照。在 ^{239}Pu 吸收中子后,较大的反应概率是裂变,但也有一些核俘获一个中子生成可转换的 ^{240}Pu。若再继续辐照,将再吸收一个中子而生成易裂变的 ^{241}Pu。

(4) ^{241}Pu 吸收一个中子,既可能发生裂变,也可能生成 ^{242}Pu; ^{241}Pu 还能以 13.2 年的半衰期衰变为 ^{241}Am。

(5) ^{242}Pu 既不可裂变也不可转换,像 ^{236}U 一样是中子毒物,它吸收一个中子将变成 ^{243}Pu,最终衰变为 ^{243}Am。

以上分析表明,在发生 ^{235}U 裂变 ^{238}U 转换反应的同时,还伴随有许多其他的核反应。

6. 燃料后处理

核燃料后处理指对反应堆中用过的核燃料(乏燃料)进行化学处理,即除去裂变产物、回收未用尽的和新生成的核燃料物质的过程,是闭式核燃料循环中的核心环节。后处理的主要目的是将乏燃料中的铀(U)、钚(Pu)以及核裂变产物(Fission Products,FP)相互分离,将回收的 U、Pu 等作为燃料再利用,同时减少放射性废物的排放。后处理技术可分为使用水溶液的湿法和不使用水溶液的干法。湿法主要有溶剂萃取法(液液萃取法)、离子交换法、沉淀法等。由于具有较高的安全性、可靠性以及废物产生量相对较少等优点,1954 年最早在美国开发成功的以磷酸三丁酯(Tributyl Phosphate,TBP)为萃取剂的 PUREX(Plutonium Uranium Recovery by Extraction)法成为当今后处理的主流技术,曾被美国、法国、俄罗斯、英国、日本等主要核电国家作为大规模工业后处理流程。干法后处理采用熔盐或者液态金属作为介质,主要有电解精炼法、金属还原萃取法、沉淀分离法、氟化物挥发法等,具有装置规模较小、耐辐射性强、临界安全性高等优点。但由于操作温度高(数百摄氏度),存在材料耐用性以及操作可靠性等问题,干法尚未发展成工业规模。近年来干法作为金属燃料后处理以及次锕系核素嬗变燃料处理的分离技术,重新受到重视。

后处理工程的技术与冶金工业的稀有金属冶炼工程具有很多相似点,后处理过程中的特有问题是高放射性以及临界的安全管理。前者要求对操作人员须进行放射性的防护,而后者则表明对于防止临界事故发生而进行严格的管理是必不可少的。后处理的最佳方法指低成本的处理,高效的分离回收率,工程内燃料的滞留量少,处理时间短,核裂变数量随着时间的增加不存在达到临界危险的较为安全的处理方法。

7. 核燃料再利用

从乏燃料中回收的铀,与天然铀相比^{235}U的浓度(约为 1%)要高,经过进一步浓缩后加工成燃料材料制成燃料元件,在反应堆中重复使用。然而,回收铀中包含^{236}U或者^{232}U,燃料加工制造过程中需要屏蔽由^{232}U的子核释放的 γ 射线。此外,由于^{236}U会吸收大量的中子,为了平衡损失需要提高浓缩^{235}U的浓度。

回收得到的钚,有热堆燃料循环和快堆燃料循环两种利用方式(图 2-3)。经后处理得到的分离钚与贫化铀(铀浓缩过程中产生的比天然铀中^{235}U含量更低的副产物)可与后处理回收铀混合,制成混合氧化物(Mixed Oxide Fuel,MOX)燃料。MOX 燃料中的钚含量受热堆反应性及控制性的限制,不能太高,一般为 7%~9%。故钚在热堆中循环一次可以使铀资源的利用率提高约 14%,同时还可以节省铀浓缩所需的部分分离功。如果分离出的 U 也回到热堆中循环,铀资源的利用率还能提高约 15%。实施闭式燃料循环最初的动机是将热堆乏燃料后处理回收的 U 和 Pu 在快堆中再循环使用,以达到最大限度利用铀资源的目的。在快堆使用的 MOX 燃料中,钚含量可高达约 30%,经过十几次循环周期(后处理—MOX 燃料制造—快堆运行),铀资源的综合利用率可以提高到 60% 或更高。以上分析再次说明,只有发展快堆及与之相匹配的先进核燃料循环系统,才能充分利用铀资源,实现核能的大规模可持续发展。

8. 放射性废物处理处置

核燃料循环的各个相关设施在运转的同时会伴随着放射性废物的产生,对放射性废物进行妥善的管理所进行的物理或化学操作称为“处理”。根据放射性废物的放射性强度,考虑是否可直接向环境排放或者是与环境隔离的方针,这个过程称为“处置”。轻水堆核电站的主要放射性废物来源于燃料棒中裂变产物的泄漏、腐蚀产物、材料以及水的活化产物等。主要的问题核素有氙和氪等放射性气体、放射性液体碘、铯和锶等,水的活化产物氚以及反应堆结构材料的活化产物——放射性钴、铬等核素。放射性气体使用吸附法、液体采用离子交换法等处理方法。测量处理后的气体、液体中的放射性核素浓度,达到国家规定的安全排放标准后再分别向大气和海洋进行排放。处理后的液体还可在核电站内进行循环利用。核电站产生的放射性废物属于低放射性废物,经分类后进行固化处理,在不同深度的地层填埋处置。

后处理工厂产生的放射性废物主要问题为放射强度高,属于高水平放射性废物。不溶性残渣与混合各种放射性废物的硝酸废液以及用于清洗有机溶剂的碱性废液,分别在蒸发容器中浓缩后,在高温条件下与玻璃原料一起熔融,装入不锈钢罐固化,冷却后的玻璃固化体作为高放射性废物进行处置。其中主要的放射性核素有以^{90}Sr、^{137}Cs为代表的多种 FP 元素以及 Am、Np 等次锕系元素(MA)。FP 元素的放射强度大、含量高、半衰期相对较短,反之 MA 核素大都放射强度低、半衰期较长。因此,从反应堆卸载后到近百年时间的放射能主要由 ^{90}Sr、^{137}Cs 等 FP 来支配。针对高放射性废物的处置,尽管目前已提出了多个方案,但多数核能国家考虑将高放废物进行深地层处置,将其与人类的生活圈隔离视为最确实可行的方案。

2.3 核燃料制造

从铀矿采掘的铀矿石,经过精炼、转换、浓缩、再转换和成型加工工序后,制备成核燃料被送往核电站。在反应堆中使用后的乏燃料,被移送至后处理工厂,经过后处理的工序,可分为再利用的铀、钚以及高放射性废物两个部分。一部分回收的铀和钚,通过燃料工厂加工成铀钚混合氧化物即 MOX 燃料,在核发电中进行再利用。剩余的回收铀,经过再次的转换、浓缩、再转换和成型等工序之后,作为核燃料再次利用。

核燃料循环是为了有效地利用有限的核燃料资源,从前端到后端构成了多种多样的工序。本节将主要对轻水反应堆燃料和快堆燃料的制造工序进行简单介绍。

2.3.1 轻水反应堆燃料

制造轻水堆燃料首先将浓缩后的气态六氟化铀(UF_6)经过化学处理再转换成为粉末状的二氧化铀(UO_2)。再转换法包括湿法和干法。湿法有重铀酸铵(Ammonium Diuranate,ADU)法和三碳酸铀酰铵(Ammonium Uranyl Carbonate,AUC)法。干法有综合干法和 Flame-Reactor 法。以下将介绍日本后处理工厂所采用的 ADU 技术:再转换之后,粉末状的 UO_2 压制成型为燃料芯块,装入燃料棒进行组装,最后加工成型为燃料元件。在每个步骤都附带了为了保证品质的检查工序。从再转换到成型加工的过程如下。

(1) UF_6 水解生成 UO_2F_2 ,进一步加入氨生成 ADU。得到的 ADU 经过过滤、干燥、焙烧、还原之后得到粉末状的 UO_2 。这一方法称为 ADU 法。ADU 的生成反应式为

$$2UO_2F_2+6NH_4OH=(NH_4)_2U_2O_7+4NH_4F+3H_2O \qquad (2-1)$$

(2) UO_2 粉末通过压缩机压实成为圆柱状,并制作成为直径和高都为 1cm 的燃料芯块。在烧结时为了人为地形成气孔,并控制燃料芯块的密度在规定的范围之内,或者为了使烧结特性更好,会添加各种各样称为聚合物或黏合剂的添加剂。燃料芯块的大小随着堆型的不同会有些差异。

(3) 使用电气炉在适当的温度、时间和气体氛围下烧结燃料芯块。烧结是在含有氢气的还原气体氛围下,在 1700℃ 以上高温中进行的。在还原气体氛围下进行烧结是为了使在通常状态下为粉末状的超化学分子量组成的二氧化铀 (UO_{2+x}) 形成化学分子量组成的 UO_2 。烧结之后的燃料芯块比原燃料芯块小,密度也随之提高。因为被烧结的燃料芯块不是完整的圆柱形,需通过中心砂轮磨床打磨,达到规定直径的圆柱形。

(4) 把烧结后的燃料芯块装填入锆合金管,充入一定压力的氦气之后,将管的上下两端焊接。因为在包覆管内部加压、充入了热导率较好的氦气,所以从燃料芯块产生的热量能够高效地传导到包覆管。对于沸水堆 (BWR) 用燃料的填充压力约为 0.5 ~ 1.0MPa,压水堆用燃料 (PWR) 的压力约为 3 MPa。运行压力更高的压水堆,包覆管

中的氦气填充压力也更高。

（5）将一定数目的燃料棒插入可以保持燃料棒间隔的支撑格架中，组装成为正方形，上下两侧用垫板或者是被称为"喷嘴"的板进行固定，组装成为燃料组件。燃料组件的大小和形状，根据堆型差异有很大的不同。

沸水堆用燃料组件主要是形成 8×8 的正方形排列。在燃料组件的中央部分，和燃料棒并行设置了空的中央棒（水棒）。通过在水棒中通水，就能够实现燃料组件内部输出功率的最优化。燃料棒和水棒之间通过 7 个垫片和上下部各 1 个垫板来进行支撑。燃料组件装载于元件盒内，在反应堆中使用。

压水堆用燃料组件主要按照 17×17 的正方形排列，包括燃料棒 264 根、控制棒导管 24 根以及堆内仪表用导管 1 根，它们通过 9 个支撑格架和上下部各 1 个固定板进行支撑。在沸水堆中上下部的固定板和垫片、压水堆中上下部的喷嘴和支撑架等各种部件，是由直径约 1cm、长约 4cm 的极细长状的燃料棒来担负使其保持间隔状态和支撑格架排列的作用。

沸水堆用燃料为了抑制循环初期的剩余反应性，每个燃料组件会使用几根特殊的 UO_2 燃料芯块的燃料棒，其中添加了具有热中子吸收截面较大的钆（所谓的可燃性毒物）的氧化物（Gd_2O_3）。另外，近年来即使是压水堆用燃料，也使用了一部分添加 Gd_2O_3 燃料棒的燃料组件（通常，压水堆是在一次冷却材料中添加硼酸来控制反应性）。在制作添加的 Gd_2O_3 的 UO_2 燃料芯块时，其成型加工的工序，在上述工序的（1）与（2）之间，需要向 UO_2 粉末之中添加一定量的 Gd_2O_3。

沸水堆用燃料中把延展性大的锆贴在内部的锆合金-2 包覆管（内管）上，通过燃料芯块和包覆管的相互作用，由此提高对于应力腐蚀开裂的抵抗性能。另一方面，在压水堆中，可以向一次冷却水中添加氢来抑制氧浓度，因此使用比锆合金-2 对氢吸收更少的锆合金-4 作为包覆管的材料。无论是锆合金-2 还是锆合金-4，其作为反应堆级锆（铪含量极少的高纯度锆）的主要成分，是一种添加了少量锡、铬、铁的合金（锆合金-2 还添加了镍）。在压水堆之中，为了解决高燃耗的需求，也在探讨使用含有铌的新合金来取代锆合金-4。

为了保证经过成型加工工序装配的燃料元件的品质管理以及成品确认，要求在各成型加工过程设置相应的检查工序。燃料检查工序的检查项目如表 2-3 所列。

表 2-3 成型加工工序的主要检查项目

对　　象	检 查 项 目
UO_2	浓缩度、O/M 比、不纯物的种类与含量
燃料芯块	外观、尺寸、密度、浓缩度、O/M 比、不纯物的种类与含量、水分
燃料棒	重量、外观、尺寸、表面污染程度、叠加高度、氦气的泄漏、焊接部的牢固
燃料组件	外观、尺寸、燃料棒之间的间隔、弯曲、控制棒的契合度

对有限的核燃料资源进行有效利用的同时，为了提高燃料供给的稳定性，将从乏燃料中提取出钚和铀制造 MOX 燃料。核燃料循环的各种各样的工序中，MOX 燃料的制造工序，对于推进钚热中子反应堆计划起到了极为重要的作用。

2.3.2 快中子堆燃料

快堆是通过从钚和铀等核裂变反应中产生能量很高的中子(高能中子),从而维持反应堆内核裂变链式反应的反应堆。特别是通过核裂变反应消耗裂变物质的同时,能够增殖成为全新核裂变物质的快堆称为快速增殖堆。一般主要研发的快速增殖堆的燃料有钚、铀、金属钍、氧化物、碳化物、氮化物等,除了日本以外,美、英、法、德、印度、中国等也在进行燃料的研究开发。目前,日本的快堆燃料采用的是钚和铀的混合氧化物(MOX)。

日本的快堆 MOX 燃料研发和日本原子能研究开发机构(Japan Atomic Energy Agency,JAEA)制造的快堆 MOX 燃料,分为实验堆"常阳"用以及快增殖原型堆"文殊"(MONJU)用两种。相较于轻水堆用的 UO_2 燃料和 MOX 燃料,这两类燃料具有以下的特征。

(1)燃料中钚的比例(钚的含有率)高达 20%~30%。

(2)与轻水堆相比较,为了得到更高的功率密度,燃料元件更细长、芯块的尺寸也更小。

(3)与轻水堆相比较,燃耗更高,所以为了缓和由于核裂变生成物(FP)的蓄积而导致的芯块体积膨胀及由此可能产生的芯块和包覆管的相互作用,芯块的密度较低("MONJU"用燃料)。

(4)在高温下机械强度好,作为冷却材料使用的是液体金属钠,包覆管等部件材料采用的是与其共存性能良好的不锈钢。

(5)导线隔离物套住燃料元件,确保冷却材料流动的空间。

快堆用 MOX 燃料制造流程如图 2-4 所示。

(1)采用的原料粉末有 MH-MOX 粉末(或 PuO_2)、UO_2 粉末以及用干式回收在芯块制造工序中产生的废料粉末(干式回收粉末)3 种。

MH-MOX 粉末是从 JAEA 的东海岸后处理工厂的乏燃料中分离精制的硝酸钚溶液和硝酸铀酰溶液,以 1:1 的比例混合,通过微波加热直接脱硝法(MH 法)脱硝之后,经过焙烧还原处理得到的 $50\%PuO_2+50\%UO_2$ 的粉末。MH 法是日本独自开发的转换法,因为不单独地使用钚,所以具有核不扩散性的优良特征。法国是通过加入草酸使 PuO_2 粉末沉淀,得到钚单体来进行转换,因此对于日本快堆所使用的 MOX 燃料的制造,MH-MOX 粉末/PuO_2 粉末都有作为原料使用的实际经验。

另一方面,铀原料粉末和轻水堆用 UO_2 燃料的原料粉末相同,即由 UF_6 气体再转换成的 UO_2 粉末。

(2)MOX 燃料芯块制造工序。称量工序是为了使 MOX 燃料芯块的 Pu 含量达到规定的 20%~30%。将前述的 3 种原料粉末称量之后,为了使 Pu 和 U 的浓度分布变得均一,在均一混合工序中使用球磨机进行粉碎和混合。

为了提高均一化混合后 MOX 粉末的流动性,先在造粒工序中做成颗粒状,然后在成型工序中加压成型为芯块形状,从而得到燃料芯块。

燃料芯块在氩-氢混合气体($Ar+5\%H_2$)中进行约 800℃高温 2h 的预备烧结,从而除去燃料芯块中含有的黏结剂、密度降解剂、润滑剂等添加剂(有机化合物)。预备烧结后的燃料芯块,在 Ar+5%H₂ 混合气体中再进行约 1700℃、4h 的烧结,直到烧结固定成为一定密度的烧结芯块为止。使用球磨机对烧结燃料芯块中直径比制品规格大的芯块进行芯块外周(侧面)的磨削。

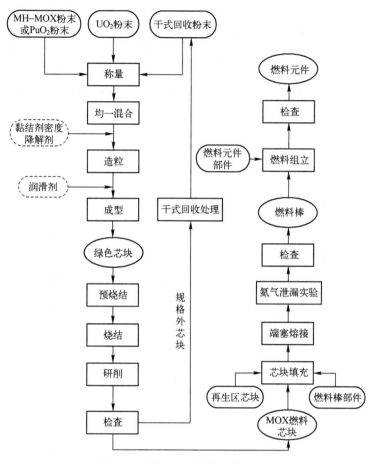

图 2-4　快堆 MOX 燃料的制造流程

对磨削后的芯块进行尺寸(直径、高)、密度、外观等各项检查,满足规格的芯块作为制品芯块送往燃料元件加工工序。其余的芯块,通过干式回收处理作为原料粉末的一部分而被循环使用。

(3) 燃料棒加工以及组装工序。燃料棒由包壳管、端塞、导线隔离物等各种部件材料、MOX 燃料芯块及再生区燃料芯块(Blanket,为了增殖生成 Pu 的贫化 UO₂芯块)组成,通过以下的工序组装。

在芯块填充工序中,把按照一定长度并排的 MOX 燃料芯块和 Blanket 燃料芯块等部件材料一起,填充至预先焊接了下部端塞的奥氏体不锈钢包覆管内,然后在端栓焊机工序过程中对填充了芯块以及各部件材料的包壳管焊接上部端塞。对于快堆用 MOX 燃料,为了向燃料元件中填充易导热的氦气,芯块填充工序以及端塞焊接工序的操作都是在充满氦气的手套箱内进行。加工后的燃料棒,只有在确认表面没有被污染之后,才能从手套箱内取出,再进行氦气泄漏实验,并通过 X 射线进行焊接部的健全性和燃料棒内部构成品的确认之后,才能进行导线隔离物的缠绕。

最后,进行燃料棒的长度、重量、外观、弯曲、包覆管和导线隔离物间隙等各项检查,只有合格后才能作为制品送往元件组装工序。

燃料元件由燃料棒、元件盒、导管等各种部件材料构成,由以下的工序进行组装。

一个燃料元件的组装,需要把一定根数的燃料棒("常阳"127 根,"MONJU"169 根)合并排列成六角形的燃料集合体,固定在导管上形成一束。把这一束插入预先焊接了组件头部的元件盒里,再焊接元件盒与导管的结合部。

对完成的燃料元件还需进行长度、外观、扭曲、弯曲等检查,合格品才能作为制品保管在燃料元件贮藏库中。

2.4 乏燃料后处理技术发展状况

乏燃料后处理是对反应堆中用过的核燃料(乏燃料)进行化学处理,以除去裂变产物等杂质,并回收易裂变核素和可转换核素以及一些其他可利用物质的过程。其目的是从乏燃料中除去裂变产物,回收未用尽的和新生成的核燃料,即回收乏燃料中的 U 和 Pu 作为反应堆的燃料进行再利用。

2.4.1 后处理的重要性

对核燃料循环来说,乏燃料后处理是一个不可缺少的核心环节,它在整个核电工业中的地位和作用表现在以下三个方面。

(1)后处理对于充分利用核能资源意义极大。如前所述,包含后处理的燃料循环称为闭式循环,只有闭式燃料循环才能充分利用核资源。核燃料通过反应堆使用一次,往往只能利用燃料总量(包括易裂变材料和可转换材料)的很少一部分,如生产堆仅用了千分之几。比较先进的动力堆,燃料的利用率也不足 1%。由此可见,在乏燃料中不仅含有大量尚未反应的可转换材料,而且含有相当数量的剩余易裂变材料。这些剩余材料和可转换材料只有经后处理分离净化后才能得到回收复用。

(2)后处理过程对核电经济性有重要影响。为了保护自然资源,今后将不断提高可转换材料的利用率,发展先进的增殖反应堆,同时实现工业钚的复用。因此,天然铀提炼费和同位素富集费在核电成本中所占比重将逐渐下降,而后处理和元件再制造这两个环节所占燃料循环费的比例将明显上升。为了适应上述变化,必须在后处理工厂中不断降低每千克燃料的处理费用。

(3)后处理对保障核燃料工业环境安全起到关键作用。利用核裂变能的一个主要缺点是人为地产生大量放射性废物,大致来说,每从核电站得到一度电能,同时就有 3.7×10^{10} Bq 放射性物质在反应堆中产生。当然这些放射性物质产生后就开始快速衰变,但其中长寿命放射性核素的数量仍然是极其可观的。一座 10 万 kW 的核电站,每年要产生 2.2×10^{10} Bq 的 ^{137}Cs、^{90}Sr,它们的半衰期均在 30 年左右;与此同时,还要产生 3.7×10^{13} Bq 的长寿命锕系元素,它们的半衰期要以万年计算。在后处理过程中,元件的包壳被剥去,燃料被溶解,整个工厂要操作大量放射性物质,最后产生各种形式的放射性废物。也就是说,整个核工业中产生的放射性物质,极大部分要由后处理工厂进行分离、处理并将废物以安全可靠的方式永久处置。这个责任十分重大,后处理厂的安全性、密封性以及对"三废"处置的好坏直接影响到核能发电能否大规模发展。

2.4.2 后处理工艺的主要特征

乏燃料后处理的主要过程包括以下三个方面。

(1) 从反应堆卸出的核燃料,在进行化学处理之前,通常要经历一个"冷却"过程。即在特别设计的水池中放置一段时间(称为冷却时间)。放置的作用是让短寿命核素衰变,以利于后续过程的进行,从而确保回收核素的纯度和回收率。

(2) 乏燃料在进行化学分离纯化之前,还需进行首端处理。其任务是燃料组件的机械解体以及燃料芯块和包壳材料的分离。根据包壳材料的不同,可采用化学法、机械法等不同处理方法。

(3) 乏燃料化学分离纯化过程是乏燃料后处理的主要工艺阶段,其任务是除去裂变产物,高效回收有用物质。后处理的化学分离纯化流程根据是否在水介质中进行可分为水法和干法两大类。水法流程指采用沉淀、溶剂萃取、离子交换等在水溶液中进行的化学分离纯化过程;干法流程则指氟化挥发、高温冶金处理、高温化学处理、液态金属溶解、溶盐电解流程等在无水状态下进行的化学分离方法。

乏燃料后处理是一种放射化工过程,但与一般化工过程相比有显著的不同。

(1) 有临界事故的危险。在后处理过程中,有相当数量的可裂变核素存在,因而有发生临界事故的危险。一旦出现这种事故,即使不发生爆炸,仅其产生的强中子和 γ 辐射以及放射性物质的扩散,也会造成严重的后果。因此要采取充分的安全措施以防止临界事故的发生。常用的方法如限制易裂变物质的质量、浓度,限制工艺设备系统的尺寸和使用能大量吸收中子的中子毒物等。

(2) 强放射性。乏燃料后处理前虽然经过一段时间的放置,但在后处理时仍具有很强的放射性。因此,后处理过程必须要在有厚混凝土防护的密封室中进行,并实行远距离操作,以保护操作人员并防止环境污染。设备的维修也必须实行远距离操作或对设备进行充分的放射性去污后进行直接维修。强放射性对物质有分解作用,会对所用的化学试剂(如萃取剂)和化学过程产生影响。

(3) 可靠性、密封性和维修条件的要求高。后处理厂需要特别重视系统和设备的可靠性、密封性和维修条件,以确保安全连续生产。需要采用耐腐蚀和抗晶间腐蚀的不锈钢材料、长寿命的轴承保证密封性,同时提高维修质量。

(4) 高技术要求和指标。乏燃料后处理的主要目的是回收核燃料物质。根据这些物质进一步加工方式和方法的不同,对净化有不同的要求。但是,一般都要求对经后处理回收的核燃料物质在进行再加工时做到不需要昂贵的防护和远距离操作设备。这就要求后处理过程具有较高的净化系数(如 10^7)和铀钚分离系数(如 10^8),从而得到优质的铀、钚产品。这些要求都远高于一般化工分离过程。此外,还要求对核燃料物质有尽可能高的回收率。

(5) 加强废物管理,严格控制废气和废液的排放。后处理厂产生的废气、废液和固体废物,大多带有放射性。为了保证周围区域的地面、地表水和空气中的放射性水平低于有关的规定,须对放射性废物进行处理。

随着燃料富集度、平均比功率的提高和燃耗的加深，乏燃料中的放射性活度、衰变热、钚含量、裂片含量以及其他超铀元素含量都显著增加。今后随着先进反应堆的发展还将不断提高上述指标，从而减少燃料加工和后处理数量，进一步节省燃料循环费用。因此，乏燃料后处理的难度和要求也会相应增加。

2.4.3 后处理分离技术

1. 磷酸铋沉淀法

从 Pu 生产堆乏燃料中分离提取核武器级 Pu 的化学分离技术，是现代后处理分离技术的源流。作为"曼哈顿计划"(制造原子弹的计划)的一环，美国开发了用磷酸铋(B: PO_4)共沉淀法分离 Pu 的技术。共沉淀是指在溶液中生成沉淀时，该溶液中具有一定溶解度、不应沉淀的离子伴随着一起沉淀的现象。因为乏燃料中 Pu 的含量十分微小，燃料溶解液中 Pu(Ⅳ)的浓度比磷酸钚($Pu_2(PO_4)_4$)的溶解度还低，所以 Pu 不会单独沉淀。但是，实际上 Pu(Ⅳ)是伴随着 $BiPO_4$ 的沉淀一同共沉淀。另一方面，为了不让溶液中大量存在的 U 产生共沉淀，将其与硫酸离子反应生成可溶性的络合物进行保护。通过上述方法实现将 Pu 从乏燃料中分离。

硫酸铋法的中试规模试验于 1944 年后半年在 Oak Ridge 进行，1945 年在 Hanford 实际规模的工厂中开始运转。但磷酸铋法由于不能够回收 U、无法连续处理、使用试剂多、废弃物产量大等原因，已不为现在的后处理所采用。

2. 溶剂萃取法

1) REDOX 法

1945 年以后，不仅仅是 Pu，回收 U 的后处理技术也逐渐被开发，此外 U 在铀矿石中的提取以及精制的相关技术也受到了关注。由于磷酸铋共沉淀法处理效率较低，很快就被可以连续进行分离操作的效率更高的溶剂萃取法所取代。最初工业化的溶剂萃取法是以异己酮[$(CH_3)_2CHCH_2COCH_3$]作为萃取剂的 REDOX 法。异己酮，别名甲基异丁基酮(IUPAC 命名法称为 4-甲基-2-戊酮)，在分析化学领域内作为金属离子的萃取溶剂被广泛使用。REDOX 法由以下三个阶段构成。

(1) U 和 Pu 的共去污。为了把燃料溶解液中的 Pu(Ⅳ)氧化成 Pu(Ⅵ)，将添加二铬酸钠($Na_2Cr_2O_7$，别名重铬酸钠)，然后从含有 $Al(NO_3)_3$ 的 HNO_3 中把 U(Ⅵ)和 Pu(Ⅵ)共同萃取到异己酮的有机相中。

(2) Pu 的分配。添加亚硫酸铵亚铁(Ⅱ)($Fe(NH_2SO_3)_2$)作为 Pu(Ⅵ)的还原剂，将异己酮有机相中的 Pu(Ⅵ)还原成 Pu(Ⅲ)，反萃至水相。为了尽量不把 U(Ⅵ)转移到水相，将 $Al(NO_3)_3$ 与还原剂一起添加到水相。

(3) U 的反萃。Pu 反萃至水相后，U(Ⅵ)还残留在异己酮的有机相中，让其与低浓度的 HNO_3 水溶液接触，可把 U(Ⅵ)反萃到水相。

REDOX 法在 Oak Ridge 进行了中试规模的实验之后，1951 年在 Hanford 设立了后处理工厂。该方法中，因异己酮的着火点较低(仅为 18℃)，且挥发性很高，在安全性方面存在很大问题。另外，由于大量使用盐析剂 $Al(NO_3)_3$，导致产生废弃物量多，目前其作为后处理方法已不再使用。

2）BUTEX 法

为了克服 REDOX 法使用大量金属硝酸盐的缺点，英国开发出了以 Dibutyl Carbitol [$C_4H_9O(C_2H_4O)_2C_4H_9$] 为萃取剂的 BUTEX 法。

采用 BUTEX 法的后处理工厂，于 1952 年在英国 Windscale（后来改称为 Sellafield）开始运转，用于处理石墨慢化气冷堆（Graphite Moderated Gas Cooled Reactor，GCR）Magnox 的燃料（含铝及钙的镁合金包壳燃料）。但因为安全性的问题，该工厂于 1964 年停止运行。虽然之后很多后处理工厂都普遍采用 PUREX 流程，但在英国，第一萃取循环采用的仍是 BUTEX 流程。然而，在 1973 年发生了不溶解残渣造成的溶剂着火事故后，所有采用 BUTEX 流程的工厂都已经停产和关闭。

3）PUTEX 法

PUREX（Plutonium Uranium Recovery by Exraction，萃取回收铀钚）流程是采用磷酸三丁酯为萃取剂，从乏燃料硝酸溶解液中分离回收铀、钚的溶剂萃取流程。它是在 20 世纪 50 年代与其他流程相互竞争的基础上，最先在美国发展起来的。

多年来工厂运行经验表明，这个流程与其他萃取流程（如 REDOC 流程或 BUTEX 流程）相比，是一个经济性、安全性和可靠性都更好的流程。其优点主要表现在以下几方面：

（1）废液量少，废液中作为盐析剂的硝酸，可以通过蒸发去除或回收；

（2）磷酸三丁酯（TBP）与其他萃取剂相比，挥发性小而闪点高，使操作更加安全可靠；

（3）TBP 抗硝酸侵蚀的能力强；

（4）生产运行费用低。

由于 PUREX 流程具有上述优点，使它很快在世界各主要核国家中得到了应用和发展。它不仅可以用于低燃耗、低比活度的生产堆乏燃料后处理，而且改进后也完全适用于处理高燃耗、高比活度的动力堆和快堆乏燃料。20 世纪 60 年代以来，所有新建或改造的后处理厂基本上均采用此种流程或其变体流程。预计今后若干年内设计建造的新后处理厂仍将以 PUREX 流程为主。

4）THOREX 流程

根据 TBP 能从硝酸溶液中选择性地萃取四价和六价金属离子的性能，在 PUREX 流程的基础上，发展了适用于从辐照过的钍燃料中分离铀、钍及去除裂片元素的 THOREX（Thorium Recovery by Extraction）流程。初期的 THOREX 流程为了提高铀和钍的分配系数，选用硝酸铝作盐析剂，在 20 世纪 60 年代获得了应用。TBP 对铀、钍的萃取能力，比对裂变产物和 ^{233}Pu 要强得多，通过多级逆流萃取和洗涤，可使铀、钍与裂变产物的钚分离，然后利用钍在 TBP 中的萃取率比铀低这一差别，采用不同浓度的稀硝酸反萃剂，先反萃钍，再反萃铀，实现铀和钍的分离，最后铀和钍再分别进一步纯化。但与 REDOX 流程一样，THOREX 有增加高放废液中硝酸铝盐的缺点。

参 考 文 献

[1] 王世虎,欧阳平.全球铀矿业动态及中国应对策略[J].中国国土资源经济,2015,(05):26-30.

［2］ 余文林,葛文胜,等．全球铀资源勘查开发现状及对我国"走出去"战略的建议[J]．资源与产业,2015,17(03)：45-50.

［3］ 地产实业部．铀资源生产与需求-2014[M]．北京：中国原子能出版社,2014.

［4］ 韦悦周,吴艳,李辉波．最新核燃料循环[M]．上海：上海交通大学出版社,2014.

［5］ 吴华武．核燃料化学工艺学[M]．北京：中国原子能出版社,1989.

［6］ 顾忠茂,柴之芳．关于我国核燃料后处理/再循环的一些思考[J]．化学进展,2011,23：1263-1271.

［7］ 姜圣阶,任凤仪,等．核燃料后处理工学[M]．北京：中国原子能出版社,1995.

［8］ 顾忠茂．核能及核燃料循环技术相关问题论文汇编[M]．北京：中国原子能科学研究院,2008.

［9］ 陈宝山,刘承新．轻水堆燃料元件[M]．北京：化学工业出版社,2007.

［10］ 谢光善．快中子堆核燃料元件[M]．北京：化学工业出版社,2007.

［11］ Nuclear safety research associate. Overview of Light Water Nuclear Power Stations[R]. 2010.

［12］ BenedictM, Pigford T H, Levi H W. Nuclear chemical engineering [M]. 2nd Edition. McGraw-Hill book comany, 1981.

［13］ 李辉波,刘利生．核燃料循环[M]．北京：国家核安全局核工业研究生部,2012.

［14］ 韦悦周．国外先进核燃料循环后段技术发展动向[J]．化学发展,2011,23：1272-1288.

［15］ IAEA. Spent fuel reprocessing options[R]. IAEA-TECDOC-1587,Vienna,Austria,2008.

［16］ US-DOE. Plutonium：The First 50 Years[R]. DOE/DP-0137,1996.

［17］ ISIS(Institute for Science and International Security). Status and Stocks of Military Plutonium in the Acknowledged Nuclear Weapon States(EB/OL). http://www.isis-online.org,2004.

［18］ NFS. The Western New York Nuclear Service Center(The West Valley Site)(EB/OL). http://www.text.nyserda.org,2005.

第三章 核反应堆安全

核电厂一旦发生事故,不但会影响其自身,而且会波及周围环境,甚至越出国界。因此,核电厂安全应存在于核电厂设计、制造、建造、运行和监督管理等所有环节。

核安全的最终安全目标为在核电厂建立并维持一套有效的防护措施,以保证工作人员、社会及环境免遭放射性危害。虽然在上述的安全总目标的表述中突出了放射性的危害,但这并不意味着核电厂不存在其他的、常规电厂都会造成的比较普通的风险,如热排放对环境的影响、事故引起的核电设备损坏所造成的巨大经济损失等。对于这些常规风险我们也应予以重视,但为了突出核电厂的特殊性,此类风险不包括在核安全研究范畴内。本章在对核反应堆安全基础原则进行简单介绍的同时,着重对压水堆和快堆安全进行了分析,在此基础上简要阐述了国际核事件分级、放射性物质的释放、典型核事故等相关知识。

3.1 核反应堆安全的基本原则

核反应堆安全设计的基本目的是把核电厂的潜在危险——放射性物质加以控制,把它们包容在安全状态。核电厂安全设计中辐射防护接受准则必须遵循以下原则:正常运行工况下的放射性排放低于预定的限值,因此对环境和公众的影响可以忽略不计;导致高辐射剂量或放射性物质大量释放的核电厂事故的发生概率要低;发生概率较高的辐射后果要小。

1. 纵深防御原则

为了满足核电厂的辐射安全准则,现有核电厂的设计、建造和运行贯彻了纵深防御的安全原则。纵深防御分为如下五个层次。

第一层次防御的目的是防止偏离正常运行和系统故障。这一层次要求按照恰当的质量水平和工程实践正确并保守地设计、建造和运行核电厂。

第二层次防御的目的是检测和纠正偏离正常运行的情况,以防止预计运行事件升级为事故工况。这一层次要求设置由安全分析所确定的专用系统并制定运行规程,以防止或尽量减少这些假设始发事件所造成的损坏。

第三层次防御是基于以下假设:尽管极少可能,某些预计运行事件或始发事件的升级仍有可能未被前一层次的防御所制止,可能发展为更严重的事件。这些极少可能发生的事件在核电厂的设计基准中是有所预期的。因此,必须提供固有安全特性、故障安全设计、附加的设备和规程以控制其后果,并在这些事件之后达到稳定的、可接受的状态。

第四层次防御的目的是应对可能已超出设计基准的严重事故,并保证放射性后果保持在合理可行尽量低的水平。这个层次最重要的安全目标是保护包容功能。通过附加的措施和规程防止事故发展,通过减轻所选定严重事故的后果以及事故处置规程,可以实现这个目标。

第五层次即最后层次的防御目的是减轻事故工况下可能的放射性物质释放后果。这一层次要求具有适当装备的应急控制中心,指定和实施厂区内和厂区外应急响应计划。

纵深防御概念实施的一个相关方面是设计多道实体屏障,将放射性物质限制在确定的范围内。最为重要的是以下五道屏障。

(1)燃料芯块。燃料芯块是烧结的二氧化铀陶瓷基体,核裂变产生的放射性物质98%以上滞留于燃料芯块中,不会释放出去。

(2)燃料元件包壳。燃料芯块叠装在锆合金包壳管内,两端用端塞封焊住。裂变产物有固态的,也有气态的,它们中的绝大部分容纳在二氧化铀芯块内,只有气态的裂变产物能部分扩散出芯块,进入芯块和包壳之间的间隙内。燃料元件包壳的工作条件十分苛刻,它既要受到中子流的强烈辐射、高温高速冷却剂的腐蚀和侵蚀,又要受热应力和机械应力的作用。正常运行时,仅有少量气态裂变产物有可能穿过包壳扩散到冷却剂中;若包壳有缺陷或破裂,则将有较多的裂变产物进入冷却剂。设计时,假定有1%的包壳破裂和1%的裂变产物会从包壳逸出。据美国统计,正常运行时实际最大破损率为0.06%。

(3)将反应堆冷却剂全部包容在内的一回路压力边界。压力边界的形式与反应堆类型、冷却剂特性以及其他设计考虑有关。压水堆一回路压力边界由反应堆容器和堆外冷却剂环路组成,包括蒸汽发生器传热管、泵和连接管道等。为了确保第三道屏障的严密性和完整性,防止带有放射性的冷却剂漏出,除了设计时在结构强度上留有足够的裕量外,还必须对屏障的材料选择、制造和运行给以极大的注意。

(4)安全壳,即反应堆厂房。它将反应堆、冷却剂系统的主要设备(包括一些辅助设备)和主管道包容在内。当事故(如失水事故、地震)发生时,能阻止一回路系统外逸的裂变产物泄漏到环境中去。安全壳也可保护重要设备免遭外来袭击(如飞机坠落)的破坏。设计上对安全壳的密封有严格要求,如果在失水事故后24h内总的泄漏率小于安全壳内所含气体质量的0.1%,则认为达到要求。为此,在结构强度上应留有足够的裕量,以便能经受住冷却剂管道大破裂时压力和温度的变化,阻止放射性物质的大量外逸。它还要能够定期地进行泄漏检查,以便验证安全壳及其贯穿件的密封性。

(5)放射性保护区。

2. 安全设计基本原则

核电厂安全设计的一般原则是:采用行之有效的工艺和通用的设计基准,加强设计管理,在整个设计阶段和任何设计变更中必须明确安全职责。核电厂各系统安全设计的基本原则有以下几方面。

(1)单一故障准则。满足单一故障准则的设备组合,在其任何部位发生单一随机故障时,仍能保持所赋予的功能。由单一随机事件引起的各种继发故障,均视作单一故障的组成部分。

(2)多样性原则。多样性应用于执行同一功能的多重系统或部件,即通过多重系统或部件中引入不同属性来提高系统的可靠性。获得不同属性的方式包括采用不同的工作原理、不同的物理变量、不同的运行条件以及使用不同制造厂的产品等。采用多样性原则能减少某些共因故障或共模故障,从而提高某些系统的可靠性。

(3)独立性原则。为了提高系统的可靠性,防止发生共因故障或共模故障,系统设计中应通过功能隔离或实体分隔,实现系统布置和设计的独立性。

(4)故障安全原则。核电厂安全极为重要的系统和部件的设计,应尽可能贯彻故障安全原则,即核系统或部件发生故障时,电厂应能在无需任何触发动作的情况下进入安全状态。

(5)定期试验、维护和检查的原则。为使核电厂安全有关的重要构筑物、系统和部件保持其执行功能的能力,应在核电厂的寿期内对它们进行标定、试验、维护、修理、检查或监测。

(6)充分采用固有安全性的设计原则。世界核电厂已累积 10000 堆年的运行实践,核电厂的运行记录(特别是压水堆核电厂)良好。但是,三哩岛和切尔诺贝利等核事故的发生,说明了由于核电厂系统极其复杂,核电厂安全性取决于工程安全性。事故发生时,操纵员若未能执行正确的操作规程或采用了错误的应对措施,就有发生严重事故的可能。在核电安全设计上重要的是要充分采用固有安全性。比如,在压水堆设计中,重要的负反应性冷却剂温度系数和多普勒系数,控制棒组件重力插入堆芯的自然安全性,以及靠重力、蓄压势和承压构件等非能动安全性,它们能在异常工况下,使堆内链式反应自动趋于中止。

(7)运行人员操作优化的设计。从安全观点出发,厂区人员的工作场所和工作环境必须按人机工效学原则进行设计。

人因有两方面的影响:一方面,在异常情况下,操纵员若能采取正确的行动,对未明情况下的反应堆安全可做出重要贡献;另一方面,操纵员若未能做出正确的判断即动用安全设施或采用了错误的应对措施,对核安全是很大的威胁。核电运行史上发生的异常事件(从较小事件直至严重事故)的最重要教训之一,是事故经常由于人的错误操作或干预导致。

反应堆的安全设计必须利于操纵员在有限的时间内、预计的周围环境中和有心理压力的状态下能采取成功的行动,应尽量减少操纵员在短期内进行干预的必要性。

3.2 压水堆安全分析

3.2.1 压水堆的安全系统

由于运行中的反应堆存在着潜在风险,在反应堆、核电厂的设计、建造和运行过程中,必须坚持和确保安全第一的原则,核电厂运行史上三哩岛和切尔诺贝利两次重大事故发生后,人们针对反应堆安全性提出了更高的要求。

通常,反应堆安全存在四种安全性要素。

(1)自然的安全性:指反应堆内在的负反应性温度系数、燃料的多普勒效应和控制棒借助重力落入堆芯等自然科学法则的安全性,事故时能控制反应堆反应性或自动终止裂变,确保堆芯不熔化。

(2) 非能动的安全性:指建立在惯性原则(如泵的惰转)、重力法则(如位差)、热传递法则等基础上的非能动设备(无源设备)的安全性,即安全功能的实现无需依赖外来的动力。

(3) 能动的安全性:指必须依靠能动设备(有源设备),即需由外部条件加以保证的安全性。

(4) 后备的安全性:指由冗余系统的可靠度或阻止放射性物质逸出的多道屏障提供的安全性保证。

国际核能界认为现有核电厂系统过于复杂,必须着力解决设计上的薄弱环节,提出应以固有安全概念贯穿于反应堆和核电厂设计安全的新论点。其定义为:当反应堆出现异常工况时,不依靠人为操作或外部设备的强制性干预,只是由反应堆自然的安全性和非能动的安全性即可控制反应性或移出堆芯热量,使反应堆趋于正常运行或安全停闭。具有这种能力的反应堆,即主要依赖于自然的安全性、非能动的安全性和后备反应性的反应堆体系称为固有安全堆。

为确保反应堆的安全,反应堆所有的安全设施,应发挥以下特定的安全功能。

(1) 有效的反应性控制。在反应堆运行过程中,由于核燃料的不断消耗和裂变产物的不断积累,反应堆内反应性会不断减少;此外,反应堆功率的变化也会引起反应性变化。所以,核反应堆的初始燃料装载量必须比维持临界所需的量多得多,使堆芯寿命初期具有足够的剩余反应性,以便在反应堆运行过程中补偿上述效应所引起的反应性损失。

(2) 确保堆芯冷却。为了避免由于过热而引起燃料元件损坏,任何情况下都必须确保对堆芯的冷却,导出核燃料所释放的能量。

① 正常运行时,一回路冷却剂在流过反应堆堆芯时受热,而在蒸汽发生器内冷却;蒸汽发生器的二回路侧由主给水系统或辅助给水系统供应给水。蒸汽发生器生产的蒸汽推动汽轮机做功,当汽轮机甩负荷时,蒸汽通过蒸汽旁路系统排放到凝汽器或排向大气。

② 反应堆停闭时,堆芯内链式裂变反应虽被中止,但燃料元件中裂变产物的衰变继续放出热量,即剩余释热。为了避免损坏燃料元件包壳,应通过蒸汽发生器或余热排出系统,继续导出热量。

(3) 包容放射性产物。为了避免放射性产物扩散到环境中,在核燃料和环境之间设置了多道屏障。运行时,必须严密监视这些屏障的密封性,确保公众与环境免受放射性辐照的危害。

为了在设计基准事故工况下确保反应堆停闭,排出堆芯余热和保持安全壳的完整性,避免在任何情况下放射性物质的失控排放,减少设备损失,保护公众和核电厂工作人员的安全,核电厂设置了专设安全设施,包括安全注射系统、安全壳、安全壳喷淋系统、安全壳隔离系统、安全壳消氢系统、辅助给水系统和应急电源。这些设施的作用是在核电厂发生事故时,向堆芯注入应急冷却水,防止堆芯熔化;对安全壳气空间冷却降压,防止放射性物质向大气释放;限制安全壳内氢气浓集;向蒸汽发生器应急供水。

为使专设安全设施发挥其功能,设计中应遵循下述原则。

(1) 设备高度可靠。即使在发生假想的最严重地震事故(安全停堆地震)的情况下,专设安全设施仍能发挥其应有的功能。

（2）系统具有多重性。一般设置两套或两套以上执行同一功能的系统，并且最好两套系统采用不同的原理设计，这样即使单个设备发生故障也不影响系统正常功能的发挥。

（3）系统相互独立。各系统间原则上不希望共用其他设备或设施。重要的能动设备必须进行实体隔离，以防止一台设备故障殃及其他设备失效。

（4）系统能定期检验。能对系统及设备的性能进行试验，使其始终保持应有的功能。

（5）系统具备可靠动力源。在发生断电事故时，柴油发电机应在规定时间内达到其额定功率。柴油发电机应具有多重性、独立性和试验可用性的特点。

（6）系统具有足够的水源。在发生失水事故后，始终都满足使堆芯冷却和安全壳冷却所需的水量，蒸汽发生器的辅助给水系统还设有备用水源。

3.2.2 压水堆事故分析

根据对核电厂运行工况所做的分析，1970 年，美国标准学会按反应堆事故出现的预计概率和对广大居民可能带来的放射性后果，把核电厂运行工况分为 4 类。

工况 I ——正常运行和运行瞬变。

（1）核电厂的正常启动、停闭和稳态运行。

（2）带有允许偏差的极限运行，如发生燃料元件包壳泄漏、一回路冷却剂放射性水平升高、蒸汽发生器传热管有泄漏等，但未超过规定的最大允许值。

（3）运行瞬变，如核电厂的升温、升压或冷却卸压，以及在允许范围内的负荷变化等。

这类工况出现较频繁，所以要求整个过程中无需停堆，只要依靠控制系统在反应堆设计裕量范围内进行调节，即可把反应堆调节到所要求的状态，重新稳定运行。

工况 II ——中等频率事件，或称预期运行事件。指在核电厂运行寿期内预计出现一次或数次偏离正常运行的所有运行过程。由于设计时已采取适当的措施，工况 II 只可能迫使反应堆停闭，不会造成燃料元件损坏或一回路、二回路系统超压，不会导致事故工况。

工况 III ——稀有事故。在核电厂寿期内，这类事故一般极少出现，它的发生频率约为 $10^{-4} \sim 3 \times 10^{-2}$ 次/（堆年）。处理这类事故时，为了防止或限制对环境的辐射危害，需要专设安全设施投入工作。

工况 IV ——极限事故。这类事故的发生概率约为 $10^{-6} \sim 10^{-4}$ 次/（堆年），因此也称作假想事故。它一旦发生，就会释放出大量放射性物质，所以在核电厂设计中必须加以考虑。

核电厂安全设计的基本要求：在常见故障时，对居民不产生或只产生极少的放射性危害；在发生极限事故时，专设安全设施的作用应保证一回路压力边界的结构完整、反应堆安全停闭，并可对事故的后果加以控制。

为了确保核电厂的安全，规定在安全分析报告中要对工况 II、工况 III、工况 IV 的事故进行详细的分析计算，给出定量的结果并评定其是否满足目前的规范和标准。压水堆核电厂所需分析的事故见表 3-1。

表 3-1　需作安全分析的事故

预期运行事件	稀有事件	极限事件
1. 堆启动时,控制棒组件不可控地抽出; 2. 满功率运行时,控制棒组件不可控地抽出; 3. 控制棒组件落棒; 4. 硼失控稀释; 5. 部分失去冷却剂流量; 6. 失去正常给水; 7. 给水温度降低; 8. 负荷过分增加; 9. 隔离环路再启动; 10. 甩负荷; 11. 失去外电源; 12. 一回路卸压; 13. 主蒸汽系统卸压; 14. 满功率运行时,安全注射系统误动作	1. 一回路系统管道小破裂; 2. 二回路系统蒸汽管道小破裂; 3. 燃料组件误装载; 4. 满功率运行时,抽出一组控制棒组件; 5. 全厂断电(反应堆失去全部强迫流量); 6. 放射性废气、废液的事故释放	1. 一回路系统主管道大破裂; 2. 二回路系统蒸汽管道大破裂; 3. 蒸汽发生器传热管破裂; 4. 一台冷却剂泵转子卡死; 5. 燃料操作事故; 6. 弹棒事故

由表 3-1 可知,设计和建造核电厂时所研究的事故与事件可以分为以下两类。

(1) 没有流体丧失的事故,主要是指一般的瞬变。主要包括反应性引入事故、失流事故、失热阱事故等。

(2) 以损失一回路或二回路流体为特征的管道破裂事故,如蒸汽管道破裂事故、给水管道破裂事故、失水事故等。

1975 年,美国核管理委员会(USNRC)颁布了《轻水堆核电厂安全分析报告标准格式和内容》(第二次修订版)。表 3-2 给出了其中规定需分析的 47 种典型始发事故,它们是目前轻水堆事故分析的主要项目。核电厂设计部门应针对这些事故,对所有设计的核电厂进行计算分析,并证实所设计的核电厂能满足有关的安全标准。

表 3-2　安全分析报告分析的典型始发事故

事 故 工 况	始 发 事 故
1. 二回路系统排热增加	1.1 给水系统故障使给水温度降低
	1.2 给水系统故障使给水流量增加
	1.3 蒸汽压力调节器故障或损坏使蒸汽流量增加
	1.4 误打开蒸汽发生器泄放阀或安全阀
	1.5 压水堆安全壳内、外各种蒸汽管道破损
2. 二回路系统排热减少	2.1 蒸汽压力调节器故障或损坏使蒸汽流量减少
	2.2 失去外部电负荷
	2.3 汽轮机跳闸(截止阀关闭)
	2.4 误关主蒸汽管线隔离阀
	2.5 凝汽器真空破坏
	2.6 同时失去厂内及厂外交流电源
	2.7 失去正常给水流量
	2.8 给水管道破裂

事 故 工 况	始 发 事 故
3. 反应堆冷却剂系统流量减少	3.1 一个或多个反应堆主泵停止运行
	3.2 沸水堆再循环环路控制器故障使流量减少
	3.3 反应堆主泵轴卡死
	3.4 反应堆主泵轴断裂
4. 反应性和功率分布异常	4.1 在次临界或低功率启动时，非可控抽出控制棒组件（假定堆芯和反应堆冷却剂系统处于最不利反应性状态），包括换料时误提出控制棒或暂时取出控制棒驱动机构
	4.2 在特定功率水平下，非可控抽出控制棒组件（假定堆芯和反应堆冷却剂系统处于最不利反应性状态），产生了最严重后果（低功率到满功率）
	4.3 控制棒误操作（系统故障或运行人员误操作），包括部分长度控制棒误操作
	4.4 启动一条未投入运行的反应堆冷却剂环路或在不适当的温度下启动一条再循环环路
	4.5 一条沸水堆环路的流量控制器故障或损坏，使反应堆冷却剂流量增加
	4.6 化学和容积控制系统故障使压水堆冷却剂中硼浓度降低
	4.7 在不适当的位置误装或操作一组燃料组件
	4.8 压水堆各种控制棒弹出事故
	4.9 沸水堆各种控制棒跌落事故
5. 反应堆冷却剂装量增加	5.1 功率运行时误操作应急堆芯冷却系统
	5.2 化学和容积控制系统故障（或运行人员误操作）使反应堆冷却装量增加
	5.3 各种沸水堆瞬变，包括 1.2 和 2.1 到 2.6
6. 反应堆冷却剂装量减少	6.1 误打开压水堆稳压器安全阀或误打开沸水堆的安全阀或泄漏阀
	6.2 一回路压力边界贯穿安全壳仪表或其他线路系统破裂
	6.3 蒸汽发生器传热管破裂
	6.4 沸水堆各种安全壳外蒸汽系统管子破损
	6.5 反应堆冷却剂压力边界内假想的各种管道破裂所产生的失冷事故，包括沸水堆安全壳内蒸汽管道破裂
	6.6 各种沸水堆瞬变，包括 1.3,2.7 和 2.8
7. 系统或设备的放射性释放	7.1 放射性气体废物系统泄漏或破损
	7.2 放射性液体废物系统泄漏或破损
	7.3 假想的液体储箱破损而产生的放射性释放
	7.4 设计基准燃料操作事故
	7.5 乏燃料储罐掉落事故

事 故 工 况	始 发 事 故
8. 未能紧急停堆的预期瞬变	8.1 误提出控制棒
	8.2 失去给水
	8.3 失去交流电源
	8.4 失去电负荷
	8.5 凝汽器真空破坏
	8.6 汽轮机跳闸
	8.7 主蒸汽管道隔离阀关闭

3.3　快中子反应堆安全分析

3.3.1　快中子反应堆的安全特征

快堆的固有安全性设计体现在事故下的自停堆能力和余热排出能力。快堆的固有安全性特征有：

1. 负的功率反应性系数——自然的安全性

依靠多普勒效应、钠密度效应、燃料膨胀、芯部膨胀及变形以及控制棒的伸长等反馈，足以保证快堆具有足够大的负功率反应性系数。控制棒及其驱动机构的设计限制了反应性引入速率不超过允许值。当控制棒机构发生故障导致意外连续抽出时，功率的增长可由互相独立的探测方法（如中子注量率，冷却剂出口温度等）给出信号，使安全棒落入堆芯而停堆。负功率系数是一个抑制功率增长的稳定因素，即使是十分罕见的意外情况，如所有信号探测系统和保护系统都失效时，功率也不会按其初始值指数增长。设计得当的快堆，限制反应性引入量可保证靠负功率反应性系数本身就可使反应堆重新稳定在一个可以接受的功率水平。

2. 冷却剂压力低

快堆堆芯钠的出口温度比钠的沸点低 300℃ 以上，冷却剂系统的压力低，只有 0.7~0.8MPa。一回路容器和管道承受的压力低，一般不易损坏，即使损坏也不会出现像压水堆那样的强烈汽化现象。因此，衰变热可相当容易地导出，而不必像压水堆那样附设高压注射系统。

由于冷却剂压力低，可以在主容器和管道外面加保护容器，以此应对一回路破口的情况。对池式快堆来说，加保护容器后，可保证冷却剂液面淹没堆芯和中间热交换器。衰变热可由二次冷却剂导出（如果中间热交换器完好的话）或者由应急冷却系统导出。在回路式快堆中，一次冷却剂的入口管接在堆壳体上部超过芯部顶端之处，可保证万一出现破口时，芯部将被淹没，此时如果至少有一个一次回路是完好的，衰变热也可顺利导出。

3. 热容量大——非能动安全性

池式堆的堆池内有大量钠，有较多的热容量；而钠的热导率又大，所以堆芯有很强的热惯性,对瞬变有较高的适应能力。即使在二次冷却系统不工作的失热阱事故工况下,反应堆停闭后,钠的流动性好,容易形成自然对流,可以用非能动的方法导出余热,冷却剂温度上升速率也较为缓慢,一般约 30℃/min。在温度上升到使燃料破损前(800~1000℃),有足够时间投入二次冷却系统或是应急冷却系统,提高了余热导出的安全性。

4. 多道安全屏障——后备的安全性

反应堆安全的中心问题是确保放射性物质能可靠地保持在一定范围以内,不要无控制地释放到周围环境中去。在快堆中,放射性材料(燃料、裂变产物和放射性产物)和周围环境之间设有三道安全屏障,即包壳、一回路压力边界和安全壳。目前燃料元件设计上可做到很难破损,但由于堆内元件数量很大(典型 1000MW 快堆电站约有 105 根元件),以致不得不考虑燃料元件有少量破损的概率(在严重事故下破损概率为 0.1%或更小)。少量元件破损导致有少量的放射性(主要是气体裂变产物和某些挥发性裂变产物)释放到冷却剂中去。实验表明:即使有一个较大破口,或者是当某些小破口元件随堆继续运行没有更换,破口逐渐扩大,释放到冷却剂中的放射性也是很少的。即使发生包壳损坏蔓延现象,也可及时在冷却剂和覆盖气体中探测出来,从而采取相应的措施。

一回路压力边界的屏障设计能够保证从泵轴、控制棒驱动机构轴、旋转屏蔽塞密封处的泄漏保持在很低的水平(包括 ^{24}Na 的泄漏)。

安全壳在一定温度和一定压力下泄漏量的设计都是以假想的严重事故为依据的,可保证从一回路和部分二回路释放出来的放射性被有效地包容住。安全壳还设有通风系统和过滤装置,以便控制向大气的放射性排放量。安全壳的设计还能保证在风载、地震或其他外部作用下保持完好。

总之,谨慎合理的设计能可靠地保证即使在严重的假想事故条件下也不会产生公众安全问题。三道安全屏障是相互独立的,其同时破坏的概率是微乎其微的。

上述快堆的自然安全性和非能动安全性特征说明,快堆与当前许多热中子反应堆相比,具有固有安全性。但是,多数快堆用钠作为冷却剂,钠极为活泼,因此,快堆也有其特殊的工业事故,即钠火和钠水反应。此外,典型钠冷快堆堆芯的平均功率密度高达 300~500kW/L,比一般压水堆高 5 倍以上,一旦燃料元件表面丧失冷却,其温度上升将较为迅速,存在一定的安全隐患。

3.3.2 快中子反应堆的事故分析

表 3-3 是按美国核协会(ANS)标准对快中子反应堆事故工况的分类,与压水堆事故工况的分类规定为四个等级不同,对快中子堆只使用了三个等级。表 3-3 的预期运行事件,相当于压水堆事故工况中的中等频率事件和稀有事件。

表 3-3 按美国核协会(ANS)标准对事故工况的分类

事故等级	种　类	举　例
Ⅰ	正常运行 (在正常运行和维护期间常常期望的)	启动,正常停堆,备用,负荷跟踪;在技术规范内包壳破损;换料
Ⅱ	预期运行事件 (在核电厂寿期内可能意外出现一次或多次)	钠泵停运;失去厂外电源;汽轮发电机组停运;意外提升控制棒

事故等级	种　　类	举　　例
III	假想事故 （预期不会出现——但仍包含在设计基准内,以便为确保不过分危及公共健康和安全而提供附加的安全裕度）	根据事件发生的频率和后果设定事故谱(例如,管道破裂,大型钠火和钠水反应,放射性废物处理系统储存罐破裂)

参照多年来在液态金属快中子反应堆研究中获得的广泛经验,可将典型事件分类,如表3-4所列。

表3-4　典型事件分类

事件分类	具体事件
典型的主要设计基准始发事件	1. 反应堆误停闭; 2. 一根控制棒的不可控提出; 3. 内部或外部溢流; 4. 极端的天气状况; 5. 中间热交换器(IXH)二次回路或反应堆直接冷却回路(DRC)大泄漏; 6. 在燃料传输和储存系统中的多重故障; 7. 常规的火灾; 8. 组件跌落; 9. 部分组件冷却故障; 10. 主泵和二次泵故障; 11. 主泵与栅板连接内部构件的泄漏和破裂; 12. 主钠池泄漏; 13. 燃料误装载; 14. 覆盖气体的大泄漏; 15. 气体不正常通过堆芯; 16. 蒸汽发生器大泄漏; 17. 在二次安全池内主钠回路泄漏; 18. 地震
典型的极限事件	1. 主钠池和保护容器的泄漏; 2. 燃料组件熔化; 3. 在蒸汽发生器厂房内钠-水-空气反应; 4. 在蒸汽发生器内钠-水-空气反应(大于设计基准事件); 5. 在反应堆盖板处大的钠泄漏; 6. 因一个钠主管道的剪切故障,钠大泄漏出二次安全池外

在快堆设计及安全分析中所选取的设计基准事故,其基本思路是找出可能导致堆芯解体的各种始发事件,以便及早制止;确定是否需要改进设计或是增加保护措施以及已有的保护系统是否必要。近年来的研究与安全验证试验结果表明,快堆的安全可以完全依靠或主要依靠其固有安全特性来保证。

3.4　放射性物质的释放

在反应堆正常运行情况下,核裂变过程会产生很多种裂变产物,其中绝大部分是带有放射性的。这些裂变产物会不断地释放出 β 射线和 γ 射线,这些射线被周围材料的原子核散射或者吸收,然后放出次级射线,这个过程可以放出 α 射线、β 射线、γ 射线或中子。致密的金属元件包壳几乎可以阻挡住所有裂变产物的穿透。但在事故情况下,一部分或相当数量的裂变产物会穿透包壳进入主回路。为加深对事故后果的理解,本节以压水堆为背景阐述不同事故下裂变产物的释放机理以及不同裂变产物的释放特性。

当反应堆经历不同严重程度的事故时,堆芯燃料可能会发生包壳破损、燃料熔化、与混凝土或金属发生作用及蒸汽爆炸等不同的情况。相应的裂变产物对应着四种不同的释放机理:气隙释放、熔化释放、汽化释放和蒸汽爆炸释放。

1. 气隙释放

在反应堆正常运行条件下,部分裂变产物以气体或蒸汽的形式由芯块进到芯块与包壳之间的气隙内。气隙内各种裂变产物的积存份额取决于各核素在二氧化铀(UO_2)芯块内的扩散系数及该核素的半衰期。在反应堆正常运行时只有极少量包壳破损。但在失水事故时,元件温度很快升高,在几秒钟到几分钟的短时期内,包壳即可能破损。在包壳内外压差及外表面蒸汽流的作用下,气隙中积存的部分裂变产物被瞬时释出,出现喷放性的气隙释放。由于惰性气体不与其他元素发生化学作用,气隙中氙(Xe)、氪(Kr)在气隙释放中全部经破口进入主回路。在包壳破损的温度下,卤素碘(I)、溴(Br)是挥发性的气体,碱金属铯(Cs)、铷(Rb)也是部分挥发性的,但因这些元素可能与其他裂变产物或包壳发生化学反应,因而阻碍它们移至破口处。

2. 熔化释放

在气隙释放后不久燃料即开始熔化。这时芯块中的裂变产物将进一步释出,这一过程一直延续到燃料完全熔化,即熔化释放。在熔化释放中,惰性气体中90%很快放出,高挥发性的卤素和碱土金属也大部分释出,但碲(Te)、锑(Sb)、硒(Se)碱土金属的释放份额要小很多。虽然 Te 和 Sb 挥发性也很强,但在水堆中它们与锆包壳会发生化学反应,致使其释放份额大大下降。

3. 汽化释放

当熔融的堆芯熔穿压力容器和安全壳底部与混凝土接触时,会与混凝土发生剧烈反应使混凝土分解、汽化产生蒸汽和 CO_2。这些产物与熔融的堆芯相混,在熔融体内形成鼓泡、对流。这一过程促进了裂变产物通向熔融金属的自由表面,并生成大量含有裂变产物的气溶胶。在这种条件下产生的裂变产物的释放称为汽化释放。

4. 蒸汽爆炸释放

当熔融的堆芯与压力容器中残存的水发生作用时会产生蒸汽爆炸。UO_2 燃料在爆炸中将分散成为很细小的颗粒,并被氧化生成 U_3O_8。这一放热反应将使 UO_2 中的裂变产物进一步挥发而释放。

裂变产物的释放特性首先取决于裂变产物核素的物理和化学性质。按照其挥发性和化学活泼程度,可以将重要裂变产物分为三大类八组,见表3-5。

表 3-5　裂变产物挥发性分组

类　别	分　组	主　要　核　素
气体	惰性气体	Xe,Kr
易挥发	卤素	I,Br
	碱金属	Cs,Rb
	碲	Te,Se,Sb

类　别	分　组	主要核素
难挥发	碱土金属	Ba,Sr
	贵金属	Ru,Rb,Pd,Mo,Te
	稀土金属	Y,La,Ce,Pr,Nd,Pm,Sm,Eu,Np,Pu
	难熔氧化物	Zr,Nb

　　放射性物质由主回路进入安全壳以后,一般是以气体或悬浮的气溶胶形态存在于安全壳空间中。放射性物质从安全壳向环境的释放率取决于安全壳的泄漏率和放射性物质在安全壳大气中的浓度。减少安全壳泄漏的方法是提高安全壳密封标准和建造质量。目前大型核电厂安全壳在事故压力下(例如绝对压力为0.45MPa)泄漏率为0.1%体积/天。安全壳内的放射性物质一方面由于自然衰减、气溶胶聚合及沉降、安全壳及设备壁面吸附而减少,另一方面靠采取积极的去除措施,例如安全壳内气体循环过滤系统和喷淋系统,进一步降低放射性浓度。为了减少向环境排放的放射性,还往往采用多层或多仓室安全壳。

　　放射性物质从安全壳释放后,呈气体和气溶胶形态。气体是放射性物质蒸发、升华形成的单分子态。气溶胶一般指固态或液态多分子凝聚物颗粒在气体中的弥散系。我们统称这两种形态为气载物。这些气载物进入大气后,在朝下风向输送的同时,将受大气湍流影响,于水平方向和垂直方向迅速地稀释扩散。因此,为了估算放射性释出物对居民的辐射后果,研究气载物在大气中的稀释扩散规律就显得尤为重要。

3.5　国际核事件分级

　　为了用统一的术语向公众迅速通报核设施所发生的事件,1989年,由国际原子能机构(IAEA)和经济合作与发展组织的核能机构(OECD/NEA)共同组织国际专家组设计了国际核事件分级表(INES),如表3-6所列。

表 3-6　分级表的基本结构

等　级	影　响　方　面		
	厂外影响	厂内影响	对纵深防御的影响
7 特大事故	大量释放:大范围的健康和环境影响		
6 重大事故	明显释放:可能要求全面执行计划的相应措施		
5 具有厂外风险的事故	有限释放:可能要求部分执行计划的相应措施	反应堆堆芯、放射性屏障受到严重损坏	
4 无明显厂外风险的事故	少量释放:公众受到相当于规定限值的照射	反应堆堆芯、放射性屏障受到明显损坏,有工作人员受到致死剂量的照射	
3 重大事件	极少量释放:公众受到规定限值一小部分的照射	污染明显扩散,有工作人员发生急性健康效应	接近发生事故,安全保护层全部失效

等 级	影 响 方 面		
	厂外影响	厂内影响	对纵深防御的影响
2 事件		污染明显扩散,有工作人员受到过量照射	安全措施明显失效的事件
1 异常			超出规定运行范围的异常情况
0 偏差	无安全意义		

　　这个分级表最初在实验室内用于核电站事件分类,其后扩展并修改以使其能够适用于与民用核工业相关的所有设施。该表已在全世界 60 多个国家成功运作。国际核事件分级表(INES)能够适用于与放射性材料和辐射有关的任何事件,以及放射性材料运输中发生的任何事件。

　　分级表将事件分类为 7 级:较高的级别(4~7)被定为"事故",较低的级别(1~3)为"事件"。不具有安全意义的事件被归类为分级表以下的 0 级,定为"偏差"。与安全无关的事件被定为"分级表外"。

　　在多于一个方面造成影响的事件通常定位所确定的最高级。表 3-7 给出每个级别上的事件的典型说明,以及过去在核设施上发生的核事件的定级实例。

　　就厂外影响给事件定级,要考虑核设施厂区外部的实际放射性影响。这种影响可以用从一个核装置释放的放射性量或公众成员所受评估剂量表示。对于一个核装置的明显事故,不可能在最初阶段准确地确定厂外释放的规模,但可以粗略地说明释放,并在分级表上给出一个暂定级别。随后进行的对释放量的再评估,可能要求按分级表对事件定级的初始估计进行修正。

　　规定这些释放级别的依据是考虑到可能采取的防护措施,估计 5 级释放能够给出的剂量约为 4 级规定剂量的 10 倍。当然,相当于 5 级阈值的实际放射性释放量,要大大超出对应于 4 级事故最小释放规模的一个数量级。

表 3-7　国际核事件分级表

级别/名称	事 件 性 质	实 例
7 特大事故	大型装置(如动力堆的堆型)中大部分放射性物质向外释放。一般涉及短寿命和长寿命放射性裂变产物的混合物(从放射学上看,其数量相当于超过几万 Bq 的 ^{131}I)。这类释放可能有急性健康效应;在可能涉及一个以上国家的大范围地区有慢性健康效应;有长期环境后果	1986 年苏联(现属乌克兰)切尔诺贝利事故; 2011 年日本福岛核电站事故
6 重大事故	放射性物质向外释放(从放射学上看,其数量相当于几千到几万 Bq 的 ^{131}I)。这类释放将可能需要全面实施当地应急计划中包括的相应措施以限制严重的健康效应	1957 年苏联基斯迪姆后处理厂(现属俄罗斯联邦)事故
5 具有厂外风险的事故	放射性物质向外释放(从放射学上看,其数量相当于几百到几千 Bq 的 ^{131}I)。这类释放将可能需要部分实施当地应急计划中包括的相应措施以减少造成健康效应的可能性。 设施严重损坏。这可能涉及动力堆芯大部分严重损坏、重大临界事故或者是在设施内释放大量放射性的重大火灾或爆炸	1957 年英国文茨凯尔反应堆事故; 1979 年美国三哩岛核电厂事故

级别/名称	事件性质	实 例
4 无明显厂外风险的事故	放射性向外释放,使关键人群受到几毫希[沃特]量级剂量的照射。对于这种释放,除当地可能需要进行食品管制外,一般不需要厂外保护行动设施明显损坏。这类事故包括可能造成重大厂内修复困难的损坏,如动力堆芯部分熔化和非反应堆设施内发生的可比拟事件。 一名或多名工作人员受到极可能发生早期死亡的过量照射	1973 年英国文茨凯尔后处理厂事故; 1980 年法国圣洛朗核电厂事故
3 重大事件	放射性向外释放,使关键人群受到十分之几毫希[沃特]量级剂量的照射。对于这类释放,可能不需要厂外保护措施。 造成工作人员受到足以引起急性健康效应的剂量的厂内事件和造成污染严重扩散的事件,例如几千 Bq 的放射性释放进入一个二次包容结构,而这里的放射性物质还可以送回令人满意的储存区。 安全系统再发生故障可造成事故工况的事件,或如果发生某些始发事件安全系统不能防止事故的状态	1989 年西班牙范德略斯核电厂事故
2 事件	安全措施明显失效,但仍有足够的纵深防御,可以应付进一步故障的事件。包括实际故障定级为 1 级但暴露出另外的明显组织缺陷或安全文化缺乏的事件。 造成工作人员受到超出规定年剂量限值的剂量和事件及造成设施内有显著量的放射性存在于设计未考虑区域内并且需要纠正行动的事件	
1 异常	超出规定运行范围但仍保留有明显的纵深防御的异常情况。这可能归因于设备故障、人为差错或规程不当,并可能发生于本表覆盖的任何领域,如电厂运行、放射性物质运输、燃料操作和废物储存	
0 偏差	偏差没有超出运行限制和条件,并且依照适当的规程得到正确的管理	

3.6 典型的核反应堆事故介绍

3.6.1 三哩岛核事故

三哩岛核电站二号机组(TMI－2),是由美国巴布科克和威尔科克斯(Babcock&Wilcox)公司设计的 961MW 电功率(889MW 净电功率)压水反应堆。1978 年3 月 28 日达到临界,刚好在其后一年,1979 年 3 月 28 日发生了美国商用核电站历史上最严重的事故。三哩岛事故起因于核电站常见的一个小故障:由于蒸汽发生器失去正常给水,蒸汽发生器辅助给水系统启动后,因为给水管线上的两个阀门在维修结束后未打开,而无法给蒸汽发生器供水。一回路压力升高导致稳压器泄压阀开启,但随后泄压阀卡在开的位置不能关闭而导致第二道屏障功能丧失,同时在其后的事故处理上出现了一系列的人为失误,最终造成周围 80km 约 200 万人口处于极度不安中,人们停工、停课,纷纷撤离,造成直接损失达 10 多亿美元。

事故发生后,美国政府和民间有关单位曾进行了多项调查研究,其中辐射剂量的调查结果表明:在距电站 10 英里(约 16km)半径和 50 英里(约 80km)半径内的辐射剂量,分别为 8 个毫希伏和 1.5 个毫希伏,而人们照射一次 X 光的剂量为 2 个毫希伏。相关调查结论认为三哩岛事故对外界释放的辐射剂量极少,对附近的居民和环境没有产生影响。

但此次事故更大的"辐射"在于较大地影响了公众对核电的态度,它严重地打击了世界核电的发展。在20世纪70年代能源危机后,西方主要工业国家都纷纷把核能作为化石能源的替代品,当时正处于核电站的大规模建设时期,而三哩岛事故给当时的核电站建设带来了严重的打击,导致大量计划建设的核电机组缓建或撤销。截至1999年底,有381台核电机组(容量249197MW)取消订货,124台(容量29422MW)机组提前退役。事故最大的受害者还是美国,到1992年,仅美国就取消了111台核电机组的订货。正是从三哩岛事故开始,世界核电发展逐渐步入长达30年的萧条期。

三哩岛核泄漏事故是核能史上第一起堆芯熔化事故,虽然没有造成严重后果,但究其原因,在整个事件中,运行人员的错误和机械故障是重要因素。这表明,对核电站运行人员的培训、面对紧急事件的处理能力、控制系统的友好性等细节,对核电站的安全运行有着至关重要的影响。

3.6.2 切尔诺贝利核事故

切尔诺贝利核电站位于乌克兰境内基辅市以北130km,离普利皮亚特(Pripyat)小镇3km。1986年4月26日星期六的凌晨,在切尔诺贝利4号机组发生了历史上最严重的核事故。该机组于1983年12月建成投入运行,其反应堆为石墨水冷堆型(RBMK-1000),热功率3200MW,核燃料浓缩度为2.0%,堆芯中共有1659根燃料组件。本来计划于1986年4月25日停堆检修,停堆之前做一些电气实验。实验的目的是探索在发生断电使发电机失去蒸汽供应的情况下利用转子动能发电维持机组自身用电的可能性。实验于4月26日凌晨1时开始,在实验过程中,由于工作人员违反操作规程(特别是关闭了反应堆的应急安全系统)和反应堆设计中的固有缺陷(如在一定条件下会出现较高的正反应性),使得进入反应堆堆芯的冷却水的温度和流量发生急剧变化,导致多数连接锆燃料孔道和冷却水进口钢管的接头损坏,一回路里的高压冷却水大量泄漏,并立即变成蒸汽,发生蒸汽爆炸。这一爆炸将整个反应堆堆芯抛上至少16m高的空中。这时堆芯完全失水,反应性以极快的速度提升,使燃料组件中部的燃料蒸发,燃料蒸汽快速膨胀导致大爆炸,不但摧毁了整个反应堆,而且使整个4号机组建筑物顷刻间化为废墟,导致极其大量的放射性物质释放出来。

从本质上说,切尔诺贝利事故是由过剩反应性引入而造成的严重事故。管理混乱、严重违章是这次事故发生的主要原因。操作人员在操作过程中严重地违反了运行规程。表3-8列出了主要的违章事例。其次,反应堆在设计上存在严重缺陷,固有安全性差。

表3-8 切尔诺贝利事故过程中的违章事例

违 章 内 容	动 机	后 果
1. 将运行反应性裕度降低到容许限值以下	试图克服氙中毒	应急保护系统不起作用
2. 功率水平低于实验计划规定的水平	切除局部自动控制方面的错误	反应堆难以控制
3. 所有循环泵投入运转,有些泵流量超过了规定值	满足实验要求	冷却剂温度接近饱和值

违 章 内 容	动 机	后 果
4. 闭锁了来自两台汽轮发电机的停堆信号	必要时可以重复实验	失去了自动停堆的可能性
5. 闭锁了汽水分离器的水位和蒸汽压力事故停堆信号	为了完成实验,任凭反应堆不稳定运行	失去了与热工参数有关的保护系统
6. 切除了应急堆芯冷却系统	避免实验时应急堆芯冷却系统误投入	失去了减轻事故后果的能力

此次事故造成 31 人死亡,反应堆被毁,事故造成直接经济损失约 20 亿卢布,给国民经济的动力保障造成了困难。可以说,此次切尔诺贝利核事故是世界核电史上最严重的事故。

3.6.3 福岛核事故

福岛核电站是世界上最大的核电站,由福岛一站、福岛二站组成,共 10 台机组(一站 6 台,二站 4 台),均为沸水堆。福岛核电站位于北纬 37°25′14″,东经 141°2′,地处日本福岛工业区。

2011 年 3 月 11 日 14 时 46 分,日本宫城县东方外海发生了里氏 9.0 级强烈地震,并引发巨大海啸。地震震中附近有 4 座核电厂的 14 部机组受到地震和海啸的影响。大地震发生时,1、2、3 号机组正在运转,4、5、6 号机组早已停机做定期检查。当检测到地震时,1、2、3 号机组执行了自动停机程序。但是接踵而至的 15 m 高的海啸越过厂区 5.7m 高的海堤,淹没了地势较低的柴油发电机组,15 时 41 分,共有 12 台紧急发电机中止运转,供给反应堆的交流电源即告失效。东京电力公司立刻通知政府当局,宣布进入"一级紧急状态",紧急疏散辐射半径 20km 范围内的居民,撤离规模约 14000 人。

2011 年 3 月 13 日,日本经济产业省原子能安全保安院(NISA)根据"国际核能事件分级表"将此次核事故定为 4 级。不久之后,根据 NISA 评估,福岛第一核电厂的辐射总量已经达到了 7 级的水平,其中的 1 号、2 号、3 号机组为 7 级,4 号机组为 3 级。

福岛事故所造成的放射性物质释放相当于切尔诺贝利核事故的 20%,同时乏燃料池中的乏燃料完整性也受到了威胁。对于福岛核电厂的处理,首先需要安全地冷却受损堆芯和乏燃料水池,停止进一步的放射性物质释放,然后净化、退役和处理设施(包括环境恢复)。虽然放射性物质的暴露没有立即造成人员的死亡,但是由于大规模放射性物质的释放所导致的灾难性环境后果、严重的社会危机、社会经济的破坏以及大量的撤离,则需要用几十年甚至更久时间来恢复。

参 考 文 献

[1] 刘晓壮. 国内外部分小型压水堆安全特性比较分析[J]. 核安全,2015,(01):56-77.

[2] 周涛,陆道纲,李悠然. 核安全文化与中国核电发展[J]. 现代电力,2006,23(05):15-23.

[3] 李静,陈军. 核电安全分离[J]. 湖北电力,2009,33(03):64-68.

[4] 单建强,朱继洲,张斌. 核电安全分析与最新动向[J]. 现代电力,2006,23(05):24-28.

［5］ 王恒德. 切尔诺贝利核事故及其后果［J］. 辐射防护通讯, 2000, 20(4):38-41.

［6］ 王艳军, 李文红, 等. 日本福岛核事故四年来的影响及教训［J］. 中国辐射卫生, 2016, 235(02):143-149.

［7］ 朱继洲, 单建强, 等. 核反应堆安全分析［M］. 西安: 西安交通大学出版社, 2015.

［8］ 顾忠茂. 核能及核燃料循环技术相关问题论文汇编［M］. 中国原子能科学研究院, 2008.

［9］ International Atomic Energy Agency. Status of liquid Metal Cooled Fast Reactor Technology［R］. IAEA-TECDOC-1083, 1999.

［10］ International Atomeic Energy Agency. Accident Analysis for Nuclear Power Plants［J］. Safety Reports Series, 2002, 23.

［11］ 王学容, 朱继洲. 钠冷快增殖池式钠火事故分析计算［J］. 核科学与工程, 2000, 20(03):260-265.

［12］ 阎昌琪. 核反应堆工程［M］. 哈尔滨: 哈尔滨工程大学出版社, 2014.

［13］ Lillington J N. Light water reactor safety: The development of advanced models andcodes［J］. Fuel & Energy Abstracts, 1995, 36(6):429.

［14］ Tujikura Y, Oshibe T, Kijima K, et al. Development of passive safety systems for Next Generation PWR in Japan［J］. Nuclear Engineering & Design, 2000, 201(1):61-70.

第四章　核能的经济性

核能所面临的挑战,如安全、核废物处置和防止核扩散,属于核能是否能被接受的基础条件,但其最终能否被接受,关键还在于核能是否具有经济竞争力。核能的经济性问题具有和其他常规化石能源不同的特点,例如核能的初始投资高、运行成本低、核能电厂的设计寿命长等。本章在对核能发电经济方面的特点进行归纳总结的基础上,对第四代核反应堆的经济性进行了简要分析。

4.1　核能发电经济性探索的必要性

核能的大规模发展需要相应的匹配技术来保证核能的使用切实可行且不存在安全问题,因此要在建设之初加入必要的安全措施、增设安全设备,但是这样就会增加核电站建设成本。从市场经济角度看,虽然成本增加了,但是所得成果即发出的电与传统方式本质上没有差别,因此核能发电的电价增加就会造成人们的不满,从而限制核电站的进一步扩大。另外,核电站机组的调峰和调频与常规电厂也不相同,电网还需要对输出电压进行调差,导致核能发电无法大规模运用到并网发电中。

以我国为例,为了推动核能发电的发展,政府对核电站采取了相应的政策优惠与补贴,使得核电的价格优惠略高于传统发电。电价方面,虽然煤炭的价格与运输费用也在逐年增加,但是核能发电的电价仍然属于前列;电量方面,国家电网对于核电站发出的电基本是全部收购,并且不要求核电站对发出的电进行调峰,而核电站也基本上是全部机组都在运行,保持满发状态。因此,核电站的售电量不会受损,相当于减少了发电成本。

但是在将来的发展中,随着核电站建设速度与规模的不断增加,政府的扶持政策必将不能长久运行下去。同时,电力行业"同网、同价、同质"的改革正在逐步加快,核电站应该摆脱政府的扶持,加入到市场竞争中。因此,核电站需要不断提高自身技术,降低发电成本,改善电力输出调峰、调压的问题,增强自身的竞争力,让更多的用户接受核电。因此,对核能发电的经济性进行探索与实践,对于实现核能发电的产业化与规模化、走上可持续发展的道路具有重要的意义。

4.2　核电站建设期经济性指标的分析与优化

相对常规燃煤电厂,核电厂建设周期长、工程量大,为确保核安全对建设质量和设备性能要求更高,因此核电厂的建设期成本也必然比常规电厂高很多。据统计,2000年之前国际上相同容量的核电机组与燃煤机组的比投资(即每单位生产能力投资数)相比,通常是在1.8~2倍之间,随着国际原材料价格以及人员成本的不断攀升,目前这一比例也在不断增加中。因此,能否降低核电站建设期的成本就成为核电厂能否在运行期具有强大竞争力的重要条件。

核电厂的总基建投资费用,主要包括基本费用、附加费用、财务费用和业主费用四大部分,而影响核电站初始投资的主要因素有以下几个方面。

1. 国产化程度

重视核电在国家能源体系中所起作用的国家,大体上都经历了从成套引进到基本完成国产化的过程。国产化包括设计、制造、建造和运行维修等各个方面。国产化对降低核电成本具有巨大潜力。

2. 容量规模效应

在堆型、技术条件和外部因素基本相同时,容量较小的电厂比容量较大的电厂具有更高的比投资,其容量规模效应通常用"规模因子"来表示,即

$$C_1 = C_2(P_1/P_2)^{(t-1)} \tag{4-1}$$

式中,C_1、C_2(美元/kWe)分别为两个容量为 P_1、P_2(MWe)的工程的比投资;t 为装机容量指数因子,经验值介于 $0.6 \sim 0.8$。

这种总规模因子法是一种粗略的近似。美国曾对大量建设项目的经济数据进行过分析,测算出一套分项规模因子(分 11 个子项)用于各种容量机组之间的估算。

电厂容量规模的扩大受制于许多因素:设计水平,制造技术,与制造、运输和安装相关的工业基础设施,财务安排及电网容量。此外,难以预测的负荷需求的增加、资金紧张以及与大容量机组相应的订货交货周期长等因素也使大容量机组的订货受到一定的限制。相反,由于前期投入较少、财务负担较低、建设周期较短、较好地满足电网容量和负荷增长需求以及较易获得批量订货等原因,中小容量机组的研究和发展正在引起业主和供货商的广泛注意。

3. 标准化效应

不同类型的反应堆采用的是不同的设计概念和管理法则。由于不同类型反应堆所采用的设备、系统及其特性和工作原理的不同,导致其在安全评审、执照发放、运行特性和维修要求等方面均存在很大差别。因此,若同一业主选用多种类型反应堆电站,则必将面临由上述差异所造成的执照申请成本增加,设计、制造以及运行和维修的复杂化所造成的运行和维修成本增加。

4. 系列化效应

系列化效应是指建造一个标准化机组系列(多台机组)的平均比投资低于只建造一台同样机组的比投资。系列化效应的好处主要来源于下列因素:系列化生产使设备制造商可以根据长期需求安排工作进度,并改进质量,提高生产率;体现在工程设计上的系列化效应是非常明显的,因为与设计、性能和标准相关的研究以及与"原型堆"相关的工作对整个系列的多台机组只需进行一次;从建造、运行和维修活动中获得的经验可以反馈给其他机组,系列化机组可以从某台机组的经验反馈中直接获益;由建造经验反馈引起的施工时间的减少导致建造期利息较低,能减少业主的财务费用。

5. 建造工期

由于核电建设需要投入巨额资金,施工期的长短将对投资及相关的财务成本产生很大的影响。而且,冗长的建造工期会使核电工程面临许多业主无法有效控制的风险,如贷款增加、材料成本和工资的逐步上升等。过去很多成功的经验表明,良好的管理、施工

工艺和技术的改进可以大大缩短核电厂建造工期。

4.3 核电站运营期经济性指标的探索与实践

核电站运营期的成本包括燃料成本以及运行和维护成本。

1. 燃料成本

燃料成本指在发电过程中与燃料相关的费用,包括核材料自身费用、燃料制造费用、运输费用、乏燃料中间储存费用、后处理费用(包括废物的储存和最终处置)以及通过再循环而回收的价值。

核燃料的费用比煤和天然气的费用小很多。核燃料费中的天然铀成本只占总成本的16%。随着技术的进步,铀的浓缩、组件制造等费用会呈逐年稳定下降的趋势,而天然铀的存量在未来100年左右会比较充沛,因此预计未来核燃料的费用会呈缓慢下降的趋势,即使发生波动,对总发电成本的影响也比燃煤和天然气小很多。

如果从国外进口天然铀原料,那么对于一座1000MW的核电厂来说,一年消耗的天然铀大约为160t,购置天然铀的总费用为720万美元。而煤炭和核燃料的价格在20世纪80年代后稳步下降,二者的比价保持在煤/核为2~3.5的水平上。天然气的价格则相对波动较大。在1980—1997年期间,比值波动约在5~10,并且1990年以后,比值逐渐呈稳定上升的趋势,从1990年的5.2上升到1997年的9.0。一座同等规模的天然气联合循环发电厂,每年消耗的天然气量大约为10亿 m^3,总费用为1.79亿美元。从战略储备考虑,为储备一年的燃料,天然气发电所需的费用至少是核电的25倍。

2. 运行和维护成本

运行和维护成本包括核电厂运行的所有非燃料费用项目,诸如职工人员费用、易耗运行材料(易磨损零部件)、设备修理与中间转换、外购服务与核保险、税收、佣金费以及退役准备金和各种杂费等。此外,还包括行政支持系统的费用、为电厂运行维护提供的流动资金以及办公用品、差旅费和公共关系开支等。

核电的特点是投资带来的费用,包括贷款偿还和资本金投资利益占了核电站运行过程中发电成本的50%~60%以上。相比之下,燃料成本占20%~30%。这是在经济上核电相对于化石燃料电厂最大的差别。这一差别,使核电在经济上呈现出如下两大特点。

(1)核电的发电成本受年负荷因子影响很大。由于核电成本的50%~60%是投资成本,这部分成本每年是固定的,但随发电量变化而不同的燃料成本只占约25%,因此,核电的年运行率越高,其单位发电成本就越低,与燃煤及天然气相比较该特点尤其明显。因此,就电网而言,核电最适合成为基本负荷电源,保持核电的高运行时间有助于减少核电成本和整个电网的供电成本。其次,就核电本身而言,应当尽量减少非计划停堆,减少因为更换燃料而需要停堆的时间。

(2)核电的长周期经济效益被低估。由于核电的主要成本来自于初投资,这部分资金中很大一部分(尤其是贷款)一般要求在建成10~15年内回收。一旦这部分资金回收后,每年核电的投资成本就大大减少或基本没有。因此,核电的成本在15~20年后会有一个明显的下降。由于核电的设计运行寿命是40~60年,则还贷后核电将有20~40年时间长期运行在原来成本的40%~50%,核电厂收益在第20~60年间会有显著的提高。

假设核电的还贷期间的平均成本是 1,化石燃料电厂在还贷期成本比核电低 15%(即为 0.85),则在第 20 年,核电完成还本付息以及投资收益后,其成本下降 60%(约为 0.4),一直到 60 年寿期终。因此核电在 20 年后收益有明显增加,而化石燃料电厂则继续保持原有成本不变。这样,在不考虑贴现率影响的情况下,即使采用常币值,考虑浮动因素(如通货膨胀),核电全寿期的收益也会明显高于化石燃料电厂,大约是化石燃料电厂的 1.8 倍。但是,如果考虑 10% 贴现率后,20 年后的收益贴现到起始年只剩 15%,40 年只剩 2%,因此核电在 20 年后的收益就很难体现出来。考虑贴现后的核电寿期收益就会低于常规化石燃料电厂,大约是化石燃料电厂的 0.8 倍。由此可见,考虑贴现的投资分析指标,如平准化贴现成本、净现值、内部收益率等经济指标会低估核电的长期经济效益,因此有必要对此进行深入研究。

核电厂与其他企业相同,都是以盈利为目标,因此要实现同网、同质和同价就需要核电站降低生产成本、提高发电效率、增强竞争力,具体措施如下。

(1)提高负荷因子。核电站的发电机组性能的好坏由负荷因子的高低决定,提高负荷因子可以有效提高发电机组的性能,降低成本,还可以为核电站带来更高的利润收入。

(2)降低发电成本。核电站经济性高低的一个重要因素就是发电成本的高低。因此,提高核电站的经济性就要从控制成本入手,包括以下几种手段。

① 降低核燃料费。减少核燃料的购买费用可以控制发电成本,而减少核燃料费用最直接的方法就是降低核燃料的价格。在这方面,同样要依靠国产技术的崛起,减少核燃料进口。同时还要提高核燃料的利用率,提高管理水平,降低核燃料的使用量。

② 降低运行维护费。随着我国核电站建设与运行技术的不断成熟,需要形成合理的运行模式,通过对运行中每个环节的管理能有效减少核电站电、水、油等的消耗。良好的管理还可以延长设备的使用寿命,保障设备的安全性,缩短维护周期,从而进一步降低开支。

③ 提高核电机组的调频调峰能力。核电站发出的电并不是稳定的,要想保证电网的安全稳定就需要核电站的发电机组有一定的调频调峰能力。但是从安全角度考虑,由于受到技术的限制,政府在这方面有所妥协,我国的发电机组并没有进行调频调峰。但随着人们对电力系统要求的不断升高,核电机组具备调频调峰功能已经是大势所趋。所以,政府的政策需要进行调整,相关技术也需要改进,而这也会有效地降低发电成本。

④ 加强管理力度。管理的内容包括发电过程的方方面面,通过完善的管理降低发电成本。例如延长燃料循环周期,以此来提高设备利用率;定期进行培训,减少设备的故障发生次数,缩短维修时间;精简人员编制,降低人工方面的开支等。

4.4 第四代核反应堆的经济性分析

在三哩岛和切尔诺贝利两次严重核事故发生后,为满足 URD 和 EUR 文件的要求,第三代核电站应运而生,其重点是预防和缓解严重事故。第三代核电站的重点是实现堆芯熔化概率低于 10^{-5}/年、放射性大量释放概率低于 10^{-6}/年,当然还包括寿命和经济上的改善。第三代核电大致上是在第二代核电基础上发展改进的,其安全性与寿命的要求已基本达到,但在改善经济性方面,第三代核电依然有所不足。

2002 年的 GIF 论坛，提出了第四代核电的概念，要求其在安全性上达到堆芯熔化概率低于 10^{-6}/年、完全无场外放射性释放的目标，而在经济性上，要求实现投资低于 1000 美元/kW、电价低于 3 美元/kWh、建设周期少于三年的目标。目前，六种堆型仍处于实验阶段，部分堆型有少数运行经验，钠冷快堆有示范电站在运行，但其是否能实现安全与经济性指标，还有待考察。其影响因素有以下两方面。

1. 快堆电站基建与运营期成本

轻水堆电站生产电能的数量最终受到 ^{235}U 数量的制约，而发展快堆是一种技术进步，它能够从 ^{238}U 中获取能量。^{238}U 的数量比 ^{235}U 的数量大很多，所以，快堆所能够获得的能量比轻水堆大得多。因此 U_3O_8 的价格对轻水堆的能量成本有很大的影响，但 U_3O_8 的价格对快堆的影响却极小。当 U_3O_8 的价格较低时，轻水堆的能量成本将比快堆低；而当 U_3O_8 的价格较高时，情况正好相反。因此，对 U_3O_8 的某一价格，存在着一个经济上无差别点，依照该点的 U_3O_8 价格计算，轻水堆和快堆的电力总成本相同，称之为过渡点。过渡点的概念虽然是很清楚的，但计算起来相当复杂。因此，从运营期的燃料成本方面来看，快堆何时引入以及如何制定快堆的发展规划，也就成了悬而未决的问题。

相比燃料成本，快堆电站的基建以及后期运行与维护成本对其影响更为显著。快堆的电力成本会随基建费用而剧烈变化，而基建费用或多或少是不确定的。快堆的基建费用有可能低至轻水堆的 1.25 倍，但也有可能高达轻水堆的 1.75 倍；而快中子反应堆自身的特性决定了其电站后期维护成本也是一个未知数，这就意味着，快堆的电力总成本同样是未知的。

2. 快堆的后处理需求

快堆的启动和运行需要高浓铀或后处理轻水堆乏燃料获得的钚，并且不断地进行后处理和制备新燃料，多次循环利用。这就需要规模化的后处理设施的提前配备和原料的长期积累储备。而在尚未形成商业化快堆运行对燃料的规模需求之前，商业化后处理设施很难有良好的经济性和投资回报率，难以获得长期建设运行所需的大量资金。为了尽可能提高规模经济效益，降低单位成本，商业化的后处理设施往往需要上百亿美元甚至更多的资金和长达十几年的建设、调试和启动时间。

对于乏燃料和后处理高放射性废物的地质处置问题，暂时没有可信度很好的成本评价。从法国核燃料后处理和 MOX 燃料使用的情况来看，乏燃料后处理并从热中子堆中回收利用钚，在燃料费用上与一次循环相比优势并不明显，快堆的经济性还存在一定的问题。目前各国的乏燃料后处理情况：英国将关停在 Sellafield 的 MOX 燃料制备厂和 THORP 后处理厂；日本从 1993 年起建设 Rokkasho 后处理厂，投资已超 200 亿美元，尚未运行；俄罗斯运行小型后处理厂，计划建设新厂；印度有小型后处理厂，计划建设新厂以从乏燃料中提取快堆需要的铀和钚；美国投入大量资金建成后处理设施，但未投入使用；中国自主建成小型中试后处理厂，拟引进法国大型商业化后处理厂。与之相对应的是超过 350 堆年实验与运行经验的快堆技术，尚未得到规模商业化。

这个两难问题造成快堆与闭式燃料循环过度相互依赖，限制了未来可持续核能系统的早日启动。在核燃料循环后端，尤其是核废料终极处置方法及其成功示范的缺失，又制约了核电的进一步发展。

参 考 文 献

［1］ 吴宗鑫,张作义. 先进核能系统和高温气冷堆［M］. 北京:清华大学出版社,2004.

［2］ International Atomic Energy Agency. Economic Evaluation of Bids for Nuclear Power Plants［J］. Technical Reports Series,2000,396.

［3］ 彭士禄. 核能工业经济分析与评价基础［M］. 北京:中国原子能出版社,1995.

［4］ 陆德曦,王成孝. 核工业经济导论［M］. 北京:中国原子能出版社,1995.

［5］ 刘江华,丁晓明. 核电经济性分析有关问题探讨［J］. 电力技术经济,2008,20(01):47-51.

［6］ 秦伟健. 核电经济性评价模型的框架研究［D］. 北京:北京工业大学,2007.

［7］ International Energy Agency. Projected Costs of Generating Electricity（2015 Edition）［R］. NEA No. 7057,France,2015.

［8］ 唐芳文,王祥田. 压水堆核电站的安全性与经济性［J］. 中国电力,1985,(11):67-70.

［9］ 曹帅,邹树梁,刘文君,等. 我国核电经济性评价研究进展及述评［J］. 科技和产业,2014,14(2):58-62.

［10］ Waltar A EE,Todd D RR,Tsvetkov P VV. Fast spectrum reactor［M］. Springer,2012.

第二篇

钠冷快中子反应堆

第五章　钠冷快中子反应堆概述

相较于前三代反应堆,第四代核能系统追求更安全、经济和可持续的发展目标。钠冷快中子反应堆是以液态钠为冷却剂,由快中子引起核裂变并维持链式反应的反应堆。钠冷快堆作为第四代核反应堆中的主力堆型,具有最为丰富的工程建造和运行经验,其优点主要有以下几个方面。

（1）资源高效利用。第三代核电属于热中子核反应堆,主要是利用天然铀中占 0.7% 的 ^{235}U,而作为第四代的快堆可以充分利用天然铀中占 99.3% 的 ^{238}U,使天然铀的利用率提高 60 倍以上,从而可以支持核能大规模利用数百年。在核燃料产业链中,快堆既能将压水堆乏燃料中分离出来的燃料再利用,也能将浓缩铀(为压水堆燃料提供)生产剩下的贫铀(^{235}U 更少,^{238}U 更多)再利用,实现核燃料的闭式循环,提高经济性。快堆和压水堆匹配发展,可实现核能的大规模、可持续发展。

（2）放射性废物最小化。无论什么反应堆,燃料烧过之后都成为不能再直接使用的乏燃料,储存起来是一种办法,但会受储存空间的限制,因此必须对其进行处理和分离。压水堆的乏燃料中存在一些长寿命的次锕系元素(MA),而快堆可以将其烧掉(嬗变),从而使放射性废物对环境的影响时间缩短 100 倍,同时废物量也大大减少。一座快堆可以支持 5~10 座同功率压水堆 MA 的嬗变。

（3）安全性更高。快堆工作压力接近常压,冷却剂热工裕度大,本身的固有安全性高,同时能够很好地采用非能动事故余热排出系统等先进技术,将反应堆设计得更安全,确保其安全运行。

本章将对钠冷快堆的发展概况、增殖特性、典型电厂系统构成以及中国实验快堆等方面加以扼要介绍。

5.1　钠冷快堆发展概况

目前,世界各国已投资超 500 亿美元开发钠冷快堆技术,快堆燃耗达到 130GWd/t,热电转化效率达 43%~45%。世界上不少国家已有快堆发展战略,快堆及相关核燃料循环的研发已经很深入。本节将针对国外和国内的钠冷快堆发展概况进行介绍。

5.1.1　国外快堆发展历史及现状

1. 美国

美国是世界上最早研发快堆的国家。为验证用钚作为燃料生产动力的可能性,美国建造了 Clementine 快中子反应堆并于 1946 年 11 月首次达到临界。该堆堆芯体积为 2.5L,用金属钚作燃料、汞作冷却剂。该反应堆于 1949 年 2 月达到满功率(热功率 25kW)运行,并于 1952 年拆除。

EBR-I 是阿贡国家实验室(Argonne National Laboratory, ANL)的科学家在 Idaho 瀑布地区建造的实验增殖快中子反应堆。建造该堆的主要目的是验证增殖概念的正确性,评价液态金属冷却剂的可行性,验证快中子系统的控制特性。该堆于 1949 年建造,1951 年 8 月达到临界,同年 12 月 20 日,用快中子获得裂变能并生产成电能(200kW)。

为了纪念对核能和快堆的发展做出巨大贡献的科学家费米(E. Fermi),美国建设了快中子反应堆 EFFBR。该堆堆芯体积为 400L,采用金属铀作燃料,设计生产能力为热功率 200MW 和电功率 65MW。该堆 1963 年 8 月实现临界,1967 年由于局部流道阻塞,引起了若干燃料组件部分熔化,在查明原因并对反应堆检修后继续投入运行,并于 1972 年达到了允许热功率水平(200MW)。随后,该堆于同年关闭。

EBR-Ⅱ快中子反应堆于 1954 年设计,1961 年达到干临界(没有冷却剂)。1963 年 11 月达到湿式临界(有冷却剂)。EBR-Ⅱ是世界上第一个用池式概念设计的快中子反应堆,把反应堆和一回路都安装在钠池中。该堆除了反应堆以外,还包括一个完整的燃料后处理厂、燃料元件制造厂和发电厂,该堆运行情况良好。

快中子熔融钚实验堆 LAMPRE 于 20 世纪 50 年代建造,1961 年达到干式临界。第二个堆芯于 1962 年 4 月达到满功率运行。建造该堆的目的也是研究钚作为反应堆燃料的前景。

综上研述,美国自 20 世纪 50 年代至 90 年代在成功运行了 EBR-Ⅰ、EBR-Ⅱ、LAMPRE 等快堆后,积累了丰富的经验。目前,美国通过先进核燃料循环倡议(AFCI)与其他国家开发和部署先进核燃料循环与反应堆技术,并计划建设核燃料回收利用中心、先进循环利用反应堆以及先进燃料循环研究设施。

2. 俄罗斯

俄罗斯(苏联)快中子反应堆的研究工作始于 20 世纪 50 年代早期,当时的快堆工程有 BR-1 和 BR-2。BR-1 是一座零功率临界装置,堆芯体积为 1.7L。1956 年,反应堆经过改建和加强,重新命名为 BR-2,热功率为 100kW,冷却剂为汞。在完成预期目的之后这些反应堆被拆除。不久后又建造了 BR-3,以进行快-热耦合堆的研究。

BR-5 是世界上第一个装有钚氧化物的快中子反应堆。1958 年 7 月开始零功率运行,1959 年 7 月达到满功率。该堆热功率为 5MW,一次系统为钠,二次系统为钠钾合金系统。1964 年 11 月关闭。

BR-10 反应堆是将关闭后的 BR-5 反应堆经过改进,装入碳化物燃料。1971 年,功率提升到 10MW(热功率)。1973 年 3 月改建后达到临界,并改用混合氧化物燃料,直至 1979 年一直坚持在 7.5MW(热功率)的功率下运行。1979 年 10 月停堆检修,最高燃耗已达 14.2%,堆容器受到 $8 \times 10^{22} n/cm^2$ 的辐照。

BOR-60 建造于 1965 年 5 月,1969 年达到湿临界。该堆热功率为 60MW,电功率为 12MW。1970 年安装了一台蒸汽发生器。1973 年,不同设计的第二台蒸汽发生器投入使用。

BN-350 是世界上第一个原型快堆电站。其燃料为 UO_2,热功率为 1000MW,电功率为 350MW,是回路式快中子反应堆。设计和建造该反应堆有两个目的,即发电(150MW)和海水淡化(每天生产 120000m³ 的新鲜淡水)。1972 年 11 月达到临界,1973 年实现带功率运行。1973—1975 年期间,在对它的六个蒸汽发生器中的五个进行修理后,1976 年开始以 650MW 的热功率运行。

BN-600 是池式快中子反应堆,其规模中等,介于原型堆和示范堆电厂之间。1979 年完成了建造工作,1980 年达到临界,目前已成功运行 30 多年,经济性参数良好。

俄罗斯计划于 2018 年使用 BN-800 来实现闭式燃料循环,2018—2020 年建成大型商业示范钠冷快堆,并于 2030 年开发和建造少量大型商业化钠冷快堆。

3. 法国

法国是一个能源资源相对短缺的国家,自然对发展核动力给予高度的重视。法国的快中子反应堆计划开始于 1953 年,主要研究工作集中在钠系统。"狂想曲"(Rapsodie)快中子反应堆是法国第一个快中子反应堆,整个运行期间状态良好,平均负荷因子在 81% 以上,共完成了 13 次辐照试验,最大燃耗深度为 74000MW·d/t。

"凤凰"(Phenix)原型快堆于 1973 年 8 月 31 日达到临界,1974 年 3 月满功率运行,直至 1976 年夏天。1977 年反应堆重新投入满功率运行。开始时反应堆堆芯燃料一半是混合氧化物(MOX),一半是 UO_2。1977 年以后,整个堆芯的燃料都是 MOX 燃料。"凤凰"堆的热功率为 563MW,电功率为 250MW。

"超凤凰"(Super Phenix)商用电站于 1977 年开始建造,计划 1983 年临界,实际推迟至 1985 年 9 月才达到临界。它的热功率为 3000MW,电功率为 1200MW。法国的大型零功率装置 Masurca 为快中子反应堆物理特性的研究做了很大的贡献。

法国计划 2020 年投运的 600MW 工业化原型堆 ASTRID,主要由四个创新领域的研究组成:考虑快中子和钠的特性,嬗变次锕系元素,开发安全的堆芯;能更好抵御严重事故和外部危险;寻找可减少钠泄漏的优化能量转换系统;重新审视反应堆的部件设计,改进运行状况和经济竞争力。

4. 英国

20 世纪 50 年代早期,英国的快中子反应堆研究主要集中在反应堆物理方面。1955 年英国建造了 Dounreay 快中子反应堆(DFR),其热功率为 60MW,电功率为 15MW,用金属铀作燃料,1959 年该堆达到临界。1963 年 7 月,在使用重新设计的燃料组件后,该堆开始满功率运行,直至 1977 年退役。该反应堆主要用作燃料和材料的试验反应堆,1967 年通过该堆发现了不锈钢的肿胀现象对快中子反应堆堆芯的设计有重要的影响。DFR 电厂的最大特点是液态金属(Na-K)冷却剂自上而下流过堆芯,也是世界上唯一的这种类型的反应堆。

1966 年 6 月英国建造 PFR 原型快中子反应堆。该堆采用池式结构,全部采用 MOX 燃料。由于建造中先是发现反应堆上盖的裂纹,在装填钠时,又出现了钠泵故障。其原计划于 1971 年临界,但实际上该反应堆最终于 1974 年 3 月才达到临界,1976 年实现满功率运行。该堆负荷因子达到 75%,燃耗深度为 7.5%~8.2%。

英国原子能管理局(UKAEA)和英国国家核子公司(NNC)于 1981 年 9 月提出的商用示范快堆 CDFR 取得了很好的进展,其热功率为 3300MW,电功率为 1250MW,采用池式结构,使用 MOX 燃料。而后 Zephyr 和 Zeus 等零功率装置以及大型零功率 Zebra 装置对英国快堆的发展也起到了重要的作用。

5. 日本

日本所利用的能源几乎有 90% 依靠进口,因此日本很重视增殖堆的研究。

"常阳"(Joyo)堆是日本第一座实验快堆。其热功率为 100MW,采用回路结构。1967年开始建造,1977 年达到临界。第一个反应堆的运行功率为 75MW,第二个堆的运行功率达到 100MW。

"文殊"(Monju)是原型快堆电厂,热功率为 714MW,电功率为 300MW,采用 MOX 型燃料。1985 年开始建造,1994 年 4 月首次达到临界,但随后于 1995 年 12 月,由于钠泄漏和火灾事故而停运。此后,由于环保人士反对而引起一系列诉讼,加之维修过程缓慢,重启"文殊"堆计划几度搁浅。

日本原子能机构(JAEA)和日本核电公司于 1999—2005 年完成了商业化快堆循环系统的可行性研究。日本原子能委员会于 2005 年颁布核能政策框架,针对快堆循环技术的开发目标,描述了到 2050 年开展全方位部署的计划。目前,日本已启动商业化先行项目快堆循环技术开发。电功率为 1000~1500MW 的示范电厂(DFRB)正在设计中。

5.1.2 国内快堆发展现状

快堆技术的发展和推广,对促进我国核电可持续发展和先进燃料循环体系的建立具有重要意义。"热堆-快堆-聚变堆"的逐步发展方式早已确定为我国核能发展的基本战略。就裂变能而言,作为增殖堆的快堆对有效利用核资源将起重大作用,作为燃烧堆嬗变次锕系核素(MA),并用更有效的燃烧堆加速器驱动次临界系统(ADS)进行嬗变,可使需地质深埋的高放射性废物尽量减少。按照我国快堆发展的战略研究,快堆工程发展将分三步进行。

(1) 中国实验快堆(CEFR),功率 65 MWt/20 MWe。

(2) 中国原型/示范快堆(CPFR/CDFR),功率大于 1500 MWt/600 MWe。

(3) 中国大型增殖快堆(CDFBR),功率 2500~3750 MWt/1000~1500 MWe。

CEFR 作为"863"计划重大项目之一,并被列入国家中长期科技发展规划前沿技术研发目标,是我国快中子增殖反应堆(快堆)发展的第一步。其核热功率为 65MW,实验发电功率为 20MW,是目前世界上为数不多的具备发电功能的实验快堆。该技术方案符合世界快堆发展趋势,主要参数和系统设置接近商用快堆,具备了大部分原型快堆的结构特点,适宜于向下一步商用快堆电站跨越。中国实验快堆还采用了负反馈设计、非能动安全系统等前瞻性安全设计,以保证环境和公众的绝对安全,其安全特性指标已达到第四代先进核能系统的要求。CEFR 于 2011 年实现并网发电,并于 2014 年 12 月 15 日首次达到 100%功率。

在 CPFR/CDFR 之后,有两种可能:①如果发现铀资源短缺,不能支持压水堆的发展,则一址多堆地推广 CPFR /CDFR 作为增殖快堆(CCFR-B)计划在 2030 年建成;②如果 MA 和寿命裂变产物 LLFP 分离技术以及 LLFP 元件的制造和嬗变技术有了足够的经验,同时更有效的嬗变装置 ADS 技术尚未发展到应用阶段,则一址多堆地推广 CPFR/CDFR 作为嬗变快堆(CCFR-T)计划在 2030 年建成。为了缩短从 CEFR 到 CDFBR 的反应堆工程发展周期,减小发展中的技术经济风险,需考虑这些堆的主要技术选择的延续性(如冷却剂、一回路结构、余热排出系统以及燃料操作系统等),在燃料方面,选择 MOX燃料作为过渡燃料,甚至作为 CEFR 和 CPFR 的基础燃料,U-Pu-Zr 燃料将被用于 CDFBR 和中国商用快堆 CCFBR,以获得最高的增殖收益。我国快堆发展战略如表 5-1

所列,各阶段堆型的主要技术选择详见表5-2。

表5-1 我国快堆发展战略

快 堆	热功率/电功率/MW	设计开始	建造开始	建 成
CEFR	65/20	1990	2001	2010
CPFR/CDFR	≥1500/600	2007	2013	2020
CCFR	$n\times\geq1500/600$	2015	2023	2030
CDFBR	2500~3750/1000~1500	2015	2021	2028
CCFBR	$n\times2500\sim3700/1000\sim1500$	2020	2025	2032

表5-2 我国快堆技术延续性

技术参数	CEFR	CPFR/CDFR	CDFBR
电功率/MWe	20	≥600	1000~1500
冷却剂	Na	Na	Na
型式	池式	池式	池式
燃料	UO_2/MOX	MOX/金属	金属
包壳材料	Cr-Ni	Cr-Ni/ODS	Cr-Ni/ODS
堆芯出口温度/℃	530	550~500	500
燃料线功率/(W/cm)	430	480,450	480
燃耗/(MWd/kg)	60~100	100~120	120~150
燃料操作	双旋塞直拉式操作机	双旋塞直拉式操作机	双旋塞直拉式操作机
乏燃料储存	堆内一次储存水池储存	堆内一次储存水池储存	堆内一次储存水池储存
安全性	主动停堆系统 非能动余热排出	主动停堆系统 非能动停堆系统 非能动余热排出	主动停堆系统 非能动停堆系统 非能动余热排出

5.2 快堆增殖特性

快中子增殖反应堆与热中子反应堆的主要区别之一在于快中子增殖反应堆能够使燃料增殖,即可将可转换材料^{238}U转换成易裂变材料^{239}Pu和^{241}Pu。为提高增殖能力,目前在堆芯中对可转换材料和易裂变材料有两种布置方案:

(1)外增殖布置,即将可转换材料放置在堆芯外围的转换区。

(2)内增殖布置,即除了有堆芯外围的转换区外,在堆芯内部也设置了转换区。

本节将对转换链、转换比、增殖比以及倍增时间等与快堆增殖有关的概念进行简要介绍。

5.2.1 转换链

从原子核裂变反应的角度来分,存在着两类核。一类称为易裂变核,如^{233}U、^{235}U、^{239}Pu和^{241}Pu;另一类称为可裂变核,或称可转换核,例如^{232}Th、^{238}U和^{240}Pu。易裂变原子核在任何能量的中子轰击下,都能产生裂变反应。而可裂变核只有和具有某些能量的中子发生碰撞,才能发生裂变反应。易裂变核中只有^{235}U 是在自然界中天然存在的。然而,在天然铀中^{235}U 的储量仅占约 0.72%,99.2% 以上的是^{238}U。因此,单纯以^{235}U 作为燃料的核动力,将会使天然铀资源很快耗尽。同时再考虑到铀矿开采经济价值的限制,将无法长期满足核动力发展的需要。如果把天然铀中 99% 以上的^{238}U或^{232}Th 转换为人工易裂变同位素^{239}Pu 或^{233}U,就能将核能资源扩大几十倍,从而满足人类对能源的需要。

为了达到增殖,可转换同位素,或称可裂变同位素(^{238}U、^{240}Pu、^{232}Th、^{234}U)必须通过中子俘获(n,γ)转换为易裂变同位素(^{239}U、^{241}Pu、^{233}U、^{235}U)。图 5-1 和图 5-2 表示了两种重要的转换链,前者是铀—钚转换链,后者则是钍—铀转换链。图中出现的可转换同位素和易裂变同位素,都是长寿命的 α 粒子发射体($T_{1/2} \geq 10^4$ 年),因此,除了^{241}Pu 外,它们在质量平衡方面都可以看作是稳定的。^{241}Pu 则是一个短半衰期的 β 粒子发射体,在燃料循环计算中需要额外注意。另外,图 5-1 及图 5-2 忽略了所有同位素的裂变反应(n,f)和短寿命的 β 发射体的中子俘获反应。

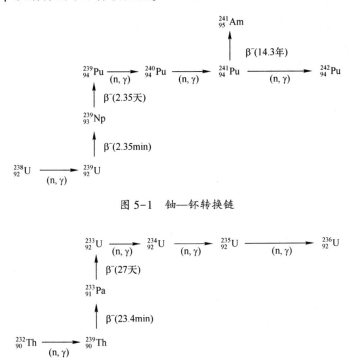

图 5-1　铀—钚转换链

图 5-2　钍—铀转换链

5.2.2　转换比和增殖比

快堆具有把可转换同位素转变成易裂变同位素的能力,从而使增殖新的易裂变同位素成为可能,但这只能在有足够的中子可以利用的情况下才能实现。

人们通常用转换比 CR 来描述转换的过程,其定义是:反应堆中每消耗一个易裂变同位素原子所产生新的易裂变同位素原子数,即

$$CR = \frac{易裂变核的生成率}{易裂变核的消耗率} = \frac{堆内可转换核的辐射俘获率}{堆内所有易裂变核的吸收率} \tag{5-1}$$

对于轻水反应堆,转换比 $CR \approx 0.6$,最终被利用的易裂变核约为原来的 2.5 倍,而 CANDU 反应堆的 $CR \approx 0.7 \sim 0.8$。如果 $CR > 1$,则反应堆内产生的易裂变核比消耗的易裂变核要多,此时的转换比也称增殖比(BR),与之相对应的反应堆则称为增殖堆。下面,将研究裂变过程中的物理量的关系:

$$\eta = \frac{\nu \sigma_f}{\sigma_f + \sigma_c} = \frac{\nu}{1 + \sigma_c/\sigma_f} = \frac{\nu}{1 + \alpha} \tag{5-2}$$

式中,ν 为燃料核每次裂变时产生的平均次级中子数;η 为燃料核每吸收一个中子产生的平均次级中子数;α 为俘获裂变截面比(σ_c/σ_f)。

其中,参数 ν 和 α 是测量量,而 η 是导出量。

对于每种主要的易裂变同位素,在各种中子能量(直至达到约 1MeV)下,ν 值几乎是一个常数,但它随中子能量的增加而缓慢上升(对 ^{239}Pu 大约是 2.9,对 ^{233}U 和 ^{235}U 大约是 2.5)。另一方面,α 值随同位素和中子能量的不同而有明显的变化。对 ^{239}Pu 和 ^{235}U,在 $1 \sim 10$eV 的中等能量范围,α 值随中子能量的增加而迅速增加,而在高能区又降了下来;对 ^{233}U,α 值没有明显的变化,ν 和 α 的这种性质决定了 η 值随能量的变化。

以下将根据简单的中子平衡原理,推导反应堆增殖的条件。

1 个中子被吸收平均生成 η 个次级中子,这 η 个次级中子中:

(1) 1 个中子必定被易裂变核吸收,以维持链式反应;

(2) L 个中子非生产性损失,寄生吸收或从反应堆泄漏。就当前的情况来说,除了易裂变材料核和可转换材料核的吸收以外,任何其他材料的吸收都称为寄生吸收。

因此,根据中子平衡,可转换材料核可以俘获的中子数为

$$\eta - (1 + L) \tag{5-3}$$

一个易裂变核吸收 1 个中子裂变后产生的次级中子数,除了要有 1 个中子引起新的易裂变核裂变以维持链式反应外,还必须要有 1 个中子使可裂变核转换成新的易裂变核。此外,还要有足够的中子被吸收,必须有

$$\eta - (1 + L) \geq 1 \tag{5-4}$$

这样,消耗 1 个易裂变核,产生至少 1 个新的易裂变核,以实现增殖,即要求

$$\eta \geq 2 + L \tag{5-5}$$

因为损失总是大于零,所以有

$$\eta > 2 \tag{5-6}$$

这就是简化了的最小增殖准则。

实际上,增殖比为

$$BR = \eta - (1 + L) \tag{5-7}$$

表 5-3 列举了几种主要易裂变核素在不同能谱条件下的平均 η 值。可以看出,快中子反应堆的 η 值大于热中子反应堆的 η 值,这就是快中子反应堆能充分利用铀资源的原因。此外,Pu 的 η 值比 U 的大,因此,要充分发挥快中子反应堆的增殖作用,MOX 燃料是最佳选择。能量越高,η 值越大,^{233}U 的 η 值比 ^{235}U 要大,^{239}Pu 的 η 值更高。

表 5-3　快堆和热堆能谱平均的 η 值

能　谱	^{239}Pu	^{235}U	^{233}U
对 LWR 谱平均（$\approx 0.025 \text{eV}$）	2.04	2.06	2.26
对典型的氧化物燃料的 LMFBR 谱平均	2.45	2.10	2.31
对金属燃料或碳化物（UC-PuC）的 LMFBR 谱平均（$\approx 1 \text{MeV}$）	2.90	2.35	2.45

5.2.3　倍增时间

倍增时间（Reactor Doubling Time，RDT）的定义：一座增殖反应堆生产的易裂变材料超出该反应堆的易裂变材料初装量，并且，其超出的部分足以去建造另一相同的反应堆所需的时间。因此，倍增时间指的是生产 2 倍的裂变材料初装量所需要的时间。

反应堆的倍增时间，可以用反应堆的初始裂变材料装量 m_0（kg）和在一年内增益的易裂变材料 m_g（kg/年）表示成相当简单的形式。这个 m_g 是在一年开始裂变材料量和该年结束的裂变材料量之差对时间的平均值，即

$$RDT = m_0 / m_g \tag{5-8}$$

例如，如果 m_g 是 $0.1 m_0$，且每年有 $0.1\ m_0$ 被放置在一边（因为反应堆中仅需要 m_0），那么，10 年以后，将有 $2\ m_0$ 的易裂变材料（其中有 m_0 的易裂变材料仍在反应堆中，而另外的 m_0 材料则被放在一边）。

5.3　钠冷快堆电厂系统

建造快增殖堆的基本目的是生产电能。要达到此目的就必须把核裂变的能量传输给蒸汽系统，以推动汽轮发电机。因此，堆芯外部的电厂系统（包括热传输系统、反应堆容器、反应堆钠池、钠泵、中间交换器和蒸汽发生器），也是快堆电厂发电所必不可少的。

快中子增殖反应堆热传输系统的主要布置方式有两种，即池式和回路式。

池式布置是将堆芯、一次钠泵、中间热交换器、钠泵出口管道布置在一个钠池内，形成一体化结构，通过钠泵使池内的液钠在堆芯与中间热交换器之间流动，以液钠为工作介质的中间回路（二回路），不断地将从中间热交换器得到的热量带到蒸汽发生器，使汽-水回路里的水变成高温蒸汽（原理图见图 5-3）。在钠池内，冷、热液态钠被内层壳分开，钠池中冷的液态钠由钠循环泵输送到堆芯底部，然后由下而上流经燃料组件，使其加热到 550℃ 左右，而从堆芯上部流出的高温钠流经中间热交换器，将热量传递给中间回路的钠介质，温度降至 400℃ 左右，再流经内层壳与钠池主壳之间，由一回路钠循环泵送回堆芯。

回路式是将堆本体、一次钠泵和中间热交换器分立布置，并由管道相连，通过封闭的钠冷却剂回路（一回路）最终将堆芯热量传输到汽-水回路（三回路），推动汽轮发电机组发电。其原理图见图 5-4。

池式与回路式两种布置方式各有优缺点。回路式布置分散，各设备间隔开，总体结构简单，便于维护和维修；中间热交换器可布置于较高位置，提高了自然循环能力。其主

要缺点是管线长、焊缝多,一回路钠温度高,增加了一回路放射性钠从一次钠设备及管线泄漏的可能性。

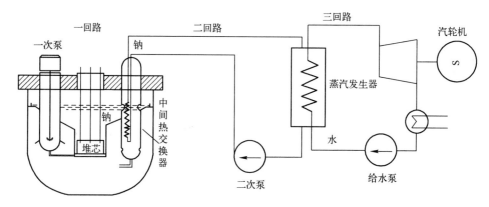

图 5-3 池式快堆系统原理图

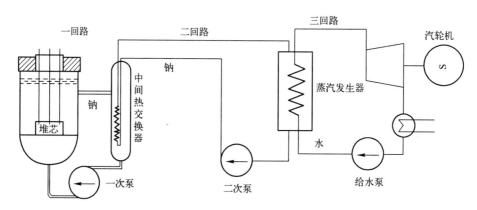

图 5-4 回路式快堆系统原理图

池式布置的优点在于一回路钠设备和很短的管线都布置在主容器中,即使发生泄漏,也不会引起堆芯失冷。主容器外层还有保护容器,可确保放射性不外泄。池式快堆钠容量大,有很大的热惰性,钠的热导率又大,堆芯不易过热,即使失去全部热阱,一回路钠的升温也很慢,抗瞬变能力强。因此,池式快堆固有安全性较高。同时,池式快堆布置紧凑,经济性好,对生物屏蔽要求简化。池式快堆的缺点主要是堆本体结构复杂,设计、制造、安装难度较大,维护、维修不方便;为减小二次钠的活化,钠池内屏蔽材料用量较大。

5.4 中国实验快堆

中国实验快堆(CEFR)是我国第一座快中子反应堆,其热功率为65MW,电功率为20MW,采用钠—钠—水三回路设计,一回路为一体化池式结构;堆芯入口温度360℃,出口温度530℃,蒸汽温度为480℃,压力为14MPa;事故余热排出系统采用直接冷却主容器内钠的非能动系统;中国实验快堆于1992年3月获国务院批准立项,2000年5月开工建设,2011年7月成功实现并网发电。

作为中国快中子增殖堆技术发展的第一阶段,CEFR 的主要目的是有助于掌握快中子增殖堆的设计方法,包括数据库的建立,中子学、热工水力、机械结构、燃料元件设计等计算程序的验证以及重要经验的积累,在质量控制及保证的相应标准和准则下掌握部件制造技术,以及积累快中子增殖堆电厂的运行经验。次要目的是使得实验快堆能成为发展燃料和材料的快中子辐照装置。

CEFR 的设计原则如下:

(1) 主要的技术选择与快堆技术发展的世界趋势相一致;

(2) 采用商用快中子反应堆基本热工参数;

(3) 设计应具有自稳反应堆堆芯和非能动余热排出系统;

(4) 系统和部件应尽可能简单,以实现高可靠性和经济性;

(5) 遵守国家核安全局颁布的安全法规、导则和程序以及国家环保总局和地方环保部门发布的环境影响限制。

CEFR 主要设计参数选择和设计工况如表 5-4 所列。

表 5-4 CEFR 主要的技术选择和设计工况

项 目	参 数	备 注
反应堆功率	65MW	
汽轮发电机组配电功率	20MW	
堆芯结构材料	316(Ti)不锈钢	乏燃料储存于堆芯外围; 燃料传送机械有两个旋塞,通过装卸孔道可以传输新燃料组件或乏燃料组件; 两个冷却剂环路; 两个独立的停堆系统,以及主系统全部在安全壳内
燃料	(Pu-U)O_2,首炉为 UO_2	
燃料最大线功率	43kW/m	
堆芯出口温度	530℃	
最大包壳允许温度	700℃	
燃料的最大燃耗	50000MWD/t	
蒸汽温度	480~490℃	
蒸汽压力	14MPa	

CEFR 的安全性特征设计如下。

1. 固有安全性

CEFR 实验快堆用钠作冷却剂,钠沸点为 883℃,而工作温度在 550℃以下,即离沸点还有 300 多度,所以快堆一回路是一个常压系统,不会失压。实验快堆采用池式结构,有 300t 钠,具有很大的热容量和热惰性。钠池外还有保护池,即使钠池(即主容器)泄漏,放射性钠只泄漏在夹层中,不会向环境喷放,并保持堆芯浸没在钠中且有足够的自然对流能力,所以实验快堆没有失冷的可能。钠对某些裂变产物(如碘等)有化合作用,可形成化合物,从而能用冷阱除去,以减少对环境的影响。

2. 非能动安全性

利用多普勒系数、钠密度系数、燃料和控制棒轴向膨胀系数、堆芯径向变形系数以及栅板变形系数等综合反馈效应获得负的温度和功率系数,并由于负的多普勒系数和负的燃料轴向膨胀系数的瞬发效应,该堆在任何可信瞬态工况(如失流、失热阱、功率瞬变以及全厂失电)下,不需要主动停堆系统动作,反应堆仅靠上述负反馈系数即可回到安全状态,并且由余热排出系统实现自然对流和自然循环排出余热,保证不出现钠的大量沸腾,并进一步保证包壳完整性,使放射性释放不超过限值。

3. 充分的主动安全措施

实验快堆设有两套相互独立的主动停堆系统,利用失电安全原则和单一故障准则,在任一停堆系统中一根最大效率的吸收组件卡住的情况下,该系统其他棒也能使反应堆达到需要的冷停堆深度。这两套系统根据功率水平、一次钠出口温度、钠流量对功率的比值、钠液位、剂量水平、功率上升速率、一回路钠泄漏信号以及钠火探测信号、地震探测信号等进行停堆保护。反应堆停堆后,热传输系统各回路以低速运行冷却剂泵导出堆芯余热。

4. 对放射性物质多重屏障

一般压水堆,对于核燃料这样的强放射物质有五道屏障:燃料芯块、燃料元件包壳、一回路压力边界、安全壳以及放射性保护区。实验快堆除这五道屏障外还附加有保护容器、密封的地坑和堆顶密封罩,增加了对放射性物质的泄漏屏障,而且钠本身对一些放射物质(如碘等)还有化合作用。根据国外快堆运行经验,快堆的放射性对环境的影响是非常小的。

5. 钠的安全问题

钠冷快堆技术在世界上已发展多年,形成了一套行之有效的防止或限制钠事故的措施,包括合理的设计、早期监测、隔离防护和安全保护。尽管目前尚无可能绝对杜绝这些事故,但已能保证限制这些事故,特别是不会造成严重的环境影响。

参 考 文 献

[1] 伍浩松. 第四代反应堆的未来研发重点[J]. 国外核新闻,2014,(03):12-17.

[2] 何佳闰,郭正荣. 钠冷快堆发展综述[J]. 东方电气评论,2013,27(27):36-43.

[3] 徐銤. 我国快堆技术发展的现状与前景[J]. 中国工程科学,2008,(01):70-76.

[4] 欧阳予,汪达升. 国际核能应用及其前景展望与我国核电的发展[J]. 华北电力大学学报,2007,34(05):1-10.

[5] 顾健. 中国快堆应有一席之地[J]. 中国核工业,2014,(09):38-41.

[6] 尹邦跃. 中国实验快堆 MOX 燃料研究进展[J]. 核科学与工程,2008,28(04):305-312.

[7] 马昌文,徐永辉. 先进核动力反应堆[M]. 北京:中国原子能出版社,2001.

[8] 朱继洲. 核反应堆安全分析[M]. 北京:中国原子能出版社,1988.

[9] 苏著亭. 钠冷快增殖堆[M]. 北京:中国原子能出版社,1991.

[10] Mitenkov F M. New generation medium power nuclear station with VPBER-600 passive safety reactor plant [J]. Nuclear Engineering and Design,1997,173.

[11] 徐銤. 快堆物理基础[M]. 北京:中国原子能出版传媒有限公司,2011.

[12] U. S. DOE Nuclear Energy Research Advisory Committee and the Generation IV International Forum. A Technology Roadmap for Generation IV Nuclear Energy System[R]. GIF-002-00,2002.

[13] Waltar A EE,Todd D RR,Tsvetkov P VV. Fast spectrum reactor[M]. Springer,2012.

第六章 钠冷快堆物理基础

核反应堆是利用易裂变物质使之发生可控自持链式反应的一种装置,它是核电厂产生热能的主要设备。本章在介绍反应堆物理基本概念的基础上,对快中子反应堆的物理特点也进行了相应的描述和归纳。

6.1 反应堆稳态物理

6.1.1 稳态物理基础

1. 中子与原子核的相互作用

一个中子与一个原子核之间发生相互作用,致使原子核的质量、电荷或能量状态改变的过程称为中子核反应。反应堆内发生最多的是中子与燃料核、慢化剂核、控制材料以及结构材料核发生的核反应。中子可以与原子核发生弹性散射、非弹性散射、辐射俘获、裂变反应等核反应。设入射粒子为 a,被轰击的原子核即靶核(通常假设它是静止的)为 b,生成核(或反冲核)为 c,生成粒子为 d(为简单起见,这里假设只生成一个粒子和一个核),反应过程可以表示成

$$b(a,d)c$$

或

$$a+b \rightarrow c+d$$

易裂变核(例如 ^{235}U 或 ^{239}Pu)在中子的轰击下,通常会分裂为两个中等质量的核,并且放出两个以上的次级中子,同时有大量的核能释放出来。若次级中子能再引起燃料核的裂变,同时又放出次级中子,只要这个过程延续下去,反应堆就能不断地释放出能量。通常把这一连串的裂变反应称为原子核链式裂变反应。裂变反应过程中,一个中子使一个易裂变核发生裂变后又会产生 2~3 个次级中子,这些次级中子又会引起新的易裂变核裂变,因此,裂变反应发生后,可以不再依靠外界补充中子,核燃料就能继续自持地裂变下去。这样的核反应称为自持式裂变反应。

通常按照其能量大小将中子分为热中子、超热中子和快中子;把元素核按质量数 A 的大小分为轻核($A<30$)、中等核($30 \leqslant A \leqslant 90$)和重核($A>90$)。不同能量范围内的中子分别与轻核、中等核和重核可能发生的核反应列于表 6-1 中。

表 6-1　中子与各种质量数的原子核发生核反应的特性

元　素　核	热中子 0~1eV	超热中子 1eV~0.1MeV	快中子 0.1~10MeV
轻核 $A<30$	(n,n)	(n,n) (n,p)	(n,n) (n,p) (n,α)
中等质量核 $30 \leqslant A \leqslant 90$	(n,n) (n,Y)	(n,n) (n,Y)	(n,n) (n,n′) (n,p) (n,Y)
重核 $A>90$	(n,Y) (n,n)	(n,n) (n,Y)	(n,n) (n,n′) (n,p) (n,Y)

对于快中子反应堆,核燃料是较高富集度的^{235}U 或^{239}Pu。由于反应堆中热中子极少,因此引起^{235}U(^{239}Pu)核裂变的主要是快中子。同时,反应堆中存在大量的^{238}U。^{238}U 俘获一个中子后生成不稳定的放射性同位素^{239}U,再经过两次 β 衰变后生成易裂变核素^{239}Pu。

2. 中子反应截面

中子与物质核的相互作用常用截面来度量,它实际上是发生某类核反应概率的度量。

设一个面积为 A、厚度为 dx 的单位体积内包含 N 个原子的薄靶,把它放在强度为 I 的均匀、速度单一的中子束中,该中子束垂直撞击整个靶。靶内产生的相互作用率和中子束强度、原子密度、靶的面积以及厚度成正比,即(整个靶内的)相互作用率为

$$R = \sigma I N A \mathrm{d}x \tag{6-1}$$

式中,σ 为比例常数;$NA\mathrm{d}x$ 为靶内原子总数,I 为中子束强度[中子数/(cm^2·s)]。所以 σ 即为靶层中一个靶核与中子束中一个中子发生某类核反应的概率的度量。σ 的量纲为面积,故又称 σ 为发生某类核反应的微观截面,习惯上利用10^{-24}cm^{2}作为一个单位,称为靶恩(b)。所有微观截面之和称为微观总截面σ_t,它等于微观散射截面σ_s和微观吸收截面σ_a之和,即

$$\sigma_t = \sigma_s + \sigma_a \tag{6-2}$$

而微观散射截面σ_s又等于微观弹性散射截面σ_e加上微观非弹性散射截面σ_{in},即

$$\sigma_s = \sigma_e + \sigma_{in} \tag{6-3}$$

微观吸收截面为

$$\sigma_a = \sigma_\gamma + \sigma_f + \sigma_a + \sigma_p + \cdots \tag{6-4}$$

式中,σ_γ为微观俘获截面;σ_f为微观裂变截面;σ_a、σ_p分别为(n,α),(n,p)反应的微观截面。

令

$$\Sigma = N\sigma \tag{6-5}$$

Σ 为一个中子与单位体积靶核发生某类核反应的概率,称为宏观截面,实际上。Σ 不是一个真正的"截面",它的单位是长度的倒数。设 $I(x)$ 为靶内穿行 x 距离没有发生相互作用

的中子束强度,穿行一附加距离 dx 后,中子束强度将减弱,其减少的中子数目等于在厚度为 dx 的薄层内发生相互作用的中子数,则有

$$-\frac{\dfrac{\mathrm{d}I}{I}}{\mathrm{d}x} = N\sigma = \Sigma \tag{6-6}$$

即 Σ 为中子在每单位飞行程上与靶核发生某类反应的概率。而中子与靶核发生某类反应之前的平均穿行距离为

$$\overline{X} = \int_0^\infty x p(x)\,\mathrm{d}x = \Sigma \int_0^\infty x \exp(-\Sigma x)\,\mathrm{d}x = \frac{1}{\Sigma} \tag{6-7}$$

习惯上称此距离为某类核反应的中子平均自由程,它实际上度量中子与靶核发生某类核反应之前可能的自由飞行平均距离。平均自由程常用 λ 来表示,因此有

$$\lambda_i = \frac{1}{\Sigma_i}, i = \mathrm{a,f,s,\cdots} \tag{6-8}$$

3. 扩散理论

由于中子与原子核的多次碰撞,使得中子在反应堆内以杂乱无章的折线进行运动。这种运动的结果,使原来在堆内某一位置具有某一能量和某一运动方向的中子,在稍后将出现在堆内另一位置,以另一能量和另一运动方向出现。研究中子从第一种能量和位置输运到第二种能量和位置的理论称为输运理论。中子的飞行方向、空间、能量和时间分布以输运方程表述。要精确求解输运方程是非常困难的,目前对输运理论采用的最简单的近似之一是扩散理论近似。所谓扩散近似是假定反应堆内中子在介质核上的碰撞散射是杂乱无章且各向同性的,从而满足分子扩散的斐克(Fick)定律。假设:

(1)中子具有相同的能量;

(2)无限均匀介质;

(3)弱吸收介质,即介质的吸收截面很小;

(4)在实验室坐标系中散射是各向同性的;

(5)介质中没有中子源;

(6)中子通量密度是随位置缓慢变化的函数。

则中子流密度 J 与中子通量密度梯度 $\mathrm{grad}\phi$ 之间遵守斐克定律所描述的关系,即

$$J = -\frac{1}{3\Sigma_\mathrm{s}}\mathrm{grad}\phi \tag{6-9}$$

式中,Σ_s 为宏观散射截面。

式(6-9)表明中子流密度正比于负的中子通量密度梯度,其比例常数称作扩散系数,用符号 D 表示,即

$$D = \frac{1}{3\Sigma_\mathrm{s}} \tag{6-10}$$

联立式(6-9)和式(6-10),则有

$$J = -D\mathrm{grad}\phi \tag{6-11}$$

4. 均匀裸堆的临界

均匀裸堆是指燃料、冷却剂和结构材料等堆内一切材料都均匀混合,反应堆没有反

射层,直接与空气接触。其单群扩散的扩散方程可以写成赫姆霍兹(Helmholtz)方程(或称为波动方程):

$$\nabla^2\phi + B^2\phi = 0 \qquad (6-12)$$

式中:

$$B^2 = \frac{k_\infty - 1}{L^2} \qquad (6-13)$$

$$L^2 = \frac{D}{\Sigma_a} \qquad (6-14)$$

在反应堆理论中,由波动方程及相应边界条件决定的第一个本征值的平方B_1^2常称为反应堆的曲率。

$$B_1^2 = -\frac{1}{\phi}\nabla^2\phi \qquad (6-15)$$

式中,B_1^2与临界堆内中子通量密度曲率成正比,称为反应堆曲率。该曲率只与反应堆的几何有关,因而又称为几何曲率,记为B_g^2。而式(6-13)定义的B^2称为材料曲率,记为B_m^2,它只与材料的特性有关。

当反应堆临界时,B_m^2应该与波动方程中的几何曲率B_g^2相等,即

$$\frac{k_\infty - 1}{L^2} = B_m^2 = B_g^2 \qquad (6-16)$$

B_m^2与B_g^2的关系与堆状态有关,如下所述:

$$\begin{cases} 次临界 & B_g^2 > B_m^2, k < 1 \\ 临界 & B_g^2 = B_m^2, k = 1 \\ 超临界 & B_g^2 < B_m^2, k > 1 \end{cases} \qquad (6-17)$$

$$(k \text{ 为有效增殖因数})$$

式(6-16)称为有限大均匀裸堆的单群临界条件或临界方程。如果已知材料的核特性,即已知B_m^2,通过B_g^2,可以求出反应堆临界时的几何尺寸,反之亦然。

为减少中子的泄漏,堆芯的最佳形状是球形,但这在设计上是非常不方便的,一般选用圆柱体,且冷却剂由下向上流经堆芯是十分简单的。对于快中子反应堆,冷却剂的热传递和流体力学的各种要求使堆芯的高度限制在1m左右,而平均功率密度限制在500MW/m³左右,因此堆芯将是一个矮胖的圆柱体,而堆的功率越大,堆芯直径就越大。

5. 中子通量密度分布的展平

不论何种几何形状的裸堆,在临界时其中子通量密度的空间分布都是不均匀的,而且总是在中心处最大,边缘处最小,反应堆堆内功率密度的分布基本上与中子通量密度分布成正比,因而堆内功率密度的分布也是不均匀的。反应堆在运行期间,控制棒要按照一定的提棒程序运动,如果由于控制棒的扰动而引起局部功率峰值因子叠加到原有的功率分布的最大值上,有可能使该点的热工特性首先超过安全标准而发生事故;另外,为了充分利用燃料,也需要在整个工作寿期内尽可能有均匀平坦的功率分布。

快中子增殖堆的中子通量密度分布比热中子反应堆的分布要平坦,其展平措施主要有芯部燃料分区布置、设置转换区、反射层的应用及合理地安排提棒程序。

实际的反应堆在堆芯周围总是围绕着一层由具有良好散射性能的物质所构成的中子反射层。热中子反应堆的反射层通常采用与慢化剂相同的材料,如普通水、重水或石墨。反射层把一部分本来要泄漏而损失掉的中子散射返回堆芯参与链式反应。由于反射层减少了从堆芯泄漏的中子数,使得堆芯尺寸小于无反射层时的临界尺寸就能达到临界状态,这样,利用反射层就有可能显著地节省所需易裂变物质的数量。快中子反应堆的反射层通常采用不锈钢材料。

6.1.2 钠冷快堆稳态物理计算特点

快中子反应堆与热中子反应堆的区别主要有以下几方面。

(1) 快中子反应堆中引起易裂变材料(例如^{235}U 和^{239}Pu)裂变的中子的能量在0.1MeV 以上,而热中子反应堆内引起易裂变材料裂变的中子的能量一般小于1eV。因此,在快中子反应堆内,热中子通量密度低到可以忽略,其对结构材料的选择也就比较宽松,例如快堆中热中子俘获截面比较大,可以选择不锈钢作为结构材料,但在热中子反应堆内,这是绝对不允许的。

(2) 快中子反应堆中,由于热中子几乎不存在,因此,核因素对快堆堆芯的材料选择并没有太大限制。

(3) 与热中子反应堆相比,快中子反应堆的燃料富集度不同,快堆中易裂变材料的富集度约20%,而热中子反应堆中的易裂变材料的富集度为 0.7%~4%。

(4) 快中子反应堆中没有慢化剂材料。

由于这些区别,快中子反应堆的堆芯尺寸比热中子反应堆要小。快堆的堆芯尺寸高度为1m 量级,压水堆为3m 量级,石墨或重水堆为 5~10m 量级,故快堆的功率密度更高。快堆的燃耗计算中,把很多裂变产物归并成一组裂变产物(称为伪裂变产物)进行计算。其裂变产物的积累导致的反应性下降比热堆小。

快中子的平均自由程比热中子大,中子平均自由程一般为 10cm 或更长。虽然燃料、冷却剂和结构材料的核特性差别很大,但由于单个燃料元件和结构部件的尺寸通常为几毫米,故把反应堆内与中子平均自由程相当的区域看作是均匀的,不会出现局部中子通量密度“下沉”,也不会出现局部中子通量密度峰,因此可以应用扩散理论。由于快中子反应堆的扩散平均自由程要比压水堆的大一个数量级,因此,相比压水堆,快堆相互耦合得更紧密,产生功率振荡的概率小。

对于快中子反应堆,大多数俘获和裂变反应发生在能量很宽的范围内,因此必须将共振区和高能区的中子分为较多的能群,因而多群计算是必不可少的。一般采用 9 群计算。表 6-2 列出了国际上各研究单位在共同对快堆基准例题 BN-600 进行研究时采用的能群数。

表 6-2 各国家计算 BN-600 时的能群数

国　　家	研　究　单　位	能　群　数
美国	ANL	230
法国/英国	CEA/SA	33
中国	CIAE	12

国　　家	研究单位	能 群 数
印度	IGCAR	25
俄罗斯	IPPE OKBM	18 9,26
日本	JNC	18
韩国	KAERI	9
德国	IKET	—

多群中子扩散方程为

$$- D_g \nabla^2 \phi_g + \Sigma_{rg} \phi_g = \sum_{g'=1}^{g-1} \Sigma_{sg' \to g'} \phi_{g'} + \frac{1}{k} \chi_g \sum_{g'=1}^{G} \bar{v}_g \Sigma_{fg'} \phi_{g'} \qquad (6-18)$$

$$（\text{I}）\qquad（\text{II}）\qquad（\text{III}）\qquad（\text{IV}）$$

项（I）为中子泄漏出 g 群的净速率，D_g 为 g 群的扩散系数。

项（II）为中子从 g 群内消失的速率。Σ_{rg} 称为"群移出截面"，它包括吸收、弹性散射和非弹性散射效应，未从 g 群移出的中子散射（称为群内散射）不包括在 Σ_{rg} 内，它等于

$$\Sigma_{rg} = \Sigma_{ag} + \Sigma_{erg} + \Sigma_{irg} \qquad (6-19)$$

项（III）和项（IV）是中子源项。其中项（III）为中子散射源项。它表示散射进 g 群的速率，包括弹性散射和非弹性散射，等于

$$\sum_{g'=1}^{g-1} \Sigma_{sg' \to g'} \phi_{g'} = \sum_{g'=1}^{g-1} \Sigma_{eg' \to g} \phi_{g'} + \sum_{g'=1}^{g-1} \Sigma_{ig' \to g} \phi_{g'} \qquad (6-20)$$

项（III）中的求和只到 g-1 群，意味只有向下散射，而热堆中则有向上散射。项（IV）是裂变源项。$\Sigma_{fg'}$ 为 g' 群的裂变截面，$v_{g'}$ 为每次裂变产生的平均中子数，它取决于引起裂变的中子的能量。χ_g 为引起裂变所产生的中子出现在 g 群的份额，显然

$$\sum_{g=1}^{G} \chi_g = 1 \qquad (6-21)$$

式中，群中子通量密度是指该能群内各种能量中子的总通量密度，其定义为

$$\phi_g = \int_{E_g}^{E_{g-1}} \phi(E) \mathrm{d}E = \int_g \phi(E) \mathrm{d}E \qquad (6-22)$$

式中，$\phi(E)$ 为每单位能量的中子通量密度；E_g 为第 g 群能区的能量下限；$\int_g$ 为在能群上的积分。

对俘获反应、裂变反应、弹性散射和非散射反应，其群截面采用反应率平衡。

扩散方程是微分方程，是空间变量的函数。只有对几何形状极其简单的零维扩散方程才能有解析解，而反应堆是一个复杂的三维系统，只能借助于计算机，运用有限差分法或粗网节块法进行数值解。

6.2 反应堆动力学

反应堆处于稳态平衡时，由裂变反应产生的中子数恰好与吸收及泄漏的中子数相等。因此，中子密度不随时间变化。但运行中的反应堆由于种种原因，例如介质的温度

效应、裂变产物的毒物效应、燃料的燃耗效应和控制棒的运动都能引起反应堆的有效增殖因数 k_{eff} 的变化,中子处于不平衡状态。反应堆动力学主要研究反应性变化时,堆内中子密度等有关参量与时间的关系。

6.2.1 中子动力学基础

1. 缓发中子及其效应

考虑一个没有外加中子源的均匀裸堆,且堆内都是瞬发中子。反应堆原先处于临界状态 $k=1$、$t=0$ 时,k 有一个很小的变化,使反应堆变得超临界或次临界,之后即保持 k 不变。设 t 时,平均中子密度为 n,由于中子与 ^{235}U 的裂变反应,过了一代后将增为 nk,净增 $n(k-1)$。则单位时间内中子密度的变化为

$$\frac{\mathrm{d}n}{\mathrm{d}t} = \frac{n(k-1)}{l_0} \tag{6-23}$$

式中,l_0 为中子的平均寿命,它是瞬发中子从产生到消失的平均时间。

式(6-23)也可以这样理解:中子的产生率为 $\dfrac{kn}{l_0}$,中子的消失率为 $\dfrac{n}{l_0}$,则

中子的变化率=中子的产生率-中子的消失率

如果 $t \geq 0$,k 为常数,式(6-23)的解为

$$n(t) = n_0 \mathrm{e}^{\frac{k-1}{l_0}t} \tag{6-24}$$

n_0 为 $t=0$ 时的中子密度。

若 $k>1$,即引入的是正反应性,堆处于超临界状态,中子密度 $n(t)$ 以 e 指数形式上升。

若 $k<1$,即引入的是负反应性,堆处于次临界状态,中子密度以 e 指数形式减少。

若 $k=1$,堆处于临界状态,中子密度不随时间变化,是常量。

裂变中释放的中子可以分为两类,即瞬发中子和缓发中子,其中占裂变中子总数 99% 以上的瞬发中子在裂变后约 $10^{-7} \sim 10^{-14}$ s 的极短时间内发射出来,另外不到 1% 的缓发中子则在裂变后大约几秒钟到几分钟之间陆续发射出来(表6-3)。

表6-3 ^{235}U 快中子裂变的缓发中子数据

组 号	半衰期 $T_{1/2,i}$/s	衰变常数 λ_i/s^{-1}	平均寿命 t_i/s	能量/keV	产额 y_i	份额 β_i
1	54.57		78.74	250	0.00064	0.000125
2	21.86	0.0317	31.55	560	0.00361	0.001424
3	6.03	0.115	8.70	405	0.00319	0.001274
4	2.23	0.311	3.22	450	0.00691	0.002568
5	0.50	1.40	0.71	—	0.00217	0.000748
6	0.18	3.87	0.26	—	0.00044	0.000273

缓发中子虽然只占裂变中子的不到 1%,但由于它的存在,两代平均时间增长了,而反应堆的周期大大地延长了。缓发中子效应的一般性质可以由下面的分析看出:如果第 i 组缓发中子的先驱核的平均寿命为 t_i,那么这一组内的每一个中子都可以看作是在裂变后平均时间 t_i 时才出现的,如果第 i 组缓发中子占总裂变中子的份额是 β_i,则这一组的平

均缓发时间是 $\beta_i t_i$，于是所有各组缓发中子总的平均缓发时间，也就是先驱核的权重平均寿命，就等于各 $\beta_i t_i$ 项之和。考虑到部分缓发中子的影响以后，中子的平均寿命 $\bar{l}$ 为

$$\bar{l} = l_0 + \sum_{i=1}^{6} \beta_i t_i \tag{6-25}$$

$\bar{l}$ 值几乎全由缓发中子的缓发效应来决定。

2. 反应性的定义及反应堆周期

在反应堆的物理计算中，许多问题都是以临界态为基准的，通常用反应性 ρ 来表示系统偏离临界的程度，定义如下：

$$\rho = \frac{k-1}{k} \tag{6-26}$$

显然它是一个无量纲量。$\rho = 0$ 与临界态 $k = 1$ 相对应。在许多情况下，只讨论临界态附近的问题，k 与 1 十分接近，故 ρ 可以近似写成

$$\rho \approx k-1 \tag{6-27}$$

习惯上反应性 ρ 的单位有下列几种：$\Delta k/k$，Δk，$\$$（元）。

如果反应性 $\rho = 1\beta$，则称反应性为 1\$，即 \$ 是反应性 ρ 与总的缓发中子份额 β 的比值。1\$ = 100 分。

由于上述反应性单位在实用中显得略大，在压水堆中，常用 pcm 来作为反应性的单位，$1\text{pcm} = 10^{-5}\Delta k/k$。重水堆中常用 mk 来作为反应性的单位，$1\text{mk} = 10^{-3}\Delta k/k$。

t 时刻反应堆内中子密度（或中子通量密度、功率）变化 e 倍所需的时间，称为该时刻反应堆的周期 T，T 由下式定义

$$n(t) = n_0 e^{\frac{t}{T}} \tag{6-28}$$

而 $t+T$ 时的中子密度为

$$n(t+T) = n_0 e^{\frac{t+T}{T}} = en(t) \tag{6-29}$$

比较式（6-24）和式（6-28）可得

$$T = \frac{l_0}{k-1} \tag{6-30}$$

反应堆周期 T 可以描述堆内中子的变化速率。对于一个给定的反应堆，l_0 有确定的数值，周期由 k 决定。当 $k>1$，反应堆处于超临界状态，周期 T 为正值，中子随 t 增长，且 k 越大，T 越小，中子增长越快。若 $k<1$，反应堆处于次临界状态，周期 T 为负值，中子随 t 的增加而减少。

反应堆周期通常还采用中子密度的相对变化率来直接定义，对式（6-24）两边取对数，得

$$\ln n(t) - \ln n_0 = \frac{t}{T} \tag{6-31}$$

如果中子变化稳定，即得

$$\frac{1}{n(t)}\frac{dn(t)}{dt} = \frac{1}{T} \tag{6-32}$$

或

$$T = n(t) \frac{1}{\frac{\mathrm{d}n(t)}{\mathrm{d}t}} \tag{6-33}$$

式(6-33)表明,周期 T 等于反应堆内中子密度相对增长率的倒数。

有时采用倒周期 ω,定义如下:

$$\omega = \frac{1}{T} \tag{6-34}$$

在反应堆的实际运行中,为方便起见,常常使用"倍周期"这个物理量。它定义为功率变化一倍所需要的时间,记为 $T_{倍}$。因此有

$$N(T_{倍}) = N_0 \mathrm{e}^{\frac{T_{倍}}{T}} \tag{6-35}$$

计算可得

$$T_{倍} = 0.693T \tag{6-36}$$

反应堆运行中,通过测量周期来确定反应性是最常用的一种方法。测量是在反应堆处于超临界状态下进行的。根据中子密度随时间变化的曲线确定反应堆周期,然后查根据倒时方程计算出来的周期反应性曲线,即可得到相应于该周期的反应性大小。

3. 点堆动力学

对于均匀裸堆,与时间 t 有关的单群扩散方程为

$$\frac{\partial N(r,t)}{\partial t} = D\upsilon \nabla^2 N(r,t) - \Sigma_a \upsilon N(r,t) + S(r,t) \tag{6-37}$$

方程(6-37)右端第一项为 t 时刻、单位时间内因扩散而进入 r 附近单位体积中的中子数。第二项为 t 时刻、单位时间内在 r 附近单位体积中被介质吸收的中子数。第三项为源项,在 t 时刻、单位时间内在 r 附近单位体积内产生的中子数,它应包括瞬发中子、缓发中子和外加中子源的贡献。单群理论认为,瞬发中子、缓发中子以及外加中子源的中子具有相同的速率。方程(6-37)左端是在时刻 t、单位时间内在 r 附近单位体积内中子密度的变化率。

设 β 为缓发中子的总份额,则 t 时刻、单位时间内在 r 附近单位体积中瞬发中子的生成率为

$$(1-\beta)k_\infty \Sigma_a \upsilon N(r,t)$$

缓发中子的生成率取决于其先驱核的衰变率。设 $C_i(r,t)$ 为 t 时刻、单位时间内、在 r 处单位体积内、第 i 组先驱核的原子数,λ_i 为相应的衰变常数,故 t 时刻、单位时间内、r 处每单位体积内缓发中子的生成率为

$$\sum_{i=1}^{6} \lambda_i C_i(r,t)$$

所以式(6-37)中的源项应表示为

$$S(r,t) = (1-\beta)k_\infty \Sigma_a \upsilon N(r,t) + \sum_{i=1}^{6} \lambda_i C_i(r,t) + S_0(r,t) \tag{6-38}$$

$S_0(r,t)$ 为外加的中子源。将式(6-38)代入式(6-37)可以得到

$$\frac{\partial N}{\partial t} = D\upsilon \nabla^2 N(r,t) - \Sigma_a \upsilon N(r,t) + (1-\beta)k_\infty \Sigma_a \upsilon N + \sum_{i=1}^{6} \lambda_i C_i(r,t) + S_0 \tag{6-39}$$

C_i满足下列平衡方程式：

$$\frac{\partial C_i}{\partial t} = \beta k_\infty \Sigma_a \upsilon N - \lambda_i C_i, \quad i = 1, 2, \cdots, 6 \tag{6-40}$$

式(6-40)中右端第一项为第 i 组先驱核的生成率，第二项为相应的衰变消失率。显然，等式左端为第 i 组先驱核浓度的变化率。

采用时空变量分离法来求解式(6-39)和式(6-40)。首先假设

$$N(r,t) = f(r)n(t) \tag{6-41}$$

$$C_i(r,t) = g_i(r)c_i(t), i = 1, 2, \cdots, 6 \tag{6-42}$$

利用反应性定义 $\rho(t) = \dfrac{k(t)-1}{k(t)}$ 及

$$\Lambda = \frac{l_0}{k} \tag{6-43}$$

式中，l 为相邻两代中子的平均代时间；l_0 为有限大小介质中子的平均寿命。
则点堆模型的中子动力学方程组(简称点堆模型基本方程)描述如下：

$$\begin{cases} \dfrac{\mathrm{d}n(t)}{\mathrm{d}t} = \dfrac{\rho(t) - \beta}{\Lambda}n(t) + \displaystyle\sum_{i=1}^{6} \lambda_i c_i(t) + q & (6\text{-}44) \\[4mm] \dfrac{\mathrm{d}c_i(t)}{\mathrm{d}t} = \dfrac{\beta_i}{\Lambda}n - \lambda_i c_i(t), i = 1, 2, \cdots, 6 & (6\text{-}45) \end{cases}$$

其物理意义如下：对于式(6-44)，等式左端表示 t 时刻中子的变化率；右端第一项 $\dfrac{\rho(t)-\beta}{\Lambda}n(t)$ 为瞬发中子在 t 时刻的产生率，第二项 $\displaystyle\sum_{i=1}^{6} \lambda_i c_i(t)$ 代表各先驱核在 t 时刻发射的缓发中子产生率，q 为外加中子源。方程(6-45)左端表示时刻 t、单位时间、单位体积内先驱核原子数的变化率，右端第一项则为 t 时刻先驱核的产生率，第二项为相应的衰变项。

点堆模型在数学上假定中子密度 N 可按时空变量分离，在物理上就是假定不同时刻中子密度 $N(r,t)$ 在空间上的分布形状是相同的。也就是说，反应堆内各点中子密度 $N(r,t)$ 随时间 t 的变化涨落是同步的，堆内中子的时间特性与空间无关，就好像一个没有线度的元件一样，故称为点堆模型。

6.2.2　钠冷快堆中子动力学特点

快堆中子动力学方程在形式上与热堆相同，中子动力学行为与热堆很相似。由于快堆堆芯尺寸、结构和组成成分与热堆差异很大，起主要作用的中子能量范围完全不同，因而快堆与热堆中子动力学行为仍有如下差别。

(1) 以中子运动的平均自由程度量，小型实验快堆的尺寸比大型热堆小得多，中子动态行为的空间效应不明显，因此点堆动力学模型能很好地描述快堆内中子通量密度随时间的变化规律，这使得分析过程大为简化。

(2) 小型实验快堆中子代时间(10^{-7} s 量级)比压水堆(10^{-5} s 量级)和重水堆(10^{-4} s 量级)短很多，这一差异在引入反应性小于 1 \$的大部分范围内不会导致中子动力学行为的差别，但当反应性达到或超过 1 \$时，快堆中子通量密度(或热功率)上升的周期要比热

堆短很多,因此,在瞬发超临界的瞬态过程中,由于功率的急剧增加,可能造成包壳破坏、钠沸腾、燃料熔化以至于堆芯解体,酿成严重后果。以 MOX 为燃料的快堆,由于有效缓发中子份额的减少,在相同反应性引入时,动力学响应会更加迅速。

(3) 快堆的反馈机制与热堆也不尽相同,堆芯燃料的密集对热堆并无正反应性输入,而对快堆则可能导致很大的正反应性输入。因此,燃料的轴向膨胀、堆芯的径向膨胀会产生负反应性效应,而燃料熔化等原因导致的燃料密集则会产生正反应性输入。对于大型快堆,钠空泡效应可能为正,钠沸腾是导致堆芯熔化的主要原因。

以 CEFR 反应堆为例,其堆芯中子通量密度范围至少比堆内中子源单独产生的中子通量密度高 4 个数量级,因而可略去中子源的影响。则快堆的点堆动力学方程组为

$$
\begin{cases}
\dfrac{dN(t)}{dt} = \dfrac{\rho - \beta}{\Lambda}N(t) + \sum_{i=1}^{m} \lambda_i C_i \\
\dfrac{dC_i}{dt} = \dfrac{\beta_i}{\Lambda}N(t) - \lambda_i C_i, i = 1, 2, \cdots, m
\end{cases}
\tag{6-46}
$$

式中,$N(t)$ 为堆芯裂变功率;C_i 为第 i 组缓发中子先驱核浓度;m 为缓发中子组数,对于 CEFR,$m=6$;ρ 为反应性,它包括外加反应性 ρ_e 和反馈反应性 ρ_{fb},即 $\rho = \rho_e + \rho_{fb}$,其中反馈反应性包括温度反应性效应、燃料和冷却剂的密度效应、燃料的多普勒效应以及组件的热膨胀和弯曲效应,此类问题将在下一节详细介绍。

考虑了上述燃料、冷却剂反馈反应性和组件弯曲反应性之后,总的反馈反应性 ρ_{fb} 可以写为

$$
\rho_{fb} = 0.5 \alpha_c(T_{c1}-293)(1-\alpha_1) + 0.5 \alpha_c(T_{c2}-293)(1-\alpha_2) + 0.5\Delta\rho_{void}(\alpha_1+\alpha_2) +
$$
$$
\alpha_{fe}(T_f-239) + \alpha_{fD}\ln(T_f/293) + 2 \alpha_b(T_c-T_{in}-293) + \rho_B
\tag{6-47}
$$

式中,α_c 为冷却剂温度系数;$\Delta\rho_{void}$ 为堆芯钠全部排空引入的反应性;α_1 和 α_2 分别为流道下半部和上半部钠空泡体积份额。方程(6-47)右边两项为流道中液体部分的反馈反应性,第三项为钠空泡反应性。α_{fe} 为燃料温度系数;α_{fD} 为燃料的多普勒系数;α_b 为组件弯曲反应性系数。此外,堆芯的总功率可以写成裂变功率和衰变功率(包括锕系元素)之和。

6.3 反应性的变化和控制

核反应堆在启动、运行过程中,其有效增殖因数不是恒等于 1 的,即此时反应堆不总是处于临界状态。对于钠冷快堆而言,以下因素会给反应堆引入一个不等于零的反应性:

(1) 运行温度的改变会使得堆芯几何尺寸发生变化,从而引起反应性效应;

(2) 由于燃料温度变化共振峰展宽引起的反应性效应(多普勒效应);

(3) 反应堆中的钠密度效应和失钠引起的反应性效应;

(4) 燃料燃耗引起的反应性效应;

(5) 控制棒移动时的反应性效应。

其中,(1)到(4)项称为反应堆自反馈效应。

6.3.1 反应堆自反馈效应

通常将反应堆启动过程中引起的反应性变化分为两部分:温度反应性效应和功率反应性效应。温度反应性效应是指反应堆自冷停堆状态等温加热到热备用状态的反应性变化(此时反应堆的功率为零)。功率反应性效应是指由热备用状态逐渐提升到额定功率时的反应性变化。

1. 反应性温度效应

反应堆在启动过程中,由冷态向热态过渡,运行工况的改变(例如在不同功率水平时的运行)都能使反应堆的介质温度发生变化,这种温度变化可能是局部的(例如结构不均匀性影响某些地点的冷却剂流动),也可能是影响到整体的(例如冷却剂流率的变化会逐渐改变反应堆的温度)。温度的变化将引入一个不等于零的反应性 ρ,因而系统的有效增殖因数 k_{eff} 将改变,这种因反应堆温度变化而引起反应性发生变化的效应,称为反应性的温度效应,简称温度效应。温度效应的反应性系数 α_T 定义为反应堆温度变化 1K 时所引起的反应性变化,即

$$\alpha_T = \frac{d\rho}{dT} \tag{6-48}$$

式中,T 为反应堆的温度,代入反应性 ρ 的表达式后

$$\alpha_T = \frac{1}{k^2} \frac{dk}{dT} \tag{6-49}$$

处于临界态附近时,$k \approx 1$,则

$$\alpha_T = \frac{1}{k} \frac{dk}{dT} \tag{6-50}$$

温度效应的反应性系数 α_T 是指反应堆温度变化 1K 时有效增殖因数 k 的相对变化量。

正反应性温度系数的反应堆,其温度升高,并且具有正的温度系数,那么 k 就增加,其结果是功率也随之增加。功率的增加又导致温度的进一步升高,温度的升高又增加了 k,如此循环,反应堆的功率将持续增加,直到反应堆置于外部引入的控制棒控制之下,或者造成堆芯熔化为止,后者可能会留下极坏的后果。反之,温度下降时,则最终导致反应堆自行关闭。显然,反应性温度系数为正的反应堆对于温度的变化是内在不稳定的。

具有负反应性温度系数的反应堆,其性质就大不相同,温度的升高将导致 k 减小,从而降低了功率水平并使温度回到其初始值。同样,温度的下降会引起 k 的增加,从而提高功率并使系统重新回到它的初始温度,因此具有负温度系数的反应堆对于温度的变化是稳定的,这是安全运行必不可少的条件之一。

反应堆的负温度系数在一定程度上还具有自动调节堆功率以适应负荷变化需要的能力,即有自动跟踪负荷的自调性。如果二回路的负荷变大,将从一回路夺去更多的热量,因而反应堆的进口冷却剂的温度将降低,从而使得堆内的冷却剂平均温度降低。由于负温度系数,k 将上升,功率会自动上升,以适应负荷的要求。当然,这种自调性只有在一定范围内,不能把反应堆功率的自调性完全依靠负反应性温度系数来进行。

当堆芯温度变化时,会引起堆芯几何尺寸的变化、钠密度的改变、燃料温度效应(多普勒效应)等。假设计算模型中各元素以及各区域中温度改变是相同的,则反应性温度效应的计算结果如表6-4所列。

表6-4　温度反应性效应及其各组分项的计算结果

名　称	数值/(%Δk/k)	
	循环初期	循环末期
钠密度变化	−0.202	−0.212
燃料组件的轴向膨胀	−0.042	−0.041
钢反射层组件的轴向膨胀	−0.019	−0.019
径向膨胀(按压力联箱)	−0.187	−0.188
多普勒效应	−0.019	−0.020
总的温度反应性效应(250~360℃)	−0.469	−0.480

2. 反应性功率效应

钠冷快堆从热备用状态(CEFR的热备用状态定义为堆芯所有介质(包括冷却剂)的温度为360℃,此时反应堆没有功率输出)提升功率到额定值(CEFR冷却剂的入口温度为360℃,冷却剂的出口温度为530℃)的反应性变化称为功率反应性效应。

反应堆功率的变化,亦会引起堆芯几何尺寸的变化、钠密度的改变、燃料温度效应(多普勒效应)等,反应性功率效应中各变化的计算结果如表6-5所列。

表6-5　反应性功率效应及其各组分项的计算结果

名　称	数值/(%Δk/k)	
	循环初期	循环末期
钠密度变化	−0.120	−0.130
钠体积份额变化	−0.030	−0.034
燃料组件的轴向膨胀	−0.301	−0.232
钢反射层组件的轴向膨胀	−0.01	−0.10
径向膨胀(燃料组件的弯曲)	+0.10	+0.10
多普勒效应	−0.021	−0.021
总的功率反应性效应(360℃−额定功率)	−0.382	−0.327

3. 失钠反应性

失钠反应性是指钠冷快堆功率运行时,瞬态堆芯内钠沸腾引起空泡的反应性效应。失钠反应性效应与堆芯中失钠位置有关,大型快堆的失钠可以导致正的反应性效应,并产生能谱硬化、泄漏增加、钠俘获减少以及自屏变化等现象。

失钠反应性效应与空间有很大的关系。在靠近堆芯中心处,慢化、俘获和自屏蔽占主导地位,反应性效应可能为正;而在趋向边缘时,泄漏成为主要的因素,故反应性效应为负。

4. 燃料的燃耗效应

反应堆一旦运转,其燃料就开始耗损,燃料的耗损将引起反应性的下降,这种效应称为反应性燃耗效应,简称燃耗效应。

反应堆运转后,由于易裂变同位素(如^{235}U)不断消耗,反应堆的反应性不断下降,同时可裂变核素(如^{238}U)生成的另一类易裂变同位素参与裂变,使得反应性的下降得到某些减缓。

6.3.2 反应性控制

为了保证反应堆有一定的工作寿期,以满足启动、停堆和功率变化的要求,反应堆的初装量必须大于临界装量,以保证适当的初始剩余反应性。同时,必须提供控制和补偿这个剩余反应性的具体手段,以使反应堆的反应性保持在所需的各种数值上。具体来说,反应性控制的任务有以下几方面。

(1)紧急控制。当反应堆需要紧急停堆时,反应堆的控制系统能迅速地引入一个较大的负反应性,以快速停堆,并达到一定的停堆深度,这就要求紧急停堆系统具有极高的可靠性。

(2)功率调节。当外界负荷或堆芯温度发生变化时,反应堆的控制系统必须引入一个适当的反应性,以满足反应堆功率调节的需要。

(3)补偿控制。反应堆在运行初期具有较大的剩余反应性,随着反应堆的运行,剩余反应性不断减少,为了保持反应堆临界,必须逐渐从堆芯中移出控制毒物。

反应性控制中会用到以下几个物理量。

(1)剩余反应性。堆芯中没有控制毒物时的反应性称为剩余反应性,以ρ_{ex}来表示。在快堆中,控制毒物是指用作控制用的控制棒吸收体;而对于压水堆,控制毒物是指反应堆中作为控制用的所有物质,例如控制棒、可燃毒物和化学补偿毒物等。

(2)控制毒物反应性。某一控制毒物投入堆芯时引起的反应性变化,称为该控制毒物反应性(或价值),以$\Delta\rho_i$表示。

(3)停堆深度。当全部控制毒物都投入堆芯时,反应堆所达到的负反应性称为停堆深度,以ρ_s表示。

(4)总被控反应性。总被控反应性等于剩余反应性与停堆深度之和,以$\Delta\rho$表示,即

$$\Delta\rho = \rho_{ex} + \rho_s \tag{6-51}$$

大型快中子增殖反应堆的控制有两种方式,一种是移出燃料元件,另一种是插入中子吸收体。早期 EBR-Ⅱ反应堆采用的是第一种控制方式,而目前应用最广泛的是插入中子吸收体的(控制棒)方式。

控制棒插入反应堆内,从两方面改变了反应堆的增殖因数:①控制棒的插入吸收了堆内的中子,使得k_{eff}降低;②控制棒使中子通量密度发生某种形式的畸变,从而增加了系统内中子的泄漏,即反应堆的不泄漏概率减少,使得反应堆的有效增殖因数降低。当有控制棒在堆内时,中子通量密度曲线的弯曲度或曲率比较大,堆表面处的中子通量密度梯度也比较大,因此泄漏的中子流也就比较大。对许多反应堆说来,控制棒增加吸收和增加泄漏这两种效应,在确定控制棒对系统增殖因数的影响时是同等重要的。

用控制棒来控制反应堆的安全运行是当今反应堆运行的主要手段。控制棒控制的特点是控制速度快,可靠有效。它主要用于补偿与功率变化过程有关的多普勒效应、反应堆温度效应以及空泡效应,还可用于实施安全停堆。根据控制棒的功能不同,一般控

制棒分为:①安全棒——反应性价值大,专门用于停堆,其反应性要大于剩余反应性;②补偿棒——用于功率粗调,补偿剩余反应性;③调节棒——用于功率细调,反应性价值小。

用控制棒来控制反应堆的缺点是控制棒吸收材料的吸收截面大,因而价格高;带来的另一个问题是对反应堆的功率分布、中子通量密度分布扰动大,从而影响反应堆的运行品质。为了减少控制棒的这种扰动影响,一般采用多数量、小尺寸的设计原则。反应堆的控制棒设计中要满足卡棒准则——由于某种原因,即使一根价值最大的安全棒(或一组控制棒)卡住不能下插,反应堆也能依靠其他棒的下插安全停堆。

6.3.3 钠冷快堆反应性控制的实现

本节将以中国实验快堆为例介绍钠冷快堆反应性控制的实现。

中国实验快堆(CEFR)对反应性的控制由控制棒完成。CEFR 共有 8 根控制棒,如图 6-1 所示,它们分为两组,分别属于两个独立的反应堆停堆系统:第一停堆系统包括三根补偿棒 SH-1、SH-2 和 SH-3 以及两根调节棒 RE-1 和 RE-2;第二停堆系统包括三根安全棒 SA-1、SA-2 和 SA-3。反应堆启动时,先将各安全棒(SA)从堆芯中提出,再将调节棒(RE)逐步轮流地提升,使反应堆逐步地达到临界状态并提升功率。接近循环末期时,各补偿棒(SH)已经全部提出堆芯以补偿燃料燃耗。

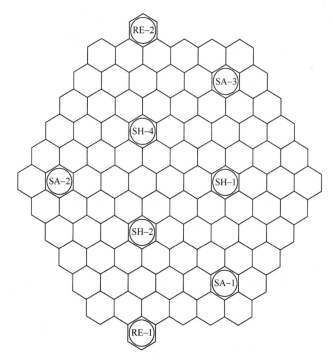

图 6-1　CEFR 控制棒布置图

核设计中对控制棒的安全性要求:反应堆具有两套独立的停堆系统,每套系统都能使反应堆停下来;反应堆冷停堆深度和换料过程中堆芯的最小次临界度不小于 2.0% $\Delta k/k$。

在反应性平衡中考虑到了当反应堆冷却到250℃时其反应性的增加值,并考虑了处在高位的价值最大的一根控制棒可能出现卡棒的故障。对第一停堆系统补充研究了控制棒意外提出到上部位置和随后又不能从该位置动作的情况。根据中国核安全保障的原则,在这种情况下,即相应叠加两个故障或者人因失误加故障,应该保持热停堆(堆没有功率且钠温不超过360℃)。

根据设计,不论是第一停堆系统还是第二停堆系统都能满足核安全法规的要求。在两个停堆系统满足卡棒准则的前提下,第一停堆系统能使反应堆停在冷停堆状态,并保持一定的停堆深度(不小于 $0.93\% \Delta k/k$)。第二停堆系统既能使反应堆停在热停堆状态,并保持一定的停堆深度(不小于 $1.00\% \Delta k/k$),也能使反应堆停在冷停堆状态,但停堆深度较小(不小于 $0.56\% \Delta k/k$)。

6.4 堆内核燃料管理

核电厂的运行成本优于常规电厂,其主要原因在于它的燃料成本相对较低,而核电厂燃料成本的高低又取决于堆芯燃料管理的优劣。通过堆芯核燃料管理,加深燃料的燃耗深度,提高燃料利用率,从而使得核电厂电价降低。

6.4.1 堆芯燃料管理

在堆芯燃料管理中,通过对堆芯内的燃耗及各种限制条件的计算,选定换料程序和装料方案,预估和测量堆芯内各同位素的成分和燃料深度,并确定初始和换装后堆芯内燃料富集度的最佳分布。换料周期和换装料方案必须与控制棒和毒物补偿控制方案共同确定。

燃耗计算是堆芯燃料管理的基本计算手段之一,它能给出燃料的燃耗和各种同位素成分的变化。结合中子扩散计算,能给出堆芯的核特性,即比功率、中子通量密度水平、功率不均匀系数、反应性控制要求等参数随时间的变化,而这些参数正是堆芯燃料管理中所要评价的基本参数。

核燃料的换料方式一般随着核电站的反应堆类型和核燃料的种类不同而有所差异,通常分为不停堆连续换料和停堆换料两种方式。快中子反应堆尽管冷却剂的工作压力不高,但堆芯的环境与外界的环境截然不同,也采用停堆换料方式。

一般地说,换料频率增加时,对于一定的功率输出所需的燃料装载量就减少。然而,这里需要折中,因为堆芯较频繁地换料会导致停堆时间的增加,从而由于停止供电而增加了成本。停堆换料布置基本上分均匀布置和非均匀布置。均匀布置的换料方式又可以分为整批换料和分批换料,具体来说有以下换料方式:①均匀布置,整批换料;②均匀布置,由中心向外缘分批移动装料;③均匀布置,由外缘向中心分批移动装料;④分区布置,分批换料;⑤分散布置,分批换料;⑥低泄漏装料。

6.4.2 钠冷快堆装换料及优化

反应堆的基本设计工况是平衡换料工况,其特点是每次换料所更换的燃料组件数目相同,而且每次换料时间间隔(循环周期)相同。

平衡换料工况下,选择装换料方案要保证:使得燃料的最大燃耗达到设计值,以及保证燃料能达到最大平均燃耗,并且要保证有足够长的循环周期。以下将以 CEFR 为例进行概述。

CEFR 反应堆采用分散布置、分批换料方案。为使卸下的燃料组件的燃耗比较均匀,堆芯燃料组件分为两区:中央区由 54 个燃料组件组成,分三批换料;边缘区由 27 个燃料组件组成,分四批换料。

如果反应堆有三批不同富集度的燃料组件,则装换料可以按照分散布置、分批装料的方案进行。但实际上,为节约成本,往往新料的富集度只有一种成分,即 CEFR 的燃料组件中^{235}U 的富集度只有 64.4%。显然,反应堆的初始装料时,全堆芯的燃料组件中^{235}U 的富集度为 64.4%,此时堆芯的燃料组件装载为 79 盒(平衡态时为 81 盒),见图 6-2,因而在反应堆运行初期,应该采用反应堆燃料组件的特殊换料方案,以便最终能够形成平衡态堆芯工况。

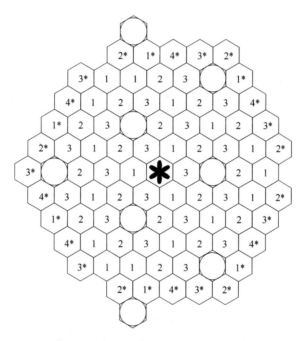

图 6-2　平衡换料工况下每批燃料组件在堆芯中的分布(＊表示边缘区)
1-第一批燃料组件,18 个;2-第二批燃料组件,18 个;3-第三批燃料组件,18 个;
1＊-第一批燃料组件,6 个;2＊-第二批燃料组件,7 个;3＊-第三批燃料组件,7 个;
4＊-第四批燃料组件,7 个;控制棒组件,8 个;中子源组件,1 个。

堆芯装换料的最优化研究是一个较为复杂的课题,它受堆物理、热工、运行和材料辐照等多方面因素的制约,虽然在处理燃料管理这一方面的问题时,常采用凭物理上直觉的主观选择进行尝试再修正的方法,但目前的趋势是力图在堆芯燃料管理内采用直接的最佳化方法(如线性规划法)。反应堆物理计算中要确定反应堆的几何尺寸、燃料的富集度、燃料换料周期、换料布置方式以及有关的控制管理程序。总的来说,堆芯燃料管理希望达到三个目的:

(1) 加深燃料的燃耗深度,以提高燃料的利用率。一般情况下,在分批换料的方案中,通过倒料,使得每个燃料组件在堆芯内的辐照时间至少大于一次循环以加深燃料组件的燃耗。

（2）在整个运行寿期中,使得堆芯的功率分布不匀均系数尽量小,从而有利于输出更多的能量。

（3）延长换料周期,缩短反应堆换料停产的时间,提高核电的经济性。

6.5 快中子反应堆物理启动

根据燃料组件装载和换料计划,堆芯中的燃料组件在不同的运行寿期中需要不断更换。正常运行时,反应堆要经历启动—运行—停闭（换料）这些过程。当反应堆遇到影响核安全的因素时,反应堆将会经历临时停闭以及再启动。因此,反应堆启动可分为首炉装载后的启动、更换燃料组件后反应堆的首次启动和运行过程中停堆后的再启动。本节主要介绍首炉装载后的启动和更换燃料组件后反应堆的首次启动。

在反应堆首次启动时,必须通过大量试验来测定和研究各组成部分的性能,其中关于物理特性方面的试验和研究,称为物理启动试验。反应堆物理启动试验的主要目的是充分了解反应堆的物理性能,掌握反应堆运行中所需的特征参数,从而指导反应堆的安全运行。同时,物理启动试验所取得的数据对于校核理论计算、改进反应堆的设计也是很有价值的。

物理启动是指反应堆的首炉装载或更换燃料组件后反应堆的首次启动,包括首次临界试验、反应堆达到正式运行前的各项试验,以及各种设备的冷、热试验。目的是测定反应堆自身的静态特性参数与运行特性参数。

6.5.1 临界试验

物理启动的首要任务是临界试验,让反应堆安全地达到临界状态。一个处于次临界的反应堆,如反应堆内没有外中子源,则次临界堆内的中子密度 n 将衰减至零。如果此时堆内有一个外中子源,中子密度的变化将是另一种形式:

$$n = \frac{q_0 l_0}{1-k} \tag{6-52}$$

式中,k 为反应堆的有效增殖因数;q_0 为外中子源源强,$\text{s}^{-1} \cdot \text{cm}^{-3}$;$l_0$ 为瞬发中子寿命,s。式（6-52）也称次临界公式,它表示一个次临界堆在外中子源存在的情况下,系统的中子数趋于一个稳定值,该值与该装置的次临界程度有关。实际上,反应堆起着放大中子源的作用。系统越接近临界,即 k 越接近 1,n 就越大。当系统到达临界,$k=1$ 时,中子数无限地增大,也就是中子数的倒数趋于零。

在反应堆启动时,利用上述原理,可以进行外推临界的操作。当改变反应堆的 k 值时,就可以得到一个 n 值,在 $1/n$ 与 k 的坐标上标出两个点,这两个点的连线与 k 坐标的交点就是临界点。对于快中子反应堆和研究堆,可以通过改变燃料组件的数量来实现外推临界的操作。

临界点的选取是核电厂实际运行中的具体问题。从反应堆物理的角度讲,不存在临界点的选取问题。判断反应堆是否临界,最简单最科学的办法就是将堆内的外中子源取出,然后观察堆内中子水平是否能稳定在某一数值上。如果数值稳定不变,则反应堆刚好临界,这说明堆内外中子的产生与损失达到了平衡,可以实现自持链式反应了。如果功率表指示上升,则说明反应堆处于超临界状态,指示上升快表示超临界反应堆周期短,指示上升慢表示周期长,但它毕竟还是超临界。同样,指示下降,则表示反应堆处于次临界状态。

但中子源组件一旦装入 CEFR 堆芯物理启动后,就不再取出。因此,不能用取走外中子源的办法来判断反应堆临界。具体来说,当核仪表中间量程的功率表读数为某一数值时,如果此时超临界有周期,也是含外中子源的周期。中子源的影响必须考虑。所以,人为规定在中间量程功率表指示为某一数值并稳定不动时为临界点。

6.5.2 装料概述

本节将以 CEFR 为例,介绍装料的准备、方法及过程。

装料前,反应堆内已装入反应堆中的所有组件,包括控制棒组件、燃料组件和中子源组件的模拟组件、不锈钢反射层组件和碳化硼屏蔽组件。一回路和反应堆容器中已充钠,由主泵加热,钠温保持在 250℃ 左右。装料过程开始时,首先将一根控制棒模拟组件提出堆芯,随机插入一根控制棒组件,分别依次将 8 根控制棒组件装入堆芯。提出中心中子源模拟组件,插入中子源组件。

目前,反应堆的装料方案有两种,第一种方案适合压水堆和具有大量试验结果的堆型。该种堆型有大量的计算结果和试验数据的比较结果,堆芯的装载布置的计算值比较准确,其装料方法:①将控制毒物全部引入堆芯,控制毒物包括冷却系统中的硼酸、控制棒吸收体和可燃毒物;②将堆芯的燃料组件按要求装满;③用提升控制毒物的方法,使反应堆达到运行状态。第二种装料方案适合研究堆和未取得大量试验结果的反应堆。这种堆芯的装料方案:逐步装入燃料组件,外推到临界状态。

CEFR 采用第二种方案。在设计装料方案时,要确保核反应堆的安全。CEFR 在设计装料方案时,必须满足下列条件:

(1)先装入反应性大的燃料组件,后装入反应性小的燃料组件,即一般先中心位置的燃料组件,后外围位置的燃料组件;

(2)为保证反应堆控制棒有较高的价值,同一环中靠近控制棒周围的燃料组件优先安装;

(3)首批装料组件数不小于理论计算临界装料数的 1/6;

(4)第二批装料装满第二环的 9 盒燃料组件;

(5)装料要尽量对称布置;

(6)尽可能地使探测仪表减少盲区;

(7)为保证外推临界时不会导致反应性事故,遵循每次装料要小于 1/3 原则,即每次装料的燃料数量要小于外推临界装置增量的 1/3;

(8)当 k 值接近 0.99 时,每次外推只允许加一盒燃料组件;$k>0.997$ 时,可向超临界过渡,并根据计数率上升周期计算净推临界质量;

(9)净推临界试验后,在确保安全的前提下,燃料组件数可一次加到运行装载,其他所有试验应在运行装载下进行。

堆芯分批装料由主控制台控制,燃料装料的操作由现场控制室执行。

物理启动中,有两套探测监督系统。一套为安装在人孔中的专为物理启动安装的探测监督系统;另一套为堆内电离室探测监督系统。由于反应堆在初期装料时,次临界度很深,此时,反应堆在稳态时的中子密度也很低,堆内电离室探测监督系统无法探测到中子的计数,只能由更靠近堆芯的安装在人孔中的物理启动专用探测监督系统来检测。当堆芯中装有一定数量的燃料组件,反应堆的次临界不是很深时,堆内电离室探测监督系统开始接收中子的有效计数,可以作为监督系统。

CEFR 反应堆除了在功率运行时由堆内监测系统和堆外监测系统进行监测外,在物理启动过程中,由于堆芯装料逐步增加,为减少装料过程中的盲区,特装入物理启动专用监测系统,以保证装料过程的安全性。

参 考 文 献

[1] 卢希庭. 原子核物理(修订版)[M]. 北京:中国原子能出版社,2001.
[2] 马昌文,徐永辉. 先进核动力反应堆[M]. 北京:中国原子能出版社,2001.
[3] 苏著亭. 钠冷快增殖堆[M]. 北京:中国原子能出版,1991.
[4] 格拉斯登 S,赛桑斯基 A. 核反应堆工程原理[M]. 吕应中,许汉铭,施建中,译. 北京:中国原子能出版社,1986.
[5] 拉马什 J R. 核反应堆理论导论[M]. 洪流,译. 北京:中国原子能出版社,1977.
[6] 杜德斯塔特 J J,汉密尔顿 L J. 核反应堆分析[M]. 吕应中,王大中,奚树人,译. 北京:中国原子能出版社,1980.
[7] 凌备备,阎昌琪. 核反应堆工程原理[M]. 北京:中国原子能出版社,1989.
[8] 谢仲生,吴宏春,张少弘. 核反应堆物理分析[M]. 西安:西安交通大学出版社,北京:中国原子能出版社,2004.
[9] 李泽华. 核反应堆物理[M]. 北京:中国原子能出版社,2010.
[10] 徐銤. 快堆物理基础[M]. 北京:中国原子能出版传媒有限公司,2011.
[11] IAEA. BN-600 Hybrid Core Benchmark Analyses (Phases 1,2 and 3)[R]. 2003,9.
[12] Tuttle R J. Delayed-neutron data for reactor-physis analysis[J]. Nucl. Sci. Eng,1975,56:37- 71.
[13] 黄族洽. 核反应堆动力学基础[M]. 北京:中国原子能出版社,1983.
[14] 李泽华. 应用三维节块法程序计算动态参数[J]. 核科学与工程,1997,(3):276-280.
[15] IAEA. Fast reactor database[R]. IAEA-TECDOC-866,1996. 2.
[16] 谢仲生. 压水堆核电厂堆芯燃料管理计算及优化[M]. 北京:中国原子能出版社,2001.
[17] 郑福裕. 压水堆核电厂运行物理导论[M]. 北京:中国原子能出版社,2009.
[18] 张法邦,吴清泉. 核反应堆运行物理[M]. 北京:中国原子能出版社,2000.
[19] 林诚格. 非能动安全先进核电厂 AP1000[M]. 北京:中国原子能出版社,2008.
[20] 李文埙,李泽华,等. 核材料导论[M]. 北京:化学工业出版社,2007.

第七章 钠冷快堆热工流体力学

快堆热工流体力学主要是研究快堆及其回路系统内冷却剂流动特性和热传输特性以及燃料元件传热特性的一门工程性很强的专业课程,其内容涉及快堆的各种工况,通常分为稳态分析和瞬态分析。稳态分析主要用于快堆的热工设计,通过各种设计方案的比较,协调各种矛盾,以最终确定快堆的结构参数和运行参数。瞬态分析主要用于快堆瞬态过程和事故分析以及安全审查,可以确定快堆在各种事故工况下的安全性,提出所需要的各种安全保护系统和工程安全措施及动作的整定值,制定出合理的运行规程。稳态分析的结果也是瞬态分析的初始条件。

7.1 反应堆内的释热

7.1.1 堆内热源

核燃料裂变时释放出的能量可以分为三类,如表 7-1 所列。第一类是在裂变的瞬间释放出来的,包括裂变碎片动能、裂变中子动能和瞬发 γ 射线,从表中数据可以看出,绝大部分的能量集中在裂变碎片动能;第二类是指在裂变后发生的各种过程中释放出的能量,主要是裂变产物的衰变产生的;第三类是活性区内的燃料、结构材料和冷却剂吸收过剩中子产生的(n,γ)反应而放出的能量。其中第二类能量在停堆后很长一段时间内仍继续释放,因此必须考虑停堆后对元件进行长期的冷却,以及对乏燃料发热的足够重视。

表 7-1 核燃料裂变时释放出来的能量

类 型	来 源	能量/MeV	射 程	释 热 位 置
裂变瞬发	裂变碎片动能	168	极短,<0.025mm	在燃料元件内
	裂变中子动能	5	中	大部分在慢化剂内
	瞬发 γ 射线能量	7	长	堆内各处
裂变缓发	裂变产物衰变 β 射线	7	短,<10mm	大部分燃料元件内,小部分慢化剂内
	裂变产物衰变 γ 射线	6	长	堆内各处
过剩中子引起(n,γ)反应	过剩中子引起的非裂变反应加上(n,γ)反应产物的 β 衰变和 γ 衰变	约 7	有短有长	堆内各处
总计		约 200		

裂变碎片的射程最短,小于 0.025mm,因此可以认为裂变碎片动能都是在燃料芯块内以热能的形式释放出来的。裂变产物的 β 射线的射程也很短,在铀芯块内只有几毫米,其能量大部分也是在燃料芯块内释放出来的。因此,裂变能的绝大部分在燃料元件

内转换为热能,少量在慢化剂内释放,通常燃料元件内热量转换率取97.4%。

不同核素所释放出来的裂变能量是有差异的,一般取$E_f = 200\text{MeV}$。表7-2列出了不同核素的裂变能值。

表7-2 不同核素裂变时的裂变能

核 素	E_f/MeV	核 素	E_f/MeV
^{232}Th	196.2 ± 1.1	^{238}U	208.5 ± 1.1
^{233}U	199.0 ± 1.1	^{239}Pu	210.7 ± 1.2
^{235}U	201.7 ± 0.6	^{241}Pu	213.8 ± 1.0

堆内热源及其分布还与时间有关,新装料、平衡态运行和停堆后都不相同。与堆内释热计算相关的有两个基本概念,即裂变率和核子密度。其中,裂变率 R 指在单位时间(1s)、单位体积(1cm^3)燃料内发生的裂变次数;核子密度是指单位体积内的原子核数。

堆芯体积释热率 q_V 是指单位时间、单位体积内释放的热能的度量,也称为功率密度。体积释热率是指已经转化为热能的能量,并不是在该体积单元内释放出的全部能量,因为有些能量(例如 β 射线能)会在别的地方转化为热能,甚至有的能量根本无法转化为热能加以利用。

均匀化后堆芯内的体积释热率为

$$q_V = F_a E_f R = F_a E_f N_5 \sigma_f \overline{\varphi} \tag{7-1}$$

式中,q_V 为体积释热率,$\text{MeV}/(\text{cm}^3 \cdot \text{s})$;$E_f$ 为每次裂变释热总能量,MeV;F_a 为堆芯释热量占堆总释热量的份额,工程上热堆通常取 97.4%,快堆取 96%;N_5 为 ^{235}U 核子密度,$1/\text{cm}^3$;σ_f 为微观裂变截面,cm^2;$\overline{\varphi}$ 为堆芯平均中子注量率,$1/(\text{cm}^2 \cdot \text{s})$。

这样,根据体积释热率,就可以得到堆芯的总热功率,即

$$P_c = 1.6021 \times 10^{-10} F_a E_f N_5 \sigma_f \overline{\varphi} V_c \tag{7-2}$$

式中,P_c 为堆芯总热功率,kW;V_c 为堆芯体积,m^3。

由于屏蔽层、各种结构件和冷却剂内等处的释热也是反应堆总功率的一部分,因此反应堆总热功率为

$$P_t = \frac{P_c}{F_a} = 1.6021 \times 10^{-10} E_f N_5 \sigma_f \overline{\varphi} V_c \tag{7-3}$$

其中,P_t 的单位为 kW。

堆芯内释热率的分布随着燃耗寿期而改变。在对堆芯作详细的热工分析计算时,堆芯释热率分布随寿期的变化应由物理计算给出,这里只讨论最简单的均匀裸堆的释热率的分布。

对于均匀裸堆,由于燃料在堆芯内均匀分布,可以认为 N_f 和 σ_f 是常数。由式(7-1)可知,堆芯内的体积释热率的分布只取决于中子注量率 φ 的分布。

目前绝大部分的堆都采用圆柱形堆芯,对于圆柱形堆芯的均匀裸堆,热中子注量率分布在高度 z 方向上为余弦分布,半径 r 方向上为零阶贝塞尔函数分布,即有

$$\varphi(r,z) = \varphi_0 J_0\left(\frac{2.405r}{R_e}\right)\cos\left(\frac{\pi z}{L_e}\right) \tag{7-4}$$

式中,$\varphi_0 = \varphi(0,0)$,为堆芯几何中心的热中子注量率,$1/(\mathrm{cm}^2 \cdot \mathrm{s})$;$J_0$为第零类贝塞尔函数;$R_e$为堆芯外推半径;$L_e$为堆芯外推高度。

由此得到均匀裸堆的释热率分布为

$$q_V(r,z) = q_{V,\max} J_0\left(\frac{2.405r}{R_e}\right)\cos\left(\frac{\pi z}{L_e}\right) \tag{7-5}$$

式中,$q_{V,\max}$为堆芯中心的最大体积释热率,$q_{V,\max} = 1.6021 \times 10^{-7} E_f N_5 \sigma_f \varphi(0,0)$,$\mathrm{W/m}^3$。

注意:由此得到的是把全堆芯均匀化之后的结果,若考虑元件棒的不均匀分布,以及裂变能在不同的地方被不同材料吸收,那么对于单根燃料元件和非均匀堆芯释热计算仍然需要进一步的分析。

实际的反应堆燃料元件在不同区的富集度是不同的,而且由于堆芯内有冷却剂和结构材料的存在,燃料更不可能均匀分布。此外,为了更有效地利用中子,所有堆都是有反射层的,因此实际上的均匀裸堆是不存在的。

7.1.2 堆内结构部件和压力容器的释热

燃料包壳、定位格架、控制棒导向管以及燃料组件骨架(或者元件盒)等堆芯结构材料内的释热,几乎都是由堆内的 γ 射线引起的。在估算堆芯构件内 γ 射线的释热时,可以忽略 γ 射线在燃料和包壳内的衰减,因为堆芯内燃料包壳等结构比较细薄。计算时可以使用堆内未经吸收的总 γ 射线作为能源,并利用 γ 射线平均释热率的概念。每次裂变时总 γ 射线能占可回收能量的 10.5%,如果结构材料对 γ 射线的吸收正比于材料的密度,则堆芯某处结构材料的 γ 射线体积释热率可以近似表示为

$$q_{v,r}(r,z) = 0.105 \, q_v(r,z)\frac{\rho}{\rho_{av}} \tag{7-6}$$

式中,$q_{v,r}(r,z)$为在堆芯(r,z)某处结构材料因吸收 γ 射线而引起的体积释热率,$\mathrm{W/m}^3$;$q_v(r,z)$为在均匀化处理后堆芯位置(r,z)上的体积释热率,$\mathrm{W/m}^3$;ρ为某结构材料的密度,$\mathrm{kg/m}^3$;ρ_{av}为堆芯材料的平均密度,$\mathrm{kg/m}^3$。

在反应堆的压力容器、反射层、热屏蔽和控制棒中产生的热量,主要是由构成这些部件的材料吸收 γ 射线而生成的。照射在部件上的 γ 射线能量,并非全部吸收。因此,要研究在部件中产生的热量应该从 γ 射线的能量释放和 γ 射线的能量吸收两个方面着手。

1. γ 射线的来源和能量

γ 射线的来源有三个,即裂变时瞬发的 γ 射线、裂变产物衰变时放出的 γ 射线和中子俘获产物放出的 γ 射线。要计算 γ 射线能量有多少被部件吸收,需要先计算出 γ 射线的总能量以及 γ 光子的能级,因为材料吸收 γ 射线能量份额与 γ 光子的能级有关。

(1)裂变时瞬发的 γ 射线能量。对于 $^{235}\mathrm{U}$ 燃料,每发生一次裂变放出的瞬发 γ 射线能量平均为 5MeV。反应堆每产生 1kW 能量大约需要每秒发生 3.1×10^{13} 次裂变。若反应堆功率为 P_t,则整个反应堆在裂变时瞬发 γ 射线的总能量为

$$E_{\gamma1} = 5 \times 3.1 \times 10^{13} P_t \tag{7-7}$$

(2)裂变产物衰变时放出的 γ 射线能量。每次裂变的裂变产物在衰变时约放出 6MeV 的 γ 射线能量,所以这个反应堆的裂变产物放出的 γ 射线能量为

$$E_{\gamma2} = 6 \times 3.1 \times 10^{13} P_t \tag{7-8}$$

（3）中子俘获产物放出的 γ 射线能量。假如堆芯中共有 I 类材料，且已知某材料 i 在每次裂变时俘获中子的数目为 n，每俘获一个中子后放出的 γ 射线能量为 $E_{\gamma,i}$，则中子俘获产物放出的 γ 射线能量为

$$E_{\gamma3} = 4.96 \times 10^{-3} P_t \sum_{i=1}^{I} (E_{\gamma,i} \cdot n_i) \tag{7-9}$$

因此，反应堆放出的全部 γ 射线能量为

$$E_{\gamma} = E_{\gamma1} + E_{\gamma2} + E_{\gamma3} \tag{7-10}$$

2. 部件吸收的 γ 射线能量

γ 射线照射在压力容器等部件上，只有部分被吸收，其余部分或是被穿透或是被反射，压力壳、热屏蔽层和反射层的圆筒部分对 γ 射线能量的吸收可以近似按平板处理。假设在平板的一侧放置一个单能的 γ 射线源，源强为 I_0。射线进入平板，经历了距离 x 后，强度变为 $I(x)$。当初级辐射与物质作用时，可以产生各种强度的次级辐射，考虑存在各种源强的 γ 射线后，一般表达式为

$$I(x) = (1+B) I_0 \mu_{\gamma} \exp(-\mu_{\gamma} x) \tag{7-11}$$

式中，B 为经验积累因子，它的计算可以参考有关屏蔽计算的文献；μ_{γ} 为材料的能量吸收系数，cm^{-1}。

γ 射线在 x 处 dx 距离内的衰减部分 $dI(x)$ 全部转化为热能，因此在 x 处，γ 射线引起的体积释热率为

$$q_{v,s}(x) = -\frac{dI(x)}{dx} = (1+B) I_0 \mu_{\gamma} \exp(-\mu_{\gamma} x) \tag{7-12}$$

或

$$q_{v,s}(x) = 1.6 \times 10^{-10} (1+B) I_0 \mu_{\gamma} \exp(-\mu_{\gamma} x) \tag{7-13}$$

材料对单能 γ 光子的吸收主要由三个过程来完成：光电吸收、康普顿散射和生成正负电子对。能量吸收系数 μ_{γ} 是这三种能量吸收系数的总和，是光子能量的函数。

若 γ 射线是由几种能量不同的光子组成，则材料的体积释热率应该等于根据各个单能光子计算的释热率的总和，即

$$q_{v,s}(x) = 1.6 \times 10^{-10} \sum_i (1+B) I_0 \mu_{\gamma} \exp(-\mu_{\gamma} x) \tag{7-14}$$

从式（7-14）中可以看出，在压力壳、反射层和热屏蔽等堆内部件中热源的强度可以粗略认为是按照指数衰减的规律分布的。

7.1.3 停堆后的释热

在反应堆停堆后，由于缓发中子在一段时间内还会引起裂变，而且裂变产物和辐射俘获产物还会在很长的时间内衰变，因而堆芯仍有一定的释热率，这种现象称为停堆后的释热，与此相应的功率称为剩余功率。

一般而言，反应堆停堆后的剩余功率主要由以下三部分组成。

1. 中子引起的剩余功率

在停堆后非常短的时间（少于 10^{-1} s）内，剩余中子功率主要是瞬发中子引起裂变的作用。在这种情况下，若设控制棒下插前中子注量率为 $\varphi(0)$，在时间 t 之后中子注量率为 $\varphi(t)$，则有

$$\varphi(t) = \varphi(0) \exp\left[\frac{(k_{有效}-1)t}{l}\right] \tag{7-15}$$

式中, l 为瞬发中子的平均寿命,量级为 $10^{-3}\mathrm{s}$。

根据 $\varphi(t)$ 可以计算释热率 q_v。

当停堆后的时间 t 较长时,必须考虑各组缓发中子对剩余中子功率的影响。对于较小的反应性变化,可以近似地用单群来表示所有的缓发中子,即取单群衰变常数 λ 等于 6 群缓发中子衰变常数的权重平均值:

$$\lambda = \left(\sum_{i=1}^{6}\frac{\beta_i}{\lambda_i}\right)^{-1} \tag{7-16}$$

在这种情况下,可以采用下式计算中子注量率:

$$\varphi(t) = \varphi(0)\left[\frac{\beta}{\beta-\rho}\exp\frac{\lambda\rho t}{\beta-\rho} - \frac{\rho}{\beta-\rho}\exp\left(-\frac{(\beta-\rho)t}{l}\right)\right] \tag{7-17}$$

式中: β 为缓发中子的总份额; β_i 为第 i 群缓发中子的份额; λ_i 为第 i 群缓发中子的衰变常数; λ 为 6 群缓发中子权重平均衰变常数; ρ 为反应性,包括控制棒插入引入的反应性和反馈反应性; t 为时间; l 为瞬发中子的平均寿命。

式(7-17)只有在 $(\beta-\rho)$ 为正时才是可用的。从式中可以看出,因为 l 的量级为 $10^{-3}\mathrm{s}$, λ 近似为 $0.08\mathrm{s}^{-1}$,在停堆时,瞬发中子引起的中子注量率变化部分,即式中右边第二项,随时间下降得比第一项快。所以,在停堆较长时间后,堆功率的大小主要由第一项即缓发中子所决定。

若时间 t 较长且反应性变化比较大,要分别考虑 6 群缓发中子的作用。若负反应性大于 β,堆功率下降的速度将由最慢一群缓发中子的寿命来决定,在此情况下,反应堆功率稳定下降的周期约为 $80\mathrm{s}$。

2. 裂变产物衰变热

随着剩余裂变功率的逐渐下降,裂变产物的放射性衰变热便成为剩余功率的主要部分。一般而言,裂变产物的衰变功率与停堆前裂变产物的总产额以及这些产物在反应堆停堆后的衰变程度有关。前者取决于堆的初始功率 P_0 并与此功率下的运行时间 t_0 有关。

目前所采用的计算衰变热的方法可以分为两大类。一类是根据裂变产物的种类及其放出的射线能谱编制成计算程序来计算衰变热,这类方法的计算结果与实际测量值比较符合。另一类方法是把所有裂变产物看成一个整体,根据实测的结果整理成简单的经验公式。

3. 中子俘获产物的衰变热

在低浓铀热中子堆中,燃料内含有大量的 $^{238}\mathrm{U}$,其中子俘获产物 $^{239}\mathrm{U}$ 和 $^{239}\mathrm{Np}$ 的放射性衰变热可以分别用以下两式计算:

$$\frac{P_U(t)}{P_0} = 2.28\times10^{-3}C\left(\frac{\sigma_a}{\sigma_f}\right)\left[1-\exp(-4.91\times10^{-4}t_0)\right]\cdot\exp(-4.91\times10^{-4}t) \tag{7-18}$$

$$\frac{P_{Np}(t)}{P_0} = 2.17\times10^{-3}C\left(\frac{\sigma_a}{\sigma_f}\right)\{\left[1-\exp(-3.41\times10^{-6}t_0)\right]\cdot\exp(-3.41\times10^{-6}t)-7.0$$

$$\times10^{-3}\left[1-\exp(-4.91\times10^{-4}t_0)\right]\cdot\exp(-4.91\times10^{-4}t)\} \tag{7-19}$$

式中，$P(t)$ 为停堆后 t 时的衰变功率；P_0 为停堆前反应堆运行功率；t 为停堆后的时间，s；t_0 为停堆前以 P_0 功率稳定运行的时间，s；$\overline{\sigma_f}$ 为 ^{235}U 的平均裂变截面，b；$\overline{\sigma_a}$ 为 ^{235}U 的平均吸收截面，b。

需要说明的是，在停堆后的极短时间内（0.1s）瞬发中子引发的裂变功率是剩余功率的主要贡献；在停堆后 1~30s 内缓发中子引起的裂变功率是剩余功率的主要贡献；停堆 1min 以后裂变产物和俘获产物的衰变功率是剩余功率的主要贡献，该衰变功率随时间近似按指数规律衰减。

此外，控制棒材料的俘获产物也产生衰变热，但其值与使用的材料性质有关，例如银－铟－镉的衰变热比硼不锈钢的大，但是比上述 ^{238}U 俘获产物的衰变热则小得多。堆内结构材料的俘获衰变热就更小了，因此，在计算剩余功率时可以不予考虑。

从以上分析可以看出，反应堆在刚停堆时，还有较大的剩余功率，如果不能及时导出余热，将会发生严重的事故，因此，停堆后的冷却是非常重要的。在动力堆中，对于停堆后的冷却一般采用多种措施，将反应堆堆芯的余热及时排出，以确保反应堆的安全。这些措施包括：通过主冷却系统排出余热；增加主循环泵的转动惯量；依靠自然循环来冷却堆芯。

7.2 反应堆内的传热

7.2.1 反应堆内热量的传输过程

将反应堆堆芯内燃料芯块释放的热量传输到反应堆外，依次要经过燃料元件的导热、包壳外表面与冷却剂之间的对流换热和冷却剂的输热三个过程。

1. 燃料元件的导热

燃料元件的导热是指燃料芯块内核反应所产生的热量通过燃料元件内部的热传导（包括燃料、间隙和包壳的热传导）传到燃料元件包壳外表面的过程（图 7-1）。它是一种有内热源（在燃料芯块内）或者无内热源（间隙和包壳内）的导热问题，遵守傅里叶定律。通过对固体内的导热微分方程进行积分变换可得

$$T(r) = \frac{q_v}{4k}(R_u^2 - r^2) + T_u \tag{7-20}$$

式中，$T(r)$ 为燃料元件内温度分布。

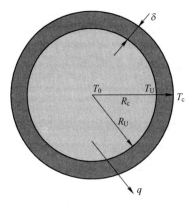

图 7-1　棒状燃料元件包壳和间隙尺寸示意图

对于燃料元件芯块外面的包壳,类似于平板,可以不考虑包壳内的发热,因此,包壳内是无内热源的一维环形构件导热问题。经过推导计算可得包壳外表面温度为

$$T_c = T_u - \frac{q_1}{2\pi k_c} \ln \frac{R_c}{R_u} \qquad (7-21)$$

式中,k_c 为包壳的热导率,由于包壳导热性能良好,k_c 通常取包壳平均温度下的值。由此可知,包壳的温度分布不是线性分布,而是对数分布。

2. 包壳外表面与冷却剂之间的传热

包壳外表面与冷却剂之间的传热是指通过单相对流、热辐射或者沸腾等传热模式把热量从包壳外表面传递到冷却剂的过程。在快堆中,主要的传热过程是单相对流换热。

在该过程中,除了存在流体的导热之外,起主要作用的是由流体位移所产生的对流换热。此外,流体的物理性质和流道几何也对单相对流换热有重要的影响。单相对流换热可分为强迫对流换热以及自然对流、层流和湍流传热。通常用牛顿冷却定律来描述单相对流换热:

$$q = h(T_c - T_f) \qquad (7-22)$$

式中,q 为热流密度,W/m^2;T_c 为包壳的外表面温度,$℃$;T_f 为流通截面上冷却剂的主流温度,$℃$;h 为对流换热系数,$W/(m^2 \cdot K)$ 或 $W/(m^2 \cdot ℃)$。

3. 冷却剂的输热

冷却剂的输热是指冷却剂流过堆芯时,把燃料元件传给冷却剂的热量以热焓的形式载出反应堆外的过程,它用冷却剂的热能守恒方程来描述。如果输送到堆外的总热功率为 P_t,所需的冷却剂的流量为 m,则冷却剂满足下列热平衡方程:

$$P_t = m(h_{out} - h_{in}) = m \overline{c_p}(T_{f,out} - T_{f,in}) \qquad (7-23)$$

式中,P_t 为反应堆输出的总热功率;h_{out},h_{in} 分别为反应堆出、入口冷却剂的比焓,J/kg;$T_{f,out}$,$T_{f,in}$ 分别为反应堆出、入口冷却剂的温度,$℃$;$\overline{c_p}$ 为反应堆冷却剂的平均比定压热容,$J/(kg \cdot K)$ 或 $J/(kg \cdot ℃)$。

7.2.2　燃料棒及冷却剂的轴向温度分布

在反应堆中,燃料元件及其冷却剂的轴向温度分布取决于元件内的中子注量率 φ 或者体积释热率 q_v 的分布。然而,由于存在核和工程方面的各种因素的影响,堆芯和元件内的 φ 或者 q_v 沿轴向的分布是非常复杂的,所以在进行分析之前,需作简单的处理,并作出如下假设:

(1) 在快堆的燃料组件中,都是闭式通道流动,不考虑各元件间的横向搅混;

(2) 所讨论的堆芯为一个无干扰的圆柱形堆芯,即堆芯及燃料元件内的中子注量率 φ 或者体积释热率 q_v 沿轴向为余弦分布,如图 7-2 所示。图中,堆芯高度为 L,堆芯的外推高度为 L_e,在坐标原点($z=0$)处,每根燃料元件对应其原点处有最大的中子注量率和体积释热率,在 $z = \pm L_e/2$ 降为零,即

$$\varphi(r,z) = \varphi(r,0) \cos \frac{\pi z}{L_e} \qquad (7-24)$$

$$q_v(r,z) = q_v(r,0) \cos \frac{\pi z}{L_e} \qquad (7-25)$$

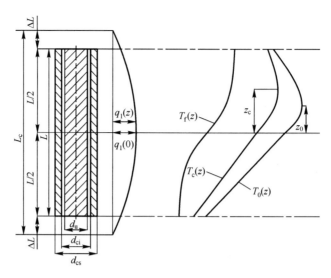

图 7-2　燃料元件及其冷却剂的轴向温度分布

（3）燃料、包壳材料和冷却剂热物性及对流传热系数沿冷却剂通道长度方向均为常数，并与 z 无关。

（4）忽略元件的轴向和轴向导热。

1. 燃料芯体温度的轴向分布

（1）燃料元件芯体中心温度 T_0 的轴向分布。在燃料元件高度上可任取微元段 $\mathrm{d}z$，稳态时 $\mathrm{d}z$ 段燃料内的释热率经燃料芯块和包壳导出并传给周围冷却剂，其轴向任一点的传热方程为

$$Q(z)=q_{\mathrm{v,c}}A_{\mathrm{u}}\cos\frac{\pi z}{L_0}=\frac{T_0(z)-T_{\mathrm{f}}(z)}{\dfrac{1}{4\pi k_{\mathrm{u}}}+\dfrac{\ln\left(1+\dfrac{\delta_{\mathrm{c}}}{r_{\mathrm{u}}}\right)}{2\pi k_{\mathrm{c}}}+\dfrac{1}{2\pi(r_{\mathrm{u}}+\delta_{\mathrm{c}})h_{\mathrm{f}}}} \qquad (7-26)$$

经简化后有

$$T_0(z)-T_{\mathrm{f}}(z)=\left[\dfrac{1}{4\pi k_{\mathrm{u}}}+\dfrac{\ln\left(1+\dfrac{\delta_{\mathrm{c}}}{r_{\mathrm{u}}}\right)}{2\pi k_{\mathrm{c}}}+\dfrac{1}{2\pi(r_{\mathrm{u}}+\delta_{\mathrm{c}})h_{\mathrm{f}}}\right]q_{\mathrm{v,c}}A_{\mathrm{u}}\cos\frac{\pi z}{L_0} \qquad (7-27)$$

式中，$T_{\mathrm{f}}(z)$ 为 z 处的冷却剂的温度，K。

从式（7-27）可以看出，温差 $T_0(z)-T_{\mathrm{f}}(z)$ 是 z 的余弦函数，燃料元件任意点的中心温度 $T_0(z)$ 等于对应点冷却剂的温度 $T_{\mathrm{f}}(z)$ 加上温差 $[T_0(z)-T_{\mathrm{f}}(z)]$，则

$$T_0(z)=T_{\mathrm{in}}+\frac{q_{\mathrm{v,c}}A_{\mathrm{u}}L_0}{\pi c_{\mathrm{p}}m}\left(\sin\frac{\pi z}{L_0}+\sin\frac{\pi L}{2L_0}\right)+\left[\dfrac{1}{4\pi k_{\mathrm{u}}}+\dfrac{\ln\left(1+\dfrac{\delta_{\mathrm{c}}}{r_{\mathrm{u}}}\right)}{2\pi k_{\mathrm{c}}}+\dfrac{1}{2\pi(r_{\mathrm{u}}+\delta_{\mathrm{c}})h_{\mathrm{f}}}\right]q_{\mathrm{v,c}}A_{\mathrm{u}}\cos\frac{\pi z}{L_0}$$

$$(7-28)$$

（2）燃料中心最高温度为 $T_{0,\max}$。$T_{0,\max}$ 的计算公式为

$$T_{0,\max} = T_{in} + \frac{q_{v,c}A_u L_0}{\pi c_p m}\sin\frac{\pi L}{2L_0} + \sqrt{\left(\frac{q_{v,c}A_u L_0}{\pi c_p m}\right)^2 + \left\{q_{v,c}A_u\left[\frac{1}{4\pi k_u} + \frac{\ln\left(1+\dfrac{\delta_c}{r_u}\right)}{2\pi k_c} + \frac{1}{2\pi(r_u+\delta_c)h_f}\right]\right\}^2}$$

(7-29)

燃料中心最高温度所在的位置 z_0 为

$$z_0 = \frac{L_0}{\pi}\arctan\frac{L_0}{mc_p\left[\dfrac{1}{4k_u} + \dfrac{\ln\left(1+\dfrac{\delta_c}{r_u}\right)}{2k_c} + \dfrac{1}{2(r_u+\delta_c)h_f}\right]}$$

(7-30)

2. 包壳表面温度的轴向分布

同样,根据热量平衡关系,燃料元件微元段 dz 所释放出的热量等于 dz 段包壳表面传给冷却剂的热量,因而有如下关系:

$$q_v(z)A_u dz = q(z)P_h dz = h_f P_h dz(T_c - T_f)_s \tag{7-31}$$

由此可以得包壳表面的轴向温度分布为

$$T_c(z) = T_{in} + \frac{4L_0 q_c}{\pi D_e G c_p}\left(\sin\frac{\pi z}{L_0} + \sin\frac{\pi L}{2L_0}\right) + \frac{q_c}{h_f}\cos\frac{\pi z}{L_0} \tag{7-32}$$

将 $T_c(z)$ 的轴向分布也表示于图 7-2 中。从图中可以看出,包壳的表面温度 $T_c(z)$ 等于相应点温度 $T_f(z)$ 加上该点的膜温压 $[T_c(z) - T_f(z)]$。由于 $T_f(z)$ 是 z 的正弦函数,而 $[T_c(z) - T_f(z)]$ 是 z 的余弦函数,因而两者之和有如下规律。

燃料元件下半段($z<0$)的 $T_f(z)$ 和 $[T_c(z) - T_f(z)]$ 均随着 z 的增加而增加,因而 $T_s(z)$ 也随着 z 的增加而升高;在 $z=0$ 处,$[T_c(z) - T_f(z)]$ 达到最大值,过了中点,$[T_c(z) - T_f(z)]$ 下降,但 $T_f(z)$ 仍然上升,且在 $z>0$ 的某区域 $T_f(z)$ 的增加速率超过 $[T_c(z) - T_f(z)]$ 的下降速率,故 $T_f(z)$ 在该区域内仍随着 z 而增加,但增加速率逐渐变小(曲线变平坦)。再向上,由于冷却剂的温升速率变慢(因进入低注量率区),而膜温压 $[T_c(z) - T_f(z)]$ 的下降速率加快,因而在 $z>0$ 的某点上达到最大值,所以在此点以后 $T_c(z)$ 将逐渐下降。而燃料包壳表面的最高温度的位置 z_c 经过计算可得

$$z_c = \frac{L_0}{\pi}\arctan\frac{h_f 4L_0}{\pi D_e G c_p} \tag{7-33}$$

且

$$T_{c,\max}(z) = T_{in} + \frac{q_{v,c}A_u L_0}{\pi c_p m}\sin\frac{\pi L}{2L_0} + \sqrt{\left(\frac{q_{v,c}A_u L_0}{\pi c_p m}\right)^2 + \left[\frac{q_{v,c}A_u}{2\pi(r_u+\delta_c)h_f}\right]^2} \tag{7-34}$$

3. 冷却剂温度的轴向分布

考虑由堆芯径向位置 R 处的一根燃料棒及其周围冷却剂构成的冷却剂通道,认为冷却剂由入口流到堆芯某一高度 z 处吸收的热量可以由下式给出:

$$G\Delta h = \frac{P_h}{A}\int_{-\frac{L}{2}}^{z} q(z)\,dz \tag{7-35}$$

式中,G 为冷却剂的质量流速,$kg/(m^2 \cdot s)$;Δh 为从堆芯入口到 z 处的冷却剂焓升,J/kg;P_h 为通道的加热周长,即通道内流体的浸润周长,m;A 为流道的横截面积,m^2;$q(z)$ 为在

轴向位置处加热面的平均热流密度，W/m^2。

在不考虑相变的情况下，式(7-35)可以进一步写成如下形式：

$$c_p(T_f(z) - T_{in}) = \frac{4}{D_e G} \int_{-\frac{L}{2}}^{z} q(z) \, dz \qquad (7-36)$$

式中，c_p为比定压热容，$J/(kg \cdot K)$；$T_f(z)$为z处的冷却剂温度，K；T_{in}为通道入口处的冷却剂温度，K。

考虑到堆芯沿轴向z处的燃料元件热流密度的分布，可以得到

$$q_v(z) = q_c \cos \frac{\pi z}{L_0} \qquad (7-37)$$

式中，q_c为$z=0$处的最大热流密度。

由此可得，冷却剂的轴向温度分布为

$$T_f(z) = T_{in} + \frac{4L_0 q_c}{\pi D_e G c_p} \left(\sin \frac{\pi z}{L_0} + \sin \frac{\pi L}{2L_0} \right) \qquad (7-38)$$

当$z=L/2$时，由上式计算得出的冷却剂出口温度为

$$T_{out} = T_{in} + \frac{4L_0 q_c}{\pi D_e G c_p} \qquad (7-39)$$

从式(7-39)可以看出，冷却剂温度$T_f(z)$是z的正弦函数，一直沿元件轴向增加，在堆芯出口处达到最大值。其增加速率dT_f/dz是z的余弦函数，在$z=0$处，冷却剂T_f变化速率最大，在堆芯上下两端其变化速率逐渐减小。冷却剂温度$T_f(z)$沿轴向的变化规律也示于图7-2上。

7.2.3 钠池空间内的传热

对池式快堆而言，钠池内的传热过程分析同堆芯棒束元件的传热分析有所不同，原因为钠池结构和部件布置的复杂性决定了不能使用简单的方法得到分析解，也不能用实验方法得到适用的经验公式，而必须利用数值方法进行求解。

1. 稳态工况下的传热过程

为更好地描述钠池内的传热过程，本节以CEFR为例分析额定功率下钠池内复杂的热工水力行为。

CEFR采用池式结构，其热传输系统由一次钠系统、二次钠系统和蒸汽系统组成。采用二次钠系统是为了防止一次系统中的放射性钠（主要是半衰期为15h的^{24}Na）与蒸汽发生器中的水发生可能的直接接触。在热传输系统的布置中，换热部件的相对轴向高度是一个重要问题。对一回路和二回路的主要热部件，必须将沿流动循环的后一个部件的热中心布置得高于前面一个，其目的是为钠的自然循环创造条件，以便在泵失效的情况下可以通过自然循环将堆芯内的热量带走。对于钠池内一次钠主热传输系统而言，其中的主要部件包括一次泵、中间热交换机、事故热交换器及堆内重要的屏蔽结构和支撑结构。

CEFR的堆容器是由不锈钢制成的巨大容器，其内径为7.96m，壁厚25mm，高12m。在主容器内部，通过隔板将容器内部的空间分成两个部分：上半部的热池和下半部的冷池。从堆芯出来的热钠先到上半部，在额定运行工况下温度为530℃，故该部分称为

热池;热钠再经中间热交换器冷却后流至下半部分,温度变为360℃,故该部分称为冷池。

热钠池的范围如下:轴向方向,从堆芯组件和堆芯支撑环腔上板的隔热层以上到钠的自由液面;径向方向,在主容器的隔热层内表面以内整个范围。生物屏蔽支承桶把热钠池在径向分为两部分,支承桶以内为热钠池的内区,主要设备和部件有堆芯测量柱、旋塞屏蔽层、堆芯隔板和屏蔽柱。屏蔽柱有4排,在堆芯隔板和挡板之间,为实圆柱,直径为165mm,中心距为185mm,正三角形排列。支承桶和主容器隔热层之间的部分构成热钠池的外区,在外区内主要设备和部件有2台一次钠泵、4台中间热交换器、2台事故热交换器、1个斜孔道(燃料操作用)。支承桶对着每台中间热交换器开有12个400mm×600mm的长方形孔,开孔分上中下3排,每排4个。

在热钠池的堆芯出口区域,由于每个流量区内的组件出口温度和流速均有差异,因而在此区域和热钠池内会形成强烈的交混。从流动分布上看,最大流速在堆芯出口处,为1.243m/s。从堆芯第一和第二分区出来的钠流体,由于受到中心测量柱的阻挡,沿着中心测量柱向上流动,一直到达液面,然后通过生物屏蔽支撑筒的入口窗,最终流向中间热交换器的入口处。从堆芯第三分区出来的钠流体,由于流速较低,所以受到第二分区中较高流速的影响,在屏蔽柱以内的热钠池区域会发生较大范围的搅混,产生一个流动涡,其中在热钠池上部,热钠横流穿过生物屏蔽支撑柱的部分,用多孔介质来模拟,可以明显看到流体在池内的横向流动情况。

对热钠池内区的温度分布,可以看到在不同区域,有着较大的温度差异。最高温度为堆芯出口温度,第一和第二分区的平均温度为540℃,第三区的温度较低,约为430℃。堆芯出来的钠,经过搅混后在没有经过12个入口窗前的热钠池的平均温度约为528℃,温度的分布较为均匀,而位于−6.4m隔板以上的热池外区钠温有着自下而上的温度梯度,其中中间热交换器的入口温度为522℃,而在接近底部的最低温度仅有480℃。同时,也可以看到,在同一高度上,受不同钠池内部件的影响,热钠池也有较大的温差。

总体而言,稳态工况下钠池内的传热基本上以大空间内的对流换热为主,由于存在流体和固体之间强烈的耦合传热,所以,整体上钠池内的流动和传热比较复杂,要想非常准确地模拟流体和各部件之间的传热目前还较为困难。

2. 瞬态下的热分层现象

对于瞬态工况而言,主要关注钠冷快堆热分层现象的瞬变过程。

在紧急停堆工况下,反应堆的功率很快下降,同时冷却剂的流量也会快速衰减。由于堆功率的下降速率远大于流体流量的下降速度,所以,堆芯的出口温度随时间很快降低。这样,从堆芯出来的低温流体以较低的速度流入上腔室(即热钠池)。由于停堆后过渡过程开始阶段堆芯出口钠温低,流入上腔室的冷流体保持在较低的位置,而上腔室上部的流体温度仍然较高。这样,随着时间的推移,便会在钠池上部形成池式快堆特有的热分层现象。热分层现象出现后,由于上腔室底部存在大量的冷钠(相对而言),将延缓一回路自然循环的建立。同时,位于堆芯上部的冷钠还会降低自然循环的流量,这对事故停堆后堆芯的冷却是非常不利的。另外,在上腔室的轴向方向上形成分层界面,在界面附近有明显的温度梯度。随着停堆时间的延长,分层界面逐渐向上发展,并最终在堆内的某一位置形成稳定的状态。从设备结构的完整性分析角度,快堆热分层现象的出现对堆容器和部分堆内部件在结构内部形成局部的热应力。因此,设计人员在设计时要考虑这些不利因素的影响,并留下足够的安全裕度。

7.3 稳态流体力学

核反应堆内的释热通常由流体带出堆外,而热量从堆内输出的速率以及作用在堆芯和堆内构件上的作用力与系统的流动特性有很大关系。因此,在反应堆热工设计中,不仅要了解堆内热量的产生和输出,还必须研究堆内冷却剂流动的流体动力学问题。

7.3.1 一回路流动压降和主循环泵功率

以池式钠冷快堆为例,其一回路系统都在堆容器内,是一个开式的回路,但冷却剂的循环是封闭的。为完成热量的传递,不管是压水堆的封闭式回路,还是钠冷快堆的开放式回路,都是由若干个设备及连接它们的管道组合而成。CEFR 冷却堆芯的主冷却流道流程为:经过堆芯加热后的冷却剂钠,从热钠池内流过屏蔽柱后达到中间热交换器上方进口,在中间热交换器内完成热量交换后,从下部出口流入冷钠池,然后由冷钠池内被吸入泵进口。钠循环泵从主钠池的冷钠池吸钠,经一回路压力管道将钠送入栅板联箱,冷却燃料组件后流出堆芯进入热钠池,如此完成整个一回路的主流量传输。在此回路中,钠循环泵是主要的强迫循环驱动力。

冷却剂流经每个设备或每段管道时都会产生压降,在进行反应堆热工水力分析时,必须求出冷却剂在一回路系统内循环流动的总压降 Δp_t。计算时首先根据不同情况将整个回路分为若干区域,计算出每个区域内各项压降之和,然后再将各区域压降相加即得到整个回路总压降。由于在稳态情况下封闭回路中各区段加速压降之和为零,因此,整个回路总压降为

$$\Delta p_t = \sum_i \left(\Delta p_E + \Delta p_F + \Delta p_S \right) \tag{7-40}$$

式中,Δp_E、Δp_F 和 Δp_S 分别为提升压降、摩擦压降和形阻压降。

为了使流体在回路中稳定地流动,必须有克服摩擦压降和形阻压降的推动力。如果这种推动力由泵或鼓风机提供,这样的流动称为强制循环流动。设泵所提供的驱动压头(若转换为水柱的高度则称为泵的扬程)为 Δp_p,整个回路的总压降为 Δp_t,则在强制循环流动中有

$$\Delta p_p = \Delta p_t \tag{7-41}$$

泵的驱动压头也是流量的函数,即 $\Delta p_p = f(W)$。对于一定型号的泵,该函数是已知的。

若根据工程需要决定了流量,选定了各分段的流速,则可计算出各分段的管道直径,并由式(7-41)求得 Δp_p,然后以此作为泵所需的驱动压头选择泵的型号或作为泵的设计依据。而泵消耗的功率可由下式计算:

$$p_p = \frac{1}{\eta} \frac{W}{\rho} \Delta p_t = \frac{k}{2\eta A^2 \rho^2} W^3 \tag{7-42}$$

式中，Δp_t 为整个回路的总压降；k 为总压降系数；A 为泵出口的流通面积；W 为流体的质量流量；ρ 为流体的密度；η 为泵的总效率，一般取 $\eta \approx 0.7$。

若选定了泵，则可由式(7-42)应用迭代法或图解法求出循环流量。如果用作图法，则 Δp_t-W 曲线的交点所对应的流量 W 即为所求流量。

在选择回路的流速时，应注意综合平衡。在相同的总流量下，如流速较大，则管道直径可较小，固定投资减少，而且堆芯内较大的流速可以强化传热。但从式(7-42)可见，因为泵的功率近似与流速的三次方成正比，流速过高会使泵耗功增大，且高流速可能会使所流经的设备或管道发生振动而造成损伤，并增大侵蚀。对于钠冷快堆，在堆芯中流速一般为 $4 \sim 5m/s$；在回路的管道中一般为 $2m/s$ 左右。

若回路中流体的循环流动是依靠回路中流体本身的密度差所产生的驱动压头作为推动力，这样的流动称为自然循环流动。在自然循环中，由于泵的驱动压头 $\Delta p_p = 0$，于是由式(7-40)可得

$$-\sum_i \Delta p_{Ei} = \sum_i \Delta p_{Fi} + \sum_i \Delta p_{Si} \qquad (7-43)$$

在这种情况下，只要冷却剂仍传输一定热功率，则由于回路中冷热段的流体密度不同，流体仍能在回路中循环流动，这时的流量称为自然循环流量。

一般来说，自然循环水力计算的目的是对于一个具体回路，在给定的堆芯热功率和堆芯平均温度条件下，求解自然循环流量 W。但并非所有满足 $\Delta p_t = 0$ 的 W 都能满足反应堆热工设计准则的要求，是否满足需通过传热计算才能确定。如果不满足热工设计准则的要求，必须调整热工参数（例如温度），修改堆芯结构或装置的布置，再一次计算自然循环流量，进行传热计算验证。这样反复多次，直至所算的自然循环流量对于给定的热功率能满足热工设计准则为止。此时依靠自然循环流量所传输的热功率占堆的额定热功率的百分率称为自然循环能力。即使对强制循环反应堆，通常也需确定它的自然循环能力，以便判定在主泵断电事故下能否有效带出堆芯内产生的剩余裂变和衰变热。主冷却剂系统的自然循环能力是评价反应堆安全性的一项指标。

自然循环流量通常应用差分法或图解法求得。如果用差分法，则首先将回路中流体的上升段和下降段都分成若干段，例如分为 N 段，设每段高度为 Δz，第 i 段的流体平均密度为 ρ_i，则式(7-43)可写成

$$\sum_{i=1}^{N} \bar{\rho}_l g \Delta z - \sum_{i=N+1}^{2N} \bar{\rho}_l g \Delta z = \sum_{i=1}^{2N} C_{fi} \frac{\bar{\rho}_l v_i^2}{2} \qquad (7-44)$$

式中，C_{fi} 为第 i 段总阻力损失系数；v_i 为第 i 段流体的平均流速；g 为重力加速度。

式中左端两相提升压降的绝对值之差即为回路的驱动压头。计算时可先假设一个流量，然后根据释热量求出相应的密度，由方程(7-44)计算出流量。经过若干次反复迭代计算，直至假设的流量与计算出的流量两者之差小于某一控制误差值为止。

7.3.2　堆芯冷却剂流量分配

在一个流动系统中，若各支通道具有共同的出入口，这样的构成称为并联通道。轻水堆和钠冷快堆的堆芯都是由大量平行的冷却剂通道组成的并联通道，反应堆内的上、下腔室就是这些平行通道的共同出入口。若各通道间的流体没有质量、动量和热量的迁

移,则此类通道称为闭式通道,反之则称为开式通道。但通道的分类实际上是依照计算模型划分的。例如,若把带盒的燃料组件看做是一个通道,则整个堆芯就是一组闭式并联通道;无盒燃料组件构成的通道,或一个组件中燃料棒束构成的通道,它们和相邻通道之间的流体可能会发生混合或者交混,在热工设计时需要考虑这些通道之间的质量、动量和热量的迁移,则这些并联通道就是开式通道;如果开式通道之间的迁移量为零,则仍可按闭式通道处理。

冷却剂流入堆芯时各通道的流量分配可能是不均匀的,其原因随反应堆类型和流道结构而不同。对于钠冷快堆而言,主要有以下三方面的原因:①各通道的入口压力不同;②各通道截面的几何形状、大小可能不同;③各燃料组件或同一燃料组件中各燃料元件的释热率不同,从而使各通道中冷却剂温度、密度也各不相同。

冷却剂总流量可以根据反应堆总热功率求得,但要对各冷却剂通道内流量分配进行计算,比较可靠的方法是根据相似理论,通过对整个流动系统作水力模拟实验,直接测量流量分布。而更准确的数据甚至需在反应堆建成后进行堆内实测才能得到。下面以钠冷快堆为例,具体讨论闭式通道的流量分配计算方法。

在求解并联闭式通道的流量分配时,首先要列出已知条件及稳态工况下各通道的有关守恒方程。因为对于闭式通道来说,只要考虑一维向上(或向下)流动,不需考虑相邻通道间冷却剂的质量、动量和热量的迁移,所以守恒方程式的形式比较简单。

在进行计算时采用的基本方程式如下。

(1) 质量守恒方程。设冷却剂总循环流量为 W,各并联通道分流量分别为 $W_1,W_2,\cdots,W_i,\cdots,W_n$,则质量守恒方程为

$$(1-\xi)W_t = \sum_{i=1}^{n} W_i \tag{7-45}$$

式中,ξ 为旁流系数,它表示冷却剂不通过堆芯而旁流的流量占 W_t 的份额。

(2) 轴向动量守恒方程。对于第 i 通道,一般可写成

$$p_{1i} - p_{2i} = f(L_i, D_{ei}, A_i, W_i, \mu_i, \rho_i, x_i) \tag{7-46}$$

式中,$i=1,2,\cdots,n$;p_{1i}、p_{2i} 分别为第 i 通道冷却剂的进出口压力;L_i、D_{ei}、A_i 分别为第 i 通道的长度、当量直径和流通截面积;W_i、μ_i、ρ_i 分别为第 i 通道冷却剂的质量流量、黏度和密度。

(3) 能量守恒方程。对于任意闭式通道 i 中微元长度 Δz 的热平衡方程式可以写成

$$\frac{A_i \Delta[\rho_i H_i(z)]}{\Delta t} + \frac{W_i \Delta H_i(z)}{\Delta z} = q_i(z), \quad i=1,2,\cdots,n \tag{7-47}$$

式中,i 为通道的序号;A 为通道流通截面积;ρ 为冷却剂密度;$H_i(z)$ 为在位置 z 处冷却剂的焓;$\Delta H(z)$ 为冷却剂流过通道长度 Δz 时的焓升;Δt 为冷却剂流过 Δz 所需的时间;W 为冷却剂质量流量;

$q_i(z)$ 为轴向高度 z 处燃料元件的线功率密度。

以 CEFR 为例,其热功率为 65MW,堆芯冷却剂进口温度为 360℃,平均出口温度为 530℃,堆芯冷却剂总流量为 301kg/s。堆芯共有各类组件 712 盒。把堆芯总流量分配到各个组件的依据是各类组件的功率。在进行流量分配时除了考虑各组件本身的发热外,还应考虑相邻热组件对它的传热量。CEFR 全堆芯流量分配结果如表 7-3 所列。

表 7-3　全堆芯流量分配

被冷却对象	钠流量/(kg/s)	相对值/%
燃料组件(81 盒)	264.42	87.8
控制棒组件(8 盒)	≤3	≤1
中央钢组件及第一排反射层组件(38 盒)	6	2.0
其余反射层组件、屏蔽组件、乏燃料组件	27.58	9.2
通过堆芯总流量	301	100

7.3.3　蒸汽发生器内的传热

与压水堆不同,蒸汽发生器是钠冷快堆中唯一存在两相流动和传热的地方,也是连接钠冷快堆二、三回路的重要设备,是热量传递和转化的重要场所,而且由于存在钠水反应的可能性,所以其设计和建造都比压水堆复杂得多。

蒸汽发生器内运行状态可用温度随总熵的变化关系来表示。在逆向流动的蒸汽发生器内,钠侧冷却剂以温度 T_H 进入蒸汽发生器,在把热量传给三回路工质的过程中温度逐渐降低,在蒸汽发生器出口处温度降为 T_c,然后重新回到反应堆中间热交换器。三回路侧的工质进入蒸汽发生器时的温度为 T_{fi},先单相加热,到达饱和温度后,保持这一温度以气水混合物的状态一直到蒸汽发生器的出口。在这期间,蒸汽的干度在逐渐增加,直到达到符合要求的蒸汽品质。在蒸汽发生器的任何地方,钠侧的冷却剂温度必须高于水-蒸汽侧工质的温度。

由于水在蒸汽发生器内的通道中流动,流速较大,而且通道的空间有限,随着含汽量的增加而形成各种流型,传热系数就应根据各种不同的流型来进行计算。

1. 泡核沸腾的传热系数

加热表面发生沸腾时,从局部表面产生气泡发展到整个加热表面都产生气泡,称为"充分发展的泡核沸腾"。在这种情况下,壁面温度 T_W 由表面热流密度及系统压力确定。

对于欠热沸腾或饱和沸腾的泡状流,一般不采用传热系数的概念,而直接把表面热流密度和壁面温度 T_W 表示成以下的关系式:

$$T_W = T_S + \beta (q/10^6)^n \tag{7-48}$$

式中,q 为加热表面热流密度,W/m^2;T_S 为系统压力下液相的饱和温度,℃;β、q 为系数,其值随实验条件不同而有所差异。

在环流状态下,含汽量较高,核心中蒸汽速度可能相当高,致使汽液交界面上产生很大的扰动。这时,在液体和蒸汽核心的交界面发生蒸发,因此这个传热区也称为"强迫对流蒸发区"。在环状流区域内的传热系数可采用 Chen 推荐的公式,即

$$k = 0.08513 S \frac{k_f^{0.79} \cdot c_f^{0.45} \cdot \rho_f^{0.79} \cdot (T_w - T_S)^{0.24} \Delta p^{0.75} g_c^{0.25}}{\sigma^{0.5} \mu_f^{0.29} H_f^{0.24} \rho_g^{0.25}} + 0.02675 F Re_f^{0.8} Pr_f^{0.4} \frac{k_f}{D_e} \tag{7-49}$$

式中,k 为传热系数,$W/(m^2 \cdot ℃)$;ρ_g 为蒸汽的密度,kg/m^3;k_f 为液体的热导率,$W/(m^2 \cdot ℃)$;ρ_f 为液体的密度,kg/m^3;C_f 为液体的比热容,$J/(kg \cdot ℃)$;g_c 为重力换算因子;Δp 为相当于 T_w 的饱和压力与系统压力之差,Pa;σ 为表面张力,N/m;μ_f 为液体的黏度,$Pa \cdot s$;H_f 为汽化潜热,J/kg;Re_f、Pr_f 分别为液体的雷诺数和普朗特数;S 为泡核沸腾抑制因子;F 为实

验常数。

2. 过渡沸腾传热系数

到目前为止,过渡沸腾传热系数方面做的工作还较少,而且这种工况是不稳定的,测量相当困难,可采用 Tong 提出的计算公式,即

$$k = 3.9753 \times 10^4 \exp\left[-0.0144(T_w - T_s)\right] + 0.02673 \frac{k_g}{D_e} \exp\left[-\frac{105}{(T_w - T_s)} Re^{0.8} Pr^{0.4}\right]$$

$$(7-50)$$

式中,k_g 为汽相的热导率,W/(m·℃);其他符号意义同前。

该式以膜温为定性温度,流体的物性按汽相计算,其适用范围如下:

$G = 3.78 \times 10^2 \sim 5.22 \times 10^3 \text{kg}/(\text{m}^2 \cdot \text{s})$;

$p = 6.68 \text{MPa}, T_w - T_s = 36 \sim 542 ℃$;

计算值与实验结果误差在 ±15% 以内。

3. 膜态沸腾的传热系数

膜态沸腾的传热系数要比泡核沸腾小得多。Bishop 等提出了计算膜态沸腾放热系数的计算公式,即

$$Nu = 0.193 Re^{0.8} Pr^{1.23} \left(\frac{\rho_g}{\rho_f}\right)^{0.68} \left(\frac{\rho_g}{\rho_{ts}}\right)^{0.68}$$

$$(7-51)$$

式中,ρ_f 为主流体的温度;ρ_{ts} 为饱和液体的温度;ρ_g 为饱和蒸汽的温度

公式的适用范围如下:

$q = 3.45 \times 10^3 \sim 1.93 \times 10^6 \text{W}/\text{m}^2$;

$G = 1.17 \times 10^3 \sim 3.36 \times 10^3 \text{kg}/(\text{m}^2 \cdot \text{s})$;

$p = 4.02 \sim 32.97 \text{MPa}$;

$D_e = 0.0254 \sim 0.0801 \text{m}$;

$T_f = 253 \sim 375 ℃$;

$T_w = 348 \sim 592 ℃$。

在质量流速较低的情况下,可采用另外一个关系式来计算膜态沸腾的传热系数,即

$$Nu = 0.005 Re \, Pr^{0.5}$$

$$(7-52)$$

7.4 快堆瞬态热工分析

反应堆在发电运行时,是处在相对稳定的工况。在运行过程中,根据需要改变功率水平,或者由于机械故障、运行人员的误操作,使反应堆设施受到超过运行条件的外部干扰,这样就使反应堆进入瞬态工况或事故工况。

反应堆设计者不仅要保证反应堆在稳态工况下安全可靠地运行,而且还要保证反应堆在经受瞬态工况和事故工况时仍能处在安全状态。反应堆在瞬态工况和事故工况时的进展情况和严重程度都可以用反应堆热工参数变化(如功率、温度、压力和流量等)来描述。因此,反应堆热工设计不仅完成稳态热工设计,还要进行瞬态热工分析,给出预期事件中反应堆热工参数的变化趋势和范围,以便为确定保护参数的整定值和制定运行规程提供参考和依据。

对钠冷快堆而言,快堆本身和它的主热传输系统的一、二、三回路是一个相互联系的整体,只要其中的任何一部分工况发生变化,都会引起整个快堆装置工况的改变,因此瞬态热工分析所涉及的面很广,所有工况变化最终都会影响到堆芯热工参数,即影响堆芯的安全特性。另外,在进行快堆事故分析时,大部分事件的分析都与瞬态热工有关。有关快堆安全分析的具体内容将在第九章详细介绍。

参 考 文 献

[1] 黄素逸. 反应堆热工水力分析[M]. 北京,机械工业出版社,2014.

[2] Classtone S,Sesonske A. Nuclear Reactor Engineering[M]. Springer,1994.

[3] 郝老迷. 核反应堆热工水力学基础[M]. 北京:中国原子能出版社,2010.

[4] Cheng S,Matsuba K,Kamiyama K,et al. An experimental study on local fuel-coolant interactions by delivering water into a simulated molten fuel pool[J]. Nulear Engineering and Design,2014,(275):133-141.

[5] 阎昌琪. 核反应堆工程[M]. 哈尔滨:哈尔滨工程大学出版社,2004.

[6] 于平安,朱瑞安,等. 核反应堆热工分析[M]. 上海:上海交通大学出版社,2002.

[7] Cheng S,Yamano H,Suzuki T,et al. An experimental investigation on self-leveling behavior of debris beds using gas-injection[J]. Experimental Thermal and Fluid Science,2013,(48):110-121.

[8] 俞冀阳. 反应堆热工水力学[M]. 北京:清华大学出版社,2011.

[9] 吴宏春,曹良志,等. 核反应堆物理[M]. 北京:中国原子能出版传媒有限公司,2014.

[10] 臧希年. 核电厂系统及设备[M]. 北京:清华大学出版社,2010.

[11] 黄族洽. 核反应堆动力学基础[M]. 北京:中国原子能出版社,1983.

[12] 苏著亭. 钠冷快增殖堆[M]. 北京:中国原子能出版社,1991.

[13] 徐銤. 快堆热工流体力学[M]. 北京:中国原子能出版传媒有限公司,2011.

第八章　钠冷快堆材料

核电厂用的材料通常分为常规岛用材料和核岛用材料。常规岛用材料是指不暴露于放射性环境或一次水回路中的材料;反应堆核岛用材料则是指暴露于辐射场内,存在核材料的特殊问题。反应堆核岛用材料可进一步分为核燃料和非核燃料两类。核燃料包括易裂变核素和可转换核素;非核燃料包括包壳材料和元件盒材料、结构材料、控制材料、冷却剂材料、慢化材料、反射材料以及屏蔽和再生材料等。

快堆面临的材料问题主要是辐照肿胀和热蠕变问题。由于快堆中高能中子产额大,对材料造成的辐照损伤也大,快堆研究的初期,材料问题主要考虑的是材料的高温性能问题,选材倾向于选择高温性能好的奥氏体不锈钢。但在实践中发现,奥氏体不锈钢在中子注量达 10^{22} 时便达到肿胀阈值。为此科学家又转而启用抗辐照肿胀性能好的铁素体钢,但是铁素体钢的高温蠕变性能又不能满足快堆的使用要求。因此,快堆包壳材料的研究围绕着抗辐照肿胀和高温性能问题做了大量的工作。另外,由于燃料研究方面的进步,应用 MOX 燃料和加深燃耗成为下一步的目标,对包壳材料的研究显得越来越突出和紧迫。

此外,快堆使用液态钠作冷却剂,结构材料在液态金属中的腐蚀问题也必须加以重视,而乏燃料的储存和后处理又要求包壳材料在水中和硝酸中的腐蚀性能要好,因此包壳材料的性能要求是非常复杂和苛刻的。

8.1　核燃料

理想的核燃料需具备如下特点:

(1)燃料中易裂变原子密度高,即材料中应含有高浓度的裂变(或增殖)原子,其他组合元素中不应有中子吸收截面大的原子。

(2)导热性能好,有较高的功率密度(每单位堆芯体积的热功率)或比功率(每单位质量燃料的热功率),燃料能承受较高的热流而不产生过大的温度梯度,并能使燃料中心温度保持在熔点以下。

(3)熔点高,熔点以下没有相变(因为相变会导致密度、形状、尺寸以及其他变化而限制或降低其工作温度)。

(4)膨胀系数低,以保持燃料元件的尺寸稳定。

(5)化学稳定性好,与包壳材料相容,与冷却剂不发生化学反应。

(6)辐照下稳定性好,即在强辐照下能保持其完整性,不会因肿胀、开裂和蠕变等原因变形而失效;力学性能(强度、韧性等)也不会在辐照下有很大的变化。

(7)材料的物理和力学性能好,易于加工,并能经济生产。

8.1.1 燃料的分类

核燃料根据其形态大致可分为固体燃料和液体燃料。固体燃料又可以分为金属型、陶瓷型和弥散体型,其典型结构形式是用薄壁管状包壳将圆柱状燃料芯块包封起来做成燃料棒。目前动力堆和研究堆中大多采用这种核燃料。

从燃料的性能来看,金属型燃料密度高,单位体积内铀含量高,导热性能好,但熔点低,工作温度低,与冷却剂及包壳材料的相容性较差;陶瓷型燃料多为氧化物、碳化物及氮化物等,熔点高,具有很高的工作温度,与包壳和冷却剂的相容性好,但密度较低,导热性能差,机械强度低,脆性大;弥散型燃料主要是为改善燃料元件的传热性能而设计的,是将陶瓷燃料粉末或金属间化合物粉末弥散在金属基体内,从而克服陶瓷型燃料导热和延性的不足。

1. 金属型燃料

金属型燃料主要是指金属铀及铀合金,早期在研究堆、生产堆中使用过。金属钚由于熔点低(640℃),熔点以下有六种同素异构体(α、β、γ、δ、δ'、ε),化学稳定性不好,至今未被用过。

金属铀是一种致密的、中等硬度、银白色、化学性质非常活泼的金属。它从室温到熔点有三种同素异构体(α、β 和 γ)。从室温到 668℃ 为 α 相,属正交晶系,密度为 19.06g/cm³;668~774℃ 为 β 相,属四方晶系,相变时体积增大 1.15%,密度为 18.81g/cm³;从 774℃ 到熔点 1133℃ 为 γ 相,属体心立方晶系,相变时体积增加 0.71%,密度为 18.06g/cm³。

金属铀的优点是不含稀释原子,裂变原子密度高;金属铀的导热性在金属范围内相对较小(室温下为 25W/(m·K),仅为铝的 15%),但与堆内所用的其他核燃料相比,导热性能较高;加工性能好,可用各种常规方法加工,包括铸造、轧制、挤压、模锻、拉拔和切削。其缺点是熔点较低(1133℃),在熔点下随温度变化易引起相变,而且 α 相(正交晶系)各向异性、三个轴向上的热膨胀系数不同,因此相变和热膨胀会造成温度循环下的严重扭曲;辐照引起的尺寸变化是金属铀燃料的另一个缺点,由于核燃料裂变,一个重的易裂变元素核分裂为两个或两个以上较轻的裂变碎片,而且裂变气体以小气泡形式集聚在金属铀晶格内,造成材料肿胀。因此金属铀辐照稳定性差,几何变形严重,堆内寿命短。

在英国和法国早期生产和动力两用反应堆曾采用金属铀作反应堆燃料,用二氧化碳气体冷却,但热效率很低,加之堆龄很短,只有上千 MWd/tU,因而商用动力堆中不再采用。

铀通过合金化可使材料稳定在某一相,并以此提高辐照时的尺寸稳定性和抗腐蚀性能。如加入适量铜,可以稳定 α 相;加入钼、锆和铌可以稳定 γ 相。含铀量 60%的锆-铀合金曾用于希平港动力反应堆,U-ZrH 用于脉冲堆。铀-锆合金仍是一种有希望的金属燃料,美国的快堆一体化燃料循环研究就是用金属型的铀-钚-10%锆合金作燃料。铀-钼合金也在研究中。

2. 陶瓷型燃料

铀、钚、钍与非金属元素(氧、碳、氮等)的化合物组成了陶瓷型核燃料。陶瓷型燃料具有熔点高、耐腐蚀和辐照稳定性好等优点。

陶瓷型核燃料有氧化物型(二氧化铀、二氧化钚、二氧化钍和氧化铀钚等)、碳化物型(碳化铀、碳化钚、碳化铀钚等)及氮化物型(氮化铀、氮化钚、氮化铀钚等)。

碳化物燃料(UC)可用在很高温的条件下。UC 的裂变原子密度比 UO_2 燃料高 25% ~ 30%;导热率也比 UO_2 高,在高温和高燃耗下有很好的辐照稳定性;但它比 UO_2 易肿胀,也没有 UO_2 包容裂变气体的能力强,并且与水作用,但与液态金属钠不起作用,所以是一种很有应用前景的陶瓷型燃料,如印度曾将其用于液态金属冷却的快中子实验堆。

氮化物燃料(UN)有很好的导热性能;与很多材料的相容性也比 UC 好;在高温下有很好的抗变形能力和辐照稳定性,因此美国的空间核电源曾拟采用氮化铀核燃料。其致命弱点是 ^{14}N 的寄生俘获会降低增殖比,并且反应中产生的 ^{14}C 会引起生物学方面的问题。

二氧化铀是目前所有核燃料中用得最广泛,也是最重要的一种核燃料,现有动力堆几乎都采用 UO_2 作为核燃料。

3. MOX 燃料

MOX 燃料是氧化铀和氧化钚混合燃料"mixed uranium and plutonium oxide fuel"的简称。一般在压水堆中使用的 MOX 燃料中钚仅占 5% ~ 10%,而在快堆中使用时可达 15% ~ 30%,甚至高达 45%。

MOX 燃料的开发不仅可以使钚得到和平利用,充分利用核能资源,也能使核燃料的经济性提高,核电成本下降。

目前世界上对混合物燃料的研究不仅有氧化物,还有碳化物和氮化物以及前面提到的金属型铀-钚-锆燃料。由于这些燃料与水不相容,故只能用于快堆。它们的导热性比氧化物好,燃料中的温度梯度较小;与钠相容性好;但它们包容裂变气体的能力不如氧化物,为克服肿胀,燃料棒的间隙比较大,并在间隙中充钠,以导出裂变能。

4. 其他燃料

除棒状燃料外,还有一些燃料的形态与传统燃料不同,如板状元件,也称弥散体燃料。它是一种"三明治"型的结构,两边是金属(铝或锆)包壳,中间是燃料颗粒埋在金属(铝或锆)基体中的弥散体,弥散体燃料是各种各样的燃料颗粒,可以是氧化物燃料,也可以是硅化物燃料,如 CARR 堆燃料芯体是由 U_3Si_2 颗粒弥散在铝基体中形成的。这种燃料克服了导热性能差的缺点,对燃料的抗肿胀性能也有所改善。但由于它一般使用铝合金为包壳,不能用于动力堆,只用于研究堆。为用于动力堆,现在也采用锆合金作包壳,燃料颗粒弥散在锆基体中。

球状燃料是一种用于高温气冷堆的燃料。小球颗粒直径约为 0.5mm,有多重结构。裂变燃料或增殖燃料用溶胶凝胶法制成小颗粒,外面再包覆上多层复合材料,如多孔碳(储气)、多层氧化硅或碳化硅(密封裂变气体),最外一层是高温热解碳,然后将此涂层小颗粒均匀弥散在球状石墨体中制成 $\phi60mm$ 的球状燃料元件。

此外,瑞士的珀尔·雪利研究所提出了一种振动密实的快堆燃料制作法,它直接将后处理产生的铀、钚的硝酸盐通过溶胶凝胶法制成不同大小的颗粒,装入包壳,振动密实,从而得到所要求的燃料装量。俄罗斯已采用这种振动密实的方法制成 MOX 燃料用于实验快堆。

8.1.2 二氧化铀燃料

铀-氧系有二十多种化合物,但热力学稳定的只有 UO_2、UO_3、U_4O_9、U_3O_8 和 UO_8 几种,二氧化铀作为燃料,具有如下优点:熔点高,晶体结构为面心立方(FCC)各向同性,并且从室温到熔点没有相变;化学稳定性好,与高温水不起作用,与包壳相容性好;在1000℃以下能包容大多数裂变气体;有适中的裂变原子密度,非裂变组合元素氧的热中子俘获截面低(小于0.002b);燃耗高。其缺点是:导热系数小,使芯块的温度梯度过大;机械强度低、脆,在反应堆条件下易裂,且加工成型困难。

1. 物理性能

化学计量的二氧化铀是面心立方结构(FCC),晶格常数 $a=0.547nm$,对铀离子而言,晶胞是面心立方的,氧离子处在(1/4,1/4,1/4)的位置上,晶胞含有4个 UO_2 分子,以及4个间隙空穴,它处于(1/2,1/2,1/2)位置,与8个氧原子等距离。氧/铀比为2.00~2.25时,超化学计量的氧渗入二氧化铀晶格间隙,形成 UO_{2+x} 固溶体。

二氧化铀的理论密度是 $10.97Mg/m^3$,一般烧结芯块的密度为理论密度的93%~95%。

二氧化铀的熔点随氧/铀比和微量杂质而异,由于 UO_{2+x} 在高温下析出氧,在加热过程中氧/铀比逐渐减少,很难测出真正的熔点,目前公认的熔点是 (2865 ± 15) ℃。

热导率是核燃料非常重要的性能。燃料棒的线功率密度是热导率的函数,热导率越高,线功率密度也就越大。随温度上升,二氧化铀的热导率急剧下降,室温下为 $8.4W/(m \cdot K)$,在1727℃(2000K)时达最小值 $[(2.0W/(m \cdot K)]$,而后又稍有上升。燃料的孔隙率增加,密度下降,热导率也下降。此外,氧/铀比、杂质和晶粒度都会影响热导率。氧/铀比越高,热导率越小;晶粒度越大,热导率越大。

二氧化铀的热膨胀系数为 10.8×10^{-6}/℃。2000℃以上体膨胀大大增加。线膨胀系数由下式给出:

$$\frac{\Delta L}{L} = -4.972\times10^{-4}+7.107\times10^{-6}T+2.581\times10^{-9}T^2+1.140\times10^{-13}T^3 \tag{8-1}$$

式中,$0<T<T_m$(燃料熔点),℃

体膨胀由下式给出:

$$\frac{\Delta V}{V} = 9\times10^{-6}T+10^{-9}T^2+3\times10^{-12}T^3 \tag{8-2}$$

由于 UO_2 在2450℃以上会显著蒸发,故高温热膨胀数据只能是定性的。

UO_2 的汽化现象比较复杂,与氧/铀比以及气氛中的氧分压等因素有关,具有一定氧/铀比的固态 UO_2 的汽化机制至少在2000K以下主要是升华。

2. 力学性能

UO_2 在常温下是脆性陶瓷体,没有确定的强度值,断裂强度约为110MPa。强度取决于试验方法和温度,在韧脆转变温度以上,随着温度升高,强度急剧降低,同时出现塑性。1200~1400℃呈现半塑性,高密度,非化学计量的 $UO_{2.06}$ 在1800℃发生塑性变形。UO_2 在脆性范围内的断裂强度与密度、晶粒度和温度有关。

3. 化学性能

UO_2 与大多数反应堆冷却剂几乎不起作用,在大气中 UO_2 可选择吸附其中的水,被吸附的量与大气湿度、接触时间、温度及 UO_2 表面状态有关。在较干燥的大气中,块状 UO_2 能吸附几个单分子层的水;在高湿气氛中,它的表面可吸附 6 个单分子层的水;UO_2 芯块的吸湿速率相当快,几分钟到几小时就可以达到饱和。

UO_2 芯块在 300℃ 的去氧水中仍有很好的抗腐蚀性能,但一旦超过 360℃,抗腐蚀性能便显著变差。

UO_2 在去氧的水蒸汽中,直到高温也十分稳定,但在含氧的水蒸汽中,如 UO_2 芯块在 650℃ 含 $30×10^{-6}$ 氧的水蒸汽(压力为 $42kg/cm^2$)中,只需 10 天就发生严重的浸胀和破裂。

UO_2 与氢在极高温下也不发生作用;与二氧化碳在 $500\sim900$℃ 时氧化速率比金属铀低得多;与液态钠在 600℃ 以下非常稳定。

当 UO_2 的颗粒尺寸小于 $0.5\mu m$ 时,可以自燃。

UO_2 与包壳材料的相容性非常好。与铝在 500℃ 时轻微作用,生成 UAl_2 和 UAl_3;与锆在 600℃ 时轻微作用,使锆变脆;而与不锈钢,即使长时间暴露在 1400℃ 下也不反应。

4. 二氧化铀燃料的制造

目前,世界各国的轻水动力反应堆主要以低富集度的 UF_6 为原料,经化工转化为 UO_2 粉末,再用粉末冶金的方法压制成型,烧结成芯块。在粉末和芯块制备过程中产生的废品和废料经硝酸溶解,纯化为硝酸铀酰 $[UO_2(NO_3)_2]$ 作为原料返回(称返料)再制取 UO_2。快堆用燃料必须用高富集度的 UF_6 为原料,MOX 燃料是在压制成型前把 UO_2 和 PuO_2 充分混合再进行压制和烧结而成。

5. 二氧化铀燃料的堆内行为

UO_2 燃料在反应堆内产生热能,由于 UO_2 导热性能差,燃料棒内沿径向的温差较大,芯块中心温度高达 2000℃ 以上,而外缘温度只有 $500\sim600$℃,从而形成较大的温度梯度。运行初期,芯块就由于热应力大而开裂,随着燃耗的加深,还将出现燃料密实化、裂变产物析出、肿胀、裂变气体释放等,详见表 8-1。

表 8-1 辐照下二氧化铀燃料中发生的现象

0~102MWd/tU	102~104 MWd/tU	104~106 MWd/tU
裂纹的产生与消失 重新结晶 密实 裂变元素和氧沿径向重新分布 释放出被吸收的气体	密实化完毕 肿胀开始 燃料-包壳管相互作用 由于裂变气体释放,燃料棒内压开始上升	肿胀 固态裂变产物析出 由于裂变气体释放,燃料棒内压上升 包壳管内表面被腐蚀 裂变率降低

(1)芯块开裂。辐照时燃料芯块内的温度梯度可达 $10^3\sim10^4$℃/cm,热应力超过了燃料的断裂强度,因此辐照初期芯块径向将产生裂纹。这个现象与 UO_2 芯块的塑性行为有关。燃料芯块截面可分为三个温度区:第一区处于 1200℃ 以下,为脆性区;第二区处于 $1200\sim1400$℃,为半塑性区,破坏前有一定的塑性变形;第三区约为 1400℃,强度显著降低,为塑性区。所以燃料棒内由温度梯度而产生的热应力将使第一区开裂;而第三区在低应力下容易流动,因而不会开裂,如果在停堆时裂开,下次堆运行中裂纹会重新愈合。

在重力作用下,芯块会成为沙漏状。

与芯块端部相邻的包壳部位往往是包壳管内应力集中的部位,也是造成燃料棒破损的原因之一。

(2)芯块密实。芯块密实化是燃料寿期早期出现的另一种组织改变,在热中子堆和快中子堆的氧化物燃料中都有发生。1972年以来,在几个压水动力堆燃料组件卸料时,发现包壳管在冷却剂压力作用下发生坍塌,甚至包壳管被压扁。经热室检验,辐照后燃料柱明显缩短,每个芯块的直径和高度也明显减小。当燃耗超过一定值,密实趋势缓和。这种辐照条件下的芯块尺寸收缩、密实增加的现象称为辐照密实。

辐照密实对反应堆的运行安全有重大影响。燃料棒芯块长度减少,使包壳局部缺少芯块支撑,在冷却剂压力作用下,包壳管被压扁,包壳管因应变集中而破损,造成裂变产物泄漏;芯块长度减小,线功率增大,芯块温度增高;芯块半径减小,间隙加大,导热下降,也使芯块温度升高,影响到燃料棒的安全性。

辐照密实的机制比较复杂,研究表明在辐照条件下,小于$1\mu m$的气孔明显减小或消失,而大于$5\mu m$的孔隙体积几乎不变。一般认为,裂变峰在穿过或接近微小气孔时,将微孔雾化,然后形成新气孔,它们或由大孔捕集,或迁移到晶界,使芯块密度增加,体积收缩。

(3)重结构。UO_2燃料芯块内,由于较低的热导率引起较大的温度梯度。当反应堆达到运行功率后,很快引起芯块微观组织的变化,原始烧结组织状态(含有气孔的均匀晶粒)将随时间的延长而改变并最终形成4个区域(不变晶区、等轴长大晶区、柱状晶区和中心孔),这种现象称为重结构。

一般来说,由于水堆的线功率较低,不会出现柱状晶区。热室分析一般能见到不变晶区、等轴长大晶区和中心孔;而快中子堆燃料温度较高,会出现明显的4个晶区。

(4)辐照肿胀。随着燃耗的增加,二氧化铀的密度减小,体积变大,称为辐照肿胀。燃料肿胀主要是由两方面的因素造成的:一方面,一个裂变原子分裂后形成了两个质量相对较小的裂变产物原子,造成体积膨胀;另一方面,产物中的气体聚集形成气泡,镶嵌在燃料中,使燃料的密度下降,发生肿胀。

芯块的肿胀使燃料与包壳贴紧,甚至发生芯块-包壳机械相互作用,引起包壳管的径向和轴向变形,应变集中造成包壳管破损。因此,辐照肿胀是燃料寿命的限制因素之一。

(5)裂变气体释放。核裂变中产生的惰性裂变气体氙和氪的份额较大,这些气体释放后,会使燃料棒的内压升高;而且这些气体的导热能力很差,它们释放到间隙里会降低间隙的导热性,使芯块温度升高,所以裂变气体释放是氧化物燃料辐照和有关运行安全的重要研究课题。

影响裂变气体释放最主要的因素是温度,同时与燃耗及原始组织、堆功率变化等也有关。

(6)氧及可挥发裂变产物的再分布。辐照过程中,氧化物燃料芯块内发生氧及可挥发裂变产物的再分布,这种再分布将影响到芯块物理性能(导热率、熔点等)的改变和对包壳管的腐蚀。

8.1.3 MOX燃料

MOX燃料是由7%的钚和93%的高浓度^{238}U混合制成的,充分利用了核废料里的钚以及自然储备中更多的 ^{238}U。当中子撞击 ^{238}U 时，会转变为 ^{239}Pu，而 ^{239}Pu 最终又会衰变成 ^{235}U。MOX 的优点是通过添加少量的钚，使得这个循环能更好地进行，可裂变燃料的浓度更容易增大。如果控制合理，这种燃料的利用率将非常高。

1. 快堆 MOX 燃料的制造技术特点

快堆 MOX 燃料的特殊性在于其材料要承受远高于热中子堆的负荷，突出表现在快中子堆的中子注量率约高 30 倍，快中子注量率约高 50 倍，燃耗深度高 2～3 倍，比功率高 3～5 倍，功率密度高 5 倍多，包壳工作温度比压水堆 UO_2 燃料约高 300℃。与压水堆用 MOX 燃料相比，快堆用燃料具有以下特点：

（1）PuO_2 含量高达 25%（PWR-MOX 燃料中 PuO_2 含量一般为 5%），具有高能量中子谱。

（2）低密度实心圆柱体燃料芯块（≤90%TD），或高密度（95%TD）中空环形圆柱体燃料芯块，可降低燃料中心温度及减轻芯块-包壳相互作用，抑制高燃耗下燃料肿胀而导致的燃料棒外径增大。

（3）采用轴向转换区贫 UO_2 芯块，以实现钚的增殖。

（4）燃料棒设计了与活性高度相当的气腔（0.4～1m），以容纳更多在高燃耗和高温下产生的裂变气体。

（5）为了保证燃料中心温度低于熔点以及获得更高的能量密度，燃料棒必须设计得很细，燃料芯块外径为 5～7mm，可设计内径为 1.6mm 的中心孔；芯块表面不需加工和干燥（PWR-MOX 燃料芯块为实心圆柱体，外径为 8.43mm，需研磨加工，并在 350℃ 以上温度进行真空干燥，以防止包壳产生氢脆）。

（6）燃料棒束以三角形栅元紧密排列在不锈钢制的六角形组件盒内，以尽量减小冷却剂的慢化作用；棒表面螺旋绕制的绕丝提供了间隙约为 1mm 的钠冷却剂通道（PWR-MOX 燃料棒以格栅定位，表面无螺旋绕丝，棒间隙较大）。

（7）采用 316Ti 奥氏体钢作为包壳结构材料，与芯块和钠在高温下具有良好的相容性，包壳外径 6～8mm、厚度 0.4mm（PWR-MOX 燃料为锆合金包壳，尺寸稍大）。

2. 快堆 MOX 燃料的制造技术难点

MOX 燃料作为一种新型燃料，其燃料组件制造技术的主要研究内容包括 MOX 燃料元件和组件设计、MOX 燃料堆芯设计和安全评估分析、MOX 燃料组件制造厂房设计施工、专用工艺设备研制、专用手套箱研制、MOX 燃料组件制造工艺和性能检测、堆外性能检验、堆内辐照考验和辐照后检验等一系列不同于传统 UO_2 燃料的工作。MOX 燃料是含有剧毒、强放射性钚的燃料，它发射 γ 射线和中子。烧结的 MOX 芯块如果长期放置空气中，由于 α 粒子的反冲作用，表面会产生含钚微粒和气溶胶，存在被人体吸入的危险。因此，从安全防护考虑，要求 MOX 燃料芯块、单棒和组件的制造过程全部在带屏蔽的厚重密封手套箱或热室内进行，有些制造工艺和性能检测必须实现自动化或远距离操作，这给 MOX 燃料组件制造、厂房设计施工、工艺设备研制和维修、工艺操作、燃料运送、堆内外性能检测、堆内辐照考验和辐照后检验带来很多困难。在 UO_2 燃料制造较简单的操作，在 MOX 燃料制造厂却变得异常复杂，设备去污和维修特别困难，代价非常高，使研制难度增大，研制周期延长，制造成本提高。MOX 燃料生产对辐射屏蔽防护和设备可靠性提出了非常严格的要求。在 MOX 燃料芯块和单棒的制造过程中，由于存在操作人员接触强放射性钚料、吸入钚粉尘的风险,以及专用装置被沾污后难清洗、部件损坏后难维修的问题,使得从 MOX 粉末到芯块、单棒的加工均是污染最严重的工序。芯块和单棒制造工艺设备和相关工艺是 MOX 燃料的关键技术,对厂房建筑设计、室内设施布局设计、设备的可靠性、操作方便性、可维修性,以及工人的辐射剂量监控和屏蔽防护都提出了非常严格的要求。

MOX 燃料组件设计对制造工艺也提出了很高的技术要求。与 UO$_2$ 燃料相比,MOX 燃料是 UO$_2$ 和 PuO$_2$ 的混合氧化物,而 Pu 具有不同于 U 的中子物理特性,要求 U 和 Pu 的同位素在 MOX 燃料芯块中分布非常均匀。而且,同位素分布不均匀的 MOX 乏燃料在后处理过程中要使硝酸溶解率达到 99% 有较大难度。这些都对 MOX 粉末混合工艺技术和芯块同位素分布均匀性检测技术提出了新的挑战。CEFR-MOX 燃料的 PuO$_2$ 含量为 25%~30%,混合技术难度小于 PWR-MOX 燃料,可以采用简单的一次性直接混合工艺,但其放射性和临界安全问题更突出;芯块中心孔内径仅为 1.6mm,自动成型压制时模具芯杆易断裂;燃料棒包壳细小(外径约 6mm,厚度 0.4mm),芯块装管易污染,燃料运行工况极严,这些使得不锈钢包壳制造技术复杂,难度增大。

MOX 燃料粉末制备工艺可分为化学共沉淀法(俗称湿法)和机械混合法(俗称干法)。湿法可获得较好的产品均匀度,并形成固溶体粉末,被德国、日本、俄罗斯等国大力开发并用于 LWR-MOX 燃料的试制生产,但因产生较多废液而难以实现工业化生产。机械混合法最早被用于制造 PuO$_2$ 含量较高、均匀混合较易的 FBR-MOX 燃料,后来经过改进,形成两步混合法,即微细化主混合(MIMAS)工艺,用于生产 PuO$_2$ 含量较低、均匀混合难度大的 LWR-MOX 燃料。其工艺比较成熟,已达到工业生产规模。

总之,MOX 燃料的制造和应用要比 UO$_2$ 燃料复杂得多,研制周期长,投入高,需要培养从事 MOX 燃料研究开发的专门人才,以及长期积累相关技术和经验。MOX 燃料元件和组件设计、MOX 燃料芯块、单棒和组件制造及相关性能检测、MOX 燃料元件和组件的辐照考验技术等存在大量的关键技术需要攻克。按照国外发展经验,在科研条件得到保障的条件下,MOX 燃料元件从实验室研究到工业化生产应用至少需要 15 年的时间。

8.2 快堆包壳材料

包壳材料作为反应堆安全的第一道屏障,具有包容裂变产物和阻止裂变产物外泄的功能;同时也是燃料和冷却剂之间的隔离屏障,避免燃料和冷却剂发生反应。此外,包壳材料也给芯块提供了强度和刚度,是燃料棒几何形状的保持者。包壳材料工作在高温高压环境中(对压水堆来说是 370℃ 左右,15.5MPa;对快中子堆来说是 700℃ 左右),暴露于中子辐照场下;一边是燃料芯块(约 800℃),另一边是冷却剂(水堆约 320℃,快堆约 550℃),承受较大的温度梯度(1000~2000℃/cm);在寿期内要承受不断增加的应力。

包壳材料应具备的条件如下:

(1)较小的中子吸收截面(对快堆来讲,这一点的重要性不如热堆高)。

(2)良好的抗辐照损伤能力,且在快中子辐照下不产生强的长寿命核素(对快堆来讲,抗辐照肿胀很关键)。

(3)良好的抗腐蚀性能,与燃料及冷却剂相容性好。

（4）良好的强度、塑性及蠕变性能（对快堆来讲，由于包壳温度高，这一点比较重要）。

（5）良好的导热性能及较低的线膨胀系数。

（6）易于加工，焊接性能好。

（7）材料容易获得，成本低。

8.2.1　包壳材料简介

铝（0.23b）、铍（0.01b）、镁（0.063b）和锆（0.18b）因具有较小的中子吸收截面和较高的熔点适合用作包壳材料。

铝是首先被考虑用作反应堆包壳的。其中子吸收截面虽不是最小的，强度也不是太高，但铝有成熟的工业基础，易于加工生产；此外，它还有一定的强度、良好的导热性能以及在 373K 以下较好的抗腐蚀性能，因此常用在 373K 以下、以水作冷却剂、功率较低的研究、培训及试验的反应堆中作为燃料棒的包壳材料。

镁的中子吸收截面比铝低 3/4，对中子的经济性来说是很理想的材料，但镁在高温下会与二氧化碳起作用而被氧化。在冶金及生产上的问题则集中在防火、抗氧化和增加蠕变强度上，因此使用受到限制。

镁合金（Magnox Al-80）含 0.8%Al、0.02%~0.05%Be，具有较好的抗腐蚀性能、力学性能（延展性）及可焊性，因而被用于英国的石墨慢化、二氧化碳冷却的动力堆中作为金属铀元件的包壳，可用至 5000MWd/tU。

纯锆是一种银白色、有光泽的延性金属，473K 时理论密度为 6.55g/cm³，熔点为 2125K，在高温下强度高、延性好、中子吸收截面小，在高温水中抗腐蚀性能好，有较高的导热性和较好的加工性能，与二氧化铀芯块有较好的相容性。

锆合金被广泛地用于动力堆作包壳材料。Zr-2 合金常用于沸水堆作燃料包壳；Zr-4 合金常用于压水堆作燃料包壳；Zr-1Nb 合金用于俄罗斯的压水堆中作燃料包壳；Zr-2.5Nb 合金用于重水堆中作压力管材料。为满足高性能燃料元件对高燃耗的要求，一批低锡的如 M5 合金和既含锡又含铌的新型锆合金材料正在研究中。

由于快堆的特殊性，目前不锈钢以其优异的高温性能和价格优势在液态金属冷却快中子增殖堆中用作包壳材料和元件盒材料。

8.2.2　快堆包壳材料

快堆核燃料组件的包壳和元件盒材料必须承受钠冷却剂的腐蚀高温、热力学负荷以及高于 10^{15}n/cm²s 快中子通量照射而发生的损伤，并且由于经济上的原因，要求达到高燃耗（高于 20at%）并承受高于 200dpa 的辐照损伤计量，因此工作环境特别恶劣。辐照会产生两种现象：几何变化，牵涉到肿胀和辐照蠕变，造成直径和长度以及弯曲变形；力学性能变化，材料脆化，产生微观结构变化，位错缠结，诱发和加速析出物，肿胀和氦泡效应等。

结构材料的选择大部分与它们的抗肿胀性能有关，最早选择的材料是 304（美国）和 316（法国）。但这些材料在 50dpa 时便达到了极限，通过加入合金元素或稳定化元素、改变微结构、精细加工、热处理以及冷加工等方法可以得到一定改进，现在可以达到 143dpa。

第二类材料是镍基合金,它们的抗肿胀性能比不锈钢好,法国用 Inconel 706,英国用 PE16,美国用 iN 706,大多都显示出较高的抗肿胀性能,但辐照后变脆,易造成包壳破损。

最后一类材料是铁素体-马氏体钢,现已用作元件盒材料。这类材料是 BCC 结构,抗肿胀性能很高,可以达到 200dpa。但这类材料大部分在高于 550℃时抗蠕变性能下降很快,因而不能作为包壳材料;但作为元件盒材料,具有广泛的用途,因为元件盒的温度比较低。目前的研究集中在增加其抗蠕变性能上,其中 Em12、HT9 和 ODS 材料(氧化物弥散分布铁素体钢)有可能将来用作包壳材料。

1. 奥氏体钢

到目前为止,世界上用奥氏体钢用作包壳和元件盒材料的反应堆最多,但如上所述,这类钢(如 316)会存在辐照肿胀等问题。

1)辐照肿胀

辐照肿胀会受到以下参数影响:

(1)辐照参数的影响。在一定的温度下,肿胀随辐照剂量的增加而增加。在奥氏体不锈钢中,这种现象表现出一定的临界值,即存在孕育阶段,而孕育期长短取决于材料。在孕育阶段,肿胀率、空洞数和生长率增加;然后是一个稳定的阶段,在这个阶段里只有少量变化。这种动力学,即对一个给定的合金,参数随温度变化的现象是在所有奥氏体钢中都能观察到的。对于燃料元件来说,孕育期决定了其在反应堆中的寿命。事实上,在孕育期结束的阶段,由于肿胀率已经很高,已变得不可取。

物理学上认为在给定温度下,注量率的增加会产生缺陷过饱和度的增加,从而使肿胀峰趋向高温。而事实上这个问题更复杂,因为剂量率变化会引起许多其他参数的变化,尤其是辐照材料的微观结构变化,会很大程度地影响肿胀率,因此剂量率的影响可以取决于温度。从图 8-1 中可以看到固溶退火的 316 元件包壳在 Rapsodie 反应堆中心高注量率区和边缘区的情况,可以看出,孕育剂量取决于注量率,这种作用随温度增加而增加。

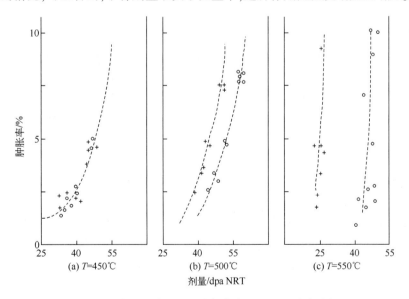

图 8-1　固溶退火的 316 元件包壳在 Rapsodie 反应堆辐照
+—中心部分的元件;○—边缘部分的元件。

温度对肿胀也是一个十分重要的参数。对纯金属来说,$0.4T_m$ 是肿胀峰;对钢来说,由于微观结构演化,因而更复杂,因此材料的类型所起的作用更大。法国最早用固溶处理的 316 不锈钢作包壳,冷加工钢作元件盒。固溶处理的 316 钢肿胀峰是 500℃(低温肿胀),而冷加工的 316 钢肿胀峰是 550℃(高温肿胀),但在高剂量下,高温肿胀达到峰值的速率比低温肿胀的快。尤其是冷加工的 316 不锈钢观察到高温下微结构的演化,这个现象的基本概念为:第一个肿胀峰相当于初始材料,抗肿胀性能由固溶体中存在的肿胀抑制剂控制;当钢在高温下演化时,一些元素从固溶体中脱溶,位错结构由于退火而改变,第二个肿胀峰就相当于另一种抗肿胀性能差一点的材料。奥氏体钢的化学成分和冶金结构在温度-肿胀曲线的形状上发挥了重要的作用,因为这些曲线不仅受缺陷过饱和的影响,也受辐照时发生的缺陷-固溶介质相互作用及析出顺序的影响。

影响肿胀的最后一个因素是材料所受的应力。一般来说,应力增加,肿胀增加。

(2)材料参数的影响。对于化学成分的影响,在所有奥氏体不锈钢中,碳和硅会增加低温孕育剂量,但对高温孕育剂量无影响,而且这种作用必须在固溶状态下才有,一旦有富硅和富碳的相析出,即碳和硅从固溶体中脱溶出来,肿胀就会加剧,尤其在高温下,因为它们是通过与晶格缺陷相互作用而抑制肿胀的。

钛的作用取决于温度及冷加工状态。在固溶退化的钢中,钛的加入不改变材料的低温肿胀趋势(<500℃),但可以降低高温下的肿胀,与非稳定钢相比,高于 520℃ 时,钛稳定的钢保持着孕育期增长的势头。但还有另一方面的问题:钛和碳或硅的析出牵涉到由辐照诱导析出的 G 相,G 相的析出会使固溶体中的 C、Si 用尽而大大加速肿胀,因此要保持 C、Si 元素的作用,不仅要控制其含量,还要控制其稳定比以及 Ti/Si、Ti/C 比。

对于磷来说情况更为复杂。磷与空位起作用,引起极细的磷化物析出,增加尾间密度,从而减少空洞的密度。

因此,由于化学成分不同,同种钢不同的炉次,表现出不同的肿胀率是正常现象;肿胀抑制剂只在固溶状态下起作用,主要的作用是增加孕育期;不同元素的作用不能简单评价,不同元素的相互作用不可忽视。

冶金状态的影响表现在:冷加工对低温肿胀是有利的,对稳定型钢在整个温度范围内都有利,但要控制冷加工的方式和冷加工量,使它在辐照下不会发生再结晶,因为再结晶会产生不利的影响。许多元素的作用仅在固溶状态下有效,因此固溶退火的温度很重要,对某一种成分的材料,固溶退火最彻底的工艺对材料抗肿胀能力的提高最有利。要保证没有析出物,单靠最终的固溶退火是不够的,因为要取得一定的晶粒尺寸,温度和时间都会受到限制。

2)辐照对蠕变的影响

辐照对蠕变也会产生一定的影响。包壳管和元件盒管的变形大部分是辐照蠕变造成的,在 150MPa 的负荷下,辐照蠕变造成的应变量与负荷呈线性关系,在材料未肿胀时,应变量和负荷成正比。图 8-2 清楚地显示了蠕变量与肿胀的关系。

3)辐照对力学性能的影响

辐照对奥氏体钢的力学性能也有一定的影响。

(1)辐照剂量的影响。辐照剂量对室温、操作温度和辐照温度下拉伸性能的影响分为三个阶段,如图 8-3 所示。

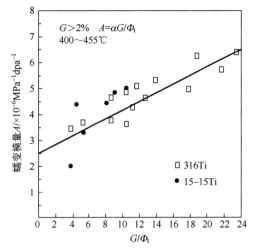

图 8-2 辐照蠕变与肿胀的关系

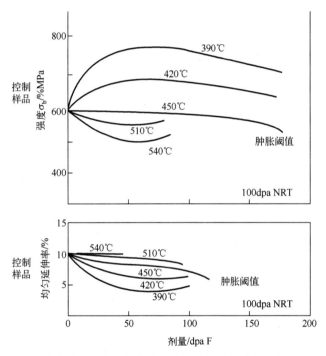

图 8-3 辐照后奥氏体钢的拉伸性能与温度相关

　　第一阶段,力学性能改变非常快,接近饱和。低于温度约 480~500℃,这种演化对所有的冷加工钢都产生硬化作用(屈服应力和断裂应力增加,塑性丧失)。如果高于此温度,则表现为软化作用。饱和剂量取决于材料,并随辐照温度升高而升高,大概在 10~50dpa。

　　第二阶段,力学性能随剂量变化得比较慢,总的来说,不管温度如何变化,强度和塑性都有所下降。在此区域最终拉伸强度下降的幅度比屈服强度大。

　　第三阶段,在临界剂量(临界剂量取决于材料)下,在达到最大肿胀的同时可以观察到拉伸性能的急剧下降。在这个剂量下,最终拉伸应力与屈服应力接近,塑性很低,断裂前没有颈缩。

（2）试验温度的影响。奥氏体钢的断裂模式与试验温度有很大的关系,根据不同的温度和应力,会有不同的断口。对一个给定的显微结构(显微结构取决于材料、辐照剂量和辐照温度,随试验温度而变化的变形机制),首先需要考虑低于临界温度,塑性的丧失与晶粒损伤有关;高于临界温度,塑性的丧失对晶粒损伤(沉淀析出物或沿晶空洞)也较为敏感,通过在辐照温度下对包壳或元件盒管的试验,比较不同的微结构在不同的机制下的变形,得到的结果在评估损伤方面(尤其是事件和事故条件下的损伤)是有确定意义的。

（3）辐照温度的影响。在燃料组件下部,辐照温度低,肿胀有限。材料在低于或等于辐照温度试验时表现出硬化现象,当辐照温度增加时这种现象便减小,这种随剂量演化的现象与位错环的成核有关。在低剂量下,位错环的密度达到饱和;高于这个剂量,位错环长大并粗化,引起屈服强度的缓慢下降,在这个区域硬化随位错环的密度变化,因此当辐照温度上升时屈服强度下降。

奥氏体钢的辐照行为得到的结果表明:通过改进这类材料的抗肿胀性能可以得到较好的力学性能,同时也表明钛稳定得到的结果比铌稳定所得到的强。

2. 高镍合金

高镍合金最初因其具有较好的抗肿胀性能作为快堆元件包壳和元件盒材料而发展起来,但现在因为其辐照过程中脆性过大而被许多国家禁用。大多数研究过的材料是时效硬化合金,它们的堆外抗热蠕变性能很好,但目前只有 PE16 还在用,如在英国被用于PER 作为燃料元件包壳和元件盒材料。这些合金的使用状态一般是固溶退火(950~1050℃),或接着回火(700~750℃)析出弥散硬化相。

1）肿胀性能

在 Fe-Ni-Cr 合金上所做的一系列试验表明,这些合金保持低肿胀的最低镍含量是40%,但是由于在钠介质中的镍转移,牵涉到材料在钠中的腐蚀问题,可选作包壳和元件盒材料的镍含量须在 25%~45%。这一组材料的孕育剂量很低,但肿胀率也很低,特别是辐照产生很大的空洞密度(约 10^{16} cm^{-3}),它们的直径随剂量变化很小,肿胀峰在 400~450℃的范围内。PE16 对辐照条件很敏感,尤其是辐照温度,试验结果表明:辐照后空洞密度发生变化,而空洞的生长率没有什么变化。实际上这些合金的肿胀性能是不一样的,有些合金的抗肿胀性能比较好,合金的肿胀性能与初始结构或辐照导致的沉淀析出相及可能的相变关系密切。

2）辐照蠕变

从现有的数据可以看出,在450~600℃温度范围内,高镍合金的蠕变小于奥氏体钢。蠕变模量定为

$$A = \varepsilon/\sigma \Phi_t \tag{8-3}$$

式中,ε 为在剂量 Φ_t 和应力 σ 下的辐照蠕变变形量,这个量在此温度范围变化不大,低于 10^{-6}MPa^{-1}dpaF^{-1}。从"凤凰"堆中获得的 INC706 的数据和在 PER 堆获得的 PE16 的数据显示低于 450℃,当温度降低时,蠕变模量增加,其值接近冷加工的 316 不锈钢。

3）辐照对力学性能的影响

辐照中力学性能的演化可能控制了材料所能接受的剂量,事实上上述材料的脆性在EBR2 堆以及"凤凰"堆中由于氧化物燃料和包壳的机械相互作用,已经导致了严重的失效破坏。

现存的数据是从样品和用 PE16、INC706 的燃料元件包壳以及一些含镍量在 30%～45% 的试验合金中获得的。图 8-4 总结了一些基本趋势。

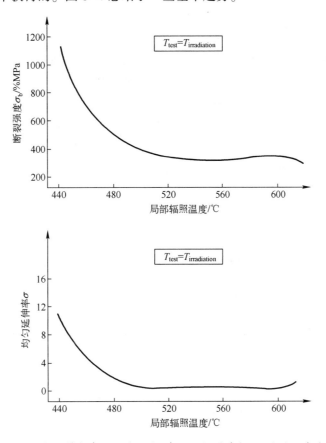

图 8-4　INC706 合金燃料包壳的拉伸性能（在"凤凰"堆中辐照,试验温度为辐照温度）

燃料元件包壳在室温下的辐照效应主要是硬化（屈服应力增加,塑性降低）,当辐照剂量增加,塑性降低,剂量达到约 100dpa 时,塑性值达到低于 1%。对于奥氏体钢来说,试验温度的影响大于辐照温度。对断口形貌的分析显示当试验温度增加时,断裂由室温时的穿晶韧窝断裂变为沿晶断裂,在晶界仍有密集的小韧窝可以观察到,沿晶断裂与塑性损失是相吻合的,这是由于奥氏体钢通过高温蠕变机制发生转折,而镍基合金相对于奥氏体钢转折发生在较低的温度、较高的应变速率下。通常,在辐照下,所有高镍的、应变硬化的合金其力学性能都能表现出强烈的降级现象,这种降级也表现在韧性上,辐照的 PE16 韧性值下降约 20MPa·$\sqrt{m}$,这种降级变得显著的剂量值与材料有关,部分与肿胀性能有关,这种类型材料的韧性降级大于奥氏体钢。

3. 铁素体—马氏体钢

铁素体—马氏体钢由于具有良好的抗肿胀性能,被用作元件盒材料并有望用于包壳材料,目前回火马氏体钢可以达到快堆使用的要求。作为包壳,只有 EM12、HT9 和氧化物弥散钢（ODS）三种材料制作的燃料组件在堆中辐照过,辐照过程的主要结果总结如下。

1）肿胀性能

马氏体钢已经做成试样或元件盒在堆内辐照过,辐照剂量已达到 150dpa,通过辐照,确认了此类钢的低肿胀性能,达到了试验要求。体心立方材料的抗肿胀机制包括了位错结构降低基础值,由于间隙杂质俘获缺陷增加了缺陷复合的机会,较低的氦生成率,界面较多,易形成缺陷的尾间等。

在体心立方钢中,肿胀最大值在低温区(不高于400℃)。图8-5给出了EM12、F17和EM10在100dpa剂量下的肿胀值和温度的关系曲线。大多数马氏体钢的肿胀随剂量变化很慢,肿胀率比奥氏体钢低很多,但应力的增加会降低肿胀孕育剂量。

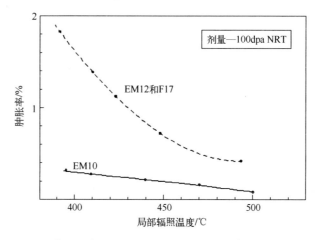

图8-5　温度对铁素体—马氏体钢肿胀的影响(在"凤凰"堆辐照)

虽然体心立方钢的肿胀很小,但一些合金的肿胀由于化学成分和微观结构不同会有很大的起伏。研究表明,在所有温度下铁素体钢比回火马氏体钢的肿胀大,因此马氏体钢EM10比双相钢EM12和铁素体钢F17的肿胀小。

2)堆内蠕变

在很多情况下(高温或高应力),马氏体钢几何尺寸变化与应力不成直线关系。B. A. Chin指出,在这种情况下,HT9钢堆内辐照蠕变率和第二阶段热蠕变率是明显的,但是在堆内没有第一阶段蠕变,因此在此温度和应力范围内似乎是热蠕变造成了几何尺寸的变化。这个结果因为蠕变性能的不同与不同铁素体—马氏体钢的抗热蠕变性能相吻合而得以确认。

对奥氏体钢来说加压管和元件盒管有相同的规律,然而马氏体钢的辐照蠕变模量小于奥氏体钢,并且在研究过的温度范围内变化很小。须注意,对于肿胀很小的钢,辐照蠕变-肿胀的关系还未清楚建立,但从HT9钢获得的结果分析来看,相关因子 α 与奥氏体钢的相差不大。

3)辐照对力学性能的影响

(1)拉伸性能。马氏体钢的拉伸性能受方向影响很小,在较低温度范围的辐照硬化,导致屈服强度和拉伸强度的增量在大部分情况下高于1%,延伸率的下降也在1%以上,对于奥氏体钢,这些效应在低剂量下达到饱和,硬化是由于形成辐照位错环和硬化相(如 α' 相的析出)所造成的,因此含铬量高的马氏体钢硬化比较大。高于450~500℃,由于热效应,可以观察到软化现象。须注意,在一些情况下(如EM10),辐照中发生的回复比在堆外发生的慢得多,热瞬态下的力学性能研究结果显示HT9比316更适合做包壳材料。

（2）冲击韧性试验。韧脆转变温度（DBTT）、上台阶能量（USE）和韧性是评估所有运行条件下失效风险的重要物理量。辐照导致韧脆转变温度升高、上台阶能量降低，在温度低的情况下尤为重要。对拉伸性能来说此类效应在大约10dpa时达到饱和，一般来说当裂纹扩展方向与轧制方向一致时，性能破坏更为明显。研究显示，9Cr马氏体钢性能最好，铁素体钢性能最差。

8.3 快堆燃料组件

8.3.1 燃料组件设计

快堆燃料组件具有以下特性：

（1）具有较高的钚含量（15%～30%），而基于对钚的和平利用，更高钚含量（不低于40%）的燃料也在研究中。

（2）燃料形状一般是实心或空心（带有中心孔）的圆柱体芯块，而 U-Pu-Zr 燃料是圆柱状一次浇注成型的。

（3）燃料棒内留有很大的空腔，其长度和裂变柱的长度几乎相等，以容纳裂变气体。

（4）燃料棒之间的间距用绕丝来固定。

（5）应用元件盒管包裹燃料棒束，构成燃料组件，并组成冷却剂流道，使钠冷却剂的冷却效率提高。

（6）使用奥氏体、铁素体钢或镍基合金作为包壳、端塞、元件盒等的结构材料。

快堆组件的线功率大、温度高、燃耗高，因此对安全可靠方面要求有：不可有堆芯熔化事故的风险；保持燃料棒束的冷却通道；保证包壳的完整性；限制元件盒的变形。设计中要对所有可能影响燃料组件运行和操作的因素，如生产、辐照后储存和后处理进行细致的考虑。设计研究的最后步骤是定出各种部件的性能要求和可接受的阈值。对每一个参数必须在性能要求和可接受的阈值之间平衡。考虑不确定因素过于保守会增加设计的难度，而设计阈值太低则会使生产过程变得过于复杂。目前已有不少软件可用于计算设计，如：

（1）FLUAGON/DILAGON——计算元件盒的力学指标（应力/应变）；

（2）CADET——用于燃料棒束的热力学计算（包壳温度）；

（3）DOMAJEUR——用于燃料棒束的力学性能计算（在燃料棒之间和燃料棒与元件盒之间相互作用时计算应力和应变）；

（4）GERMINAL——用于孤立元件棒的热力学计算（氧化物的热性能、包壳的应力和应变）；

（5）MARS——用于简单计算包壳的应力和应变（不包括与燃料的相互作用）。

由于反应堆材料经历辐照后会产生脆化、肿胀和蠕变等性能改变，因此不能采用传统经典的 ASME 标准来设计机械部件。法国在 RCC-MR 标准基础上制定了 RAMSES2 来进行快堆燃料组件的设计，这个标准考虑了辐照脆化等因素。应用时要加上安全系数作为各种负荷的应力限制，并根据以下原则建立：一次应力与二次应力之间的当量系数取为1或小于1；对各种应力计算一方面需要精确的几何模型和负荷特性，另一方面要考虑辐照蠕变;所要求的材料性能方面的知识应包括所有的运行条件(不仅包括经典的应力参数(速率、温度),也包括材料经辐照演变到最后的反面效应(如拉伸强度和屈服强度的增加)和正面效应(如蠕变)),需要确定辐照后的材料在包含各种运行条件下的力学性能;要考虑氧化物燃料的热性能。

中国实验快堆的燃料组件结构与法国"超凤凰"堆类似,堆内燃料棒呈三角形排列,因此元件盒呈三角形,也称六角管。组件由下而上分为下、中、上三部分。

组件下部是六角形的,表面经硬化处理的(渗铬,氮化)组件头插入底槽固定。底部是冷钠收集器,有六个径向的开口,有一个减压系统来调节流量。由于燃料组件有几个流量区,根据径向和轴向的功率分布而变化流量;它的另一个功能是定位作用。

组件中部是燃料组件的主体,外部是六角形的元件盒,"凤凰"堆元件盒内装有 271 根燃料棒,中国实验快堆元件盒内装有 61 根燃料棒。元件盒的功能一方面是形成冷却剂通道,使元件盒内流量可调;另一方面在元件盒内与燃料柱相同的高度有间隙垫,使燃料组件在热膨胀下也能保持堆芯紧凑。

组件上部是由一个中心是圆孔的六角钢块组成,这部分的功能一方面是用作上部部件的中子防护;另一方面是作为抓取头,在组件操作时使用,中心的孔是钠冷却剂的出口。

组件的制造是先组成燃料棒束,再把屏蔽塞装上。如元件盒是铁素体钢,元件盒先与奥氏体钢的底部嘴子焊接,热处理以后,再引入燃料棒束。上部嘴子用焊接的方法连接或机械方法卡接。中国实验快堆的燃料棒包壳和元件盒管都用奥氏体不锈钢制作,因此焊后可以不作热处理。

中国实验快堆的堆芯结构是由五种堆芯组件构成的,寿期内的快中子注量为 $(2\sim3)\times10^{23}\,n/cm^2$,其中部分各种组件材料所受的辐照损伤剂量约为:

(1) 燃料组件:27dpa;

(2) 不锈钢反射层组件:50dpa;

(3) 碳化硼屏蔽组件:6dpa;

快堆燃料组件的设计远没有定型,燃耗、辐照时间(EFPD)和辐照损伤值(dpa)之间的关系取决于堆芯特性,组件的详细设计取决于所设定的目标和所掌握的知识。影响组件性能的现象、结果和关键参数见表 8-2。

表 8-2　影响组件性能的现象、结果和关键参数

物 理 现 象	产生的结果	关 键 参 数	
		设计	辐照
钢的肿胀	变形、应力、脆化	钢材的选择	辐照损伤值(dpa)、包壳和元件盒的温度
钢的辐照蠕变	变形、应力释放	钢包壳管或元件盒管几何形状的选择	辐照损伤值(dpa)
钢的热蠕变	变形、破损	钢包壳管几何形状的选择	燃耗、时间、包壳温度
燃料的肿胀	机械相互作用、氧化物燃料的热行为	有效密度	燃耗、线功率
裂变气体释放	内部压力	燃料棒设计	燃耗

8.3.2 快堆燃料组件正常工况下的堆内行为

1. 快堆燃料和包壳的堆内行为

快堆燃料和包壳在堆内行为分三个阶段来描述：

1）辐照初期（从开始到 4at%~5at%）

在这期间包壳的变化不大，没有可见的腐蚀，也没有受到很大的应力，由温度梯度引起的热应力在最高通量处只有几十兆帕。但燃料的变化却很大，从几何形状到结构乃至物理性能都发生了很大的变化：芯块开裂，间隙弥合；热传导模式发生变化；芯块内发生重结构；发生组分重分布；发生内部腐蚀。其变化的原因是：较高的线功率造成芯块内温度梯度较大；辐照造成了氧化物燃料的性能变化（如扩散、蠕变等），同时在氧化物燃料内产生气体和裂变产物。辐照初期芯块中心温度会降低，其原因是：间隙弥合；氧化物燃料的导热性能发生变化；钚在燃料芯块中径向重分布（中心高，边缘低）；芯块的几何形状发生变化（如产生中心孔）。辐照初期燃料元件导热性能发生变化的原因包括燃料-包壳间热传导系数的变化以及氧化物燃料热导率的变化。

辐照初期虽然包壳变化不大，但破坏性检验发现存在包壳腐蚀，在一些非常局部的地方（高线功率区）大约 10 天就可能出现。这与裂变产物中的 I、Te 有关，I、Te 不稳定衰变产生 Cs、Rb，10 天辐照产生的剂量就可以造成不锈钢的腐蚀；在温度效应下，这些产物会发生轴向迁移，转移到裂变柱两端，如果这些区域的氧势和温度足够高，就会产生腐蚀。因此往往在燃料棒上部的包壳易发现发生腐蚀。

2）辐照中期（7at%~8at%）

这期间的重要特征是燃料和包壳的接触形式发生改变。

约 5at%~6at% 时，燃料-包壳间隙基本弥合，剩余的约几微米中充满了混合气体，这些气体的导热性能很差；

到 7at%~8at% 时，燃料外缘又一次与包壳离开，间隙中充满了由 Mo、Cs 等裂变产物形成的化合物，这时包壳还未变形。

3）后期高燃耗下（大于 12at%）

燃料芯块导热性能变差，体积变大，芯块和包壳发生相互作用，包壳变形。

在燃料棒中的裂变气体到 12at% 时变得非常多。"凤凰"堆元件中裂变气体达 750cm³，裂变气体的释放率达 80%~100%，因此包壳的变形变得很重要。

（1）包壳变形。包壳变形主要受两个因素影响：肿胀、蠕变。如前所述，肿胀主要受辐照剂量和温度的影响，而蠕变则主要受内部气体压力的影响。包壳的变形在长度和直径方面都会发生变化，直径的改变是由于肿胀和蠕变的联合作用，在高温下直径的改变主要由蠕变引起，其改变会很快造成包壳的破损，因为这时延伸率非常低，在 1% 以内。

（2）包壳内部腐蚀。包壳内部的腐蚀从辐照初期就开始了，而且是一种局部的晶间腐蚀。

在继续辐照下，新的内部腐蚀会越来越显著，一种是燃料-包壳反应，另一种是裂变柱-增殖柱界面反应。这种腐蚀从 5at%~6at% 开始到 10at%~12at% 可以达到很深。燃料-包壳反应可造成包壳减薄，尤其在裂变柱从上数 1/3 区域可以达到 200μm 深，造成局部变形。

形成这种腐蚀,燃耗和包壳变形起主导作用,在一定的燃耗下,裂变产物中的 Cs、Te、Mo 和氧势(辐照使氧重新分布,边缘趋于化学计量)达到一定浓度,Cs、Te 挥发性的裂变产物向包壳和芯块之间的间隙迁移,它们是腐蚀介质,与钢中元素 Fe、Ni、Cr 作用,在氧的协助下生成复合化合物造成腐蚀。

包壳应变干扰了裂变柱的温度分布,裂纹的扩展取决于包壳所受的应力。在应变低的地方腐蚀速率也低,若应变增大,腐蚀会加快,这时 Mo 会被 Cr 所代替。

裂变-增殖界面反应会造成包壳减薄,产生多孔区域,发生在非常接近上部的区域,或裂变-增殖结合部。这种腐蚀比上述类型的腐蚀更局部,也可能更深,易发生在温度为 620~630℃ 的区域。由于对这种腐蚀研究比较少,目前机理尚不明晰。

减少包壳内腐蚀的措施:燃料棒内(如在裂变柱顶端)加入 Ti、V 以捕集氧;改变包壳材料;利用轴向不均匀的燃料元件。

(3)包壳外部腐蚀。包壳外部腐蚀即钠对包壳的腐蚀。由于奥氏体钢与钠的相容性好,外部在最热区的腐蚀仅为 20~30μm。这种腐蚀造成的厚度减小是由于在钠介质中的选择性溶解,镍溶于钠中形成表面铁素体化。

(4)辐照下的包壳负荷。这时约 80%~100% 的裂变气体释放,裂变气体释放量与燃耗成正比,包壳负荷直线增加,尤其在以上讨论的腐蚀区域。由于包壳减薄,负荷更大,而且由于材料在辐照下的肿胀与温度有关,在包壳的厚度方向,因存在温度梯度,肿胀引起应力。

燃料中的肿胀,辐照下每 at% 约为 0.62%,这时芯块的膨胀大于包壳,在低功率下,如功率增加会发生芯块-包壳机械相互作用而大大增加应力,严重的情况下会造成包壳破损。因此,当长期在低功率下运行时,提升功率要分步,缓慢上升。

2)元件盒管的堆内行为

与包壳相同,在中子通量的作用下,元件盒管也会不断变化,同样起作用的还是肿胀和辐照蠕变。虽然其变化机制与包壳相同,但由于元件盒管所承受的温度和温度梯度都比包壳管要小,其肿胀和蠕变的值也相应较小。在这些变化机制和钠流动压力的作用下,元件盒管会发生几何变形,其长度和对面间距将增加,进而发生弯曲等。

元件盒管发生变形的原因很复杂。长度变化的主要原因是辐照引起的肿胀。肿胀也会引起对面间距的增加,而蠕变则使元件盒管发生瓢曲,元件盒管畸变,从而使面间距产生变化。由于燃料组件在堆内的位置不同,相对面接受的辐照剂量不同,产生的肿胀量也不同;另一方面,元件盒管在加工时角部的冷加工量不同,不同的冷却工量材料的抗肿胀性能也不同,不同的肿胀性能将使六角管的形状发生畸变;而且元件盒内钠的压力各处也不同,即元件盒管各处的应力也不同。这些不同都会造成元件盒管的畸变和弯曲,从而制约元件盒管的使用寿命。

冷加工的 15-15Ti 奥氏体钢由于抗肿胀性能和蠕变性能不能满足要求而淘汰;镍基合金由于辐照诱导的脆性太大而淘汰;铁素体-马氏体钢能承受的损伤剂量可达 200dpa,元件盒管经受的温度比包壳低,因而能满足需要,被选为新型元件盒材料。

3)燃料棒束的堆内行为

(1)绕丝在焊接前要达到一定的紧张度,使两者在辐照时和温度变化时能保持一致,如不一致可发生以下两种情况:

① 包壳变形大于绕丝——绕丝抽紧造成元件棒弯曲；

② 包壳变形小于绕丝——绕丝不直,绕丝与包壳间的角度发生变化。

(2) 燃料棒束与元件盒管的相互作用。制造中燃料棒束与元件盒管之间留有一定间隙。此间隙要合适,间隙过大会导致燃料棒束在堆内发生振动;过小则辐照后会发生相互作用。燃料棒束与元件盒管的相互作用分为三个阶段:

第一阶段,间隙弥合。燃料棒束在元件盒中是自由的,燃料棒由于与绕丝相互作用发生弯曲以及肿胀等使间隙减少,这时与元件盒管未发生相互作用,但包壳局部温度可上升几摄氏度。

第二阶段,中等程度相互作用。此阶段开始发生真正的相互作用,元件盒与燃料棒束相互接触,由于累积的包壳变形引起对元件盒管的压力,元件盒管对包壳的反作用力造成包壳的椭圆变形和弯曲。此时可有两种情况,即发生绕丝接触或包壳接触。到后期,绕丝和包壳管均与元件盒管接触,包壳的椭圆度可达几百微米。

第三阶段,强相互作用。此阶段任何的变形只能造成包壳管更大的椭圆度,并产生非常大的局部应力;这时液钠流道变小,温度升高,这些综合作用将使包壳很快达到破损。为避免到该阶段,必须加强监测每个组件的出口钠温度,以据此估测出相互作用的程度。

4) 包壳破损

包壳破损可能造成以下影响:燃料体积增加(有间隙的,间隙变小;没间隙的,增加包壳应力);有可能由于重铀酸盐与钠的还原反应,从一个封闭系统变成一个开放系统,以至于氧化铀钚从元件棒中释放出来;元件棒的导热性能变化,燃料中 O/M 比下降,氧化物的导热性能下降;钠进入元件棒,导热性能改善。

事实上氧化铀钚与钠在很大的温度范围内是不相容的,一旦包壳破损,钠进入包壳,会与氧化铀钚反应,生成铀钚酸钠,造成体积膨胀,使应力增加,初始裂缝扩大,从而产生二次裂纹,造成裂变材料的外泄。

8.3.3 事故工况下的性能预测

对于事故工况下的性能预测,目前已累积有大量实验数据并已融入到相关计算模型中。

1. 反应性故障

与反应性增加有关的故障(如控制棒突然提升),会导致堆芯功率上升,进而造成温度上升,在燃料芯块中引起氧化物熔化。这时在燃料中的裂变气体可分为三类:晶内小圆气泡;晶界透镜状气泡($1\mu m$)和晶界大气泡(约 $10\mu m$)。如动能较小,中心区域的晶内气泡开始变大,若气体较多,温度较高,则中心孔会由于塑性变形而合拢。

在较大的反应性突变故障下,在超压力的晶界气泡作用下,在燃料中未重结晶的区域产生碎片,然后发生燃料熔化。

2. 低流或失流事故

低流或失流事故的显著后果是包壳温度升高。如流量丧失不太严重,仅是包壳温度升高,将引起包壳破裂。但如果包壳内部压力高,破损将很快发生;比较严重的情况下组件会发生堵塞,导致钠沸腾和二次侧管道发生无钠,此时变化的动能非常快,将可能引起包壳熔化。

8.3.4 快堆燃料组件的腐蚀性能

1. 钠中行为

快堆燃料组件及结构材料在钠中的腐蚀性能良好。对奥氏体不锈钢来说,在550℃以下几乎无作用,高于550℃由于镍的溶出,会造成表面20~30μm的铁素体层;但对高镍合金来说,影响较大,对含镍量为40%的高镍合金,其腐蚀层是奥氏体钢的2倍,如介质中氧含量增加,或材料中镍含量增加,腐蚀层便会增加。当镍含量在50%以上,其腐蚀量便不可接受。铁素体在钠中的腐蚀量很小,可以忽略。

2. 水中行为

由于燃料组件出堆后要在水中储存相当长一段时间,在这个过程中燃料棒必须在密封的同时可以操作。奥氏体不锈钢在水中的腐蚀是可以控制的(约0.2μm/年),但必须要在储存前洗掉大部分的钠,并使残钠转变成碳酸盐,以防止产生苛刻腐蚀。在池中必须完全浸没,以防止水-空气界面腐蚀。铁素体—马氏体钢在水中的腐蚀大于奥氏体钢;但如果水中氯的含量控制在低于$0.2×10^{-6}$,第一年的腐蚀量为1.2μm,以后每年为0.3μm,腐蚀速率尚可接受。但在马氏体和奥氏体的接触部位(如焊接接头处)会形成电化学腐蚀对,对其行为必须进行深入研究。

3. 硝酸中的腐蚀

在燃料组件的后处理中,为防止储存罐的腐蚀,以及实现高放射性裂变产物溶液的玻璃化,必须限制铁在硝酸中的浓度,因此要研究包壳及元件盒材料在硝酸中的腐蚀。奥氏体不锈钢和高镍合金在此工序中腐蚀是很少的,对ODS材料的腐蚀量就会大一个数量级。

8.4 其他材料

1. 控制材料

控制材料是指中子吸收截面高的元素、合金和陶瓷等材料,它是反应堆实现可控与自持核反应不可缺少的材料。对控制材料来说,最重要的性能是中子吸收截面要大,对于热堆来说,不仅热中子吸收截面要大,还要注意对超热中子的吸收能力。此外,这种作用应不随燃耗的增加而降低,以保持毒物效应;中子活化截面小,含长半衰期元素少;同时经济性好,便于加工。主要的控制材料是铪(Hf)、镉(Cd)、钐(Sm)、钆(Gd)、硼-10(^{10}B)、钽(Ta)等。

铪有6种同位素,而且每一种都有相当大的热中子吸收截面,并且在较高能量外有若干共振峰。铪和中子发生(n,γ)反应,其中的一种同位素俘获中子后生成的新同位素也是有效的吸收体。因此铪的使用寿命长,估计在压水堆内的工作寿命为20年(硼不锈钢只有3~5年)。与其他毒物比较,铪的热中子吸收截面虽然低,但铪-177、铪-178和铪-179三种同位素的共振吸收截面较高,所以铪具有相当高的控制效率。铪的同位素中只有铪-175和铪-181有放射性,而且分别在45天和70天生成稳定化合物。由此可见,铪有两个非常吸引人的优点,即尺寸稳定没有肿胀以及废物处理非常容易。

铪的熔点高(2150℃),有适当的力学性能、焊接性能和加工性能;铪、锆共生,两者化学性能相仿,对高温水有很好的抗腐蚀能力,未发现辐照对加速铪的腐蚀有影响。由于铪的纯金属有足够的强度和耐蚀性,能直接做控制棒使用。但它难于获得,价格昂贵,因而在民用动力堆中的应用受到限制。为此,需要寻找一种替代材料。实验表明,银—铟—镉合金完全能满足对控制材料的要求,尤其是材料 Ag-80%In-15%Cd-5%。

镉的热中子吸收截面很大(2450b),银和铟的热中子吸收截面小,但其共振吸收截面大,对超热中子吸收截面大。因此是一种高效吸收体,其效果与铪相近。银—铟—镉合金易于加工,价钱便宜;在常规轻水堆运行温度条件下有足够的强度;是单相固溶体,辐照稳定性好;对热水的耐蚀性中等,实验表明在360℃水中,年腐蚀耗损约 2.5×10^{-2} mm。在早期的压水堆中,将镀镍后的合金直接用于高温水中,但由于在反应堆中的腐蚀速率比预期的大,现这种合金装在不锈钢包壳中使用。现在的压水堆一般都采用 Ag-15%In-5%Cd 合金做控制材料。

由于硼-10 的中子吸收截面大(3838b),且成本低,因此热中子反应堆的控制棒和可燃毒物普遍采用含硼材料。硼吸收体的主要使用形式是配成合金或制成弥散体,如硼不锈钢、硼硅不锈钢、碳化硼陶瓷体。碳化硼陶瓷体是快堆的主要控制材料。

碳化硼(B_4C)质地坚硬,熔点高,强度大,化学性质稳定,价格低廉。既可以以化合态使用,也可以与不锈钢、铝制成弥散体应用。在高温水中的耐蚀性为中上等,实际使用中通常用耐蚀材料包覆,在使用中应注意氦的释放及与 300 系列不锈钢的相容性。

中国实验快堆使用碳化硼为控制材料,^{10}B 富集度为 92%,密度为 90%理论密度;屏蔽棒采用天然丰度的碳化硼(19.8%),85%理论密度;包壳材料为奥氏体不锈钢。

由于控制棒在制造中保留的间隙容易在辐照早期开裂后被碳化物所填塞,从而失去辐照肿胀应占用的空间,造成早期破损。设计中加入内衬管,当碳化硼芯体开裂时,碎片不致掉落;当碳化硼肿胀时内管胀裂,但不致发生包壳破损,从而延长控制棒在堆内的使用寿命。

某些稀土元素,如钐、铕、镝、铒等,既有大的热中子吸收截面,在超热中子区又有较大的共振吸收截面,也可用作控制材料。

稀土金属化学活性很高,成本也比稀土氧化物高,因此只能用它们的氧化物。稀土氧化物的熔点高于 2000℃,但在热水中会迅速水解随后发生肿胀,因此不宜用于水冷堆,而适用于高温气冷堆。将稀土氧化物用于水堆时,通常将其与不锈钢等基体金属制成弥散体,加上包壳。这样,一旦包壳破裂,水解作用也仅限于表面裸露的氧化物颗粒局部范围内。

2. 慢化材料和反射层材料

慢化材料是指在与高能中子的弹性碰撞中能有效吸收中子能量,把核裂变时放出的快中子能量降到对裂变元素反应截面大的热中子水平的材料。而反射层材料应能够减少中子泄漏,降低中子损失,提高中子利用率;减小堆芯临界体积,缩小堆内的中子分布差,使功率分布平坦。这就要求反射层材料中子散射截面大,吸收截面小,以便增大中子反射概率,对中子多碰撞、少吸收。这与中子慢化要求相似,因此反射材料与慢化材料可以互相通用。根据这个目的,材料的要求是:热中子吸收截面小,散射截面大;导热率高,热膨胀系数低;抗辐照、耐腐蚀、化学稳定性和热稳定性好;与冷却剂相容性好;来源方便,制造成本低;固体的慢化剂还应有足够的强度。使用的材料有轻水、重水、石墨、铍、氧化铍、氧化锆,参见表 8-3。

表 8-3　四种慢化剂的性质

慢 化 剂	慢化能力 $\xi\Sigma_s/cm^{-1}$	吸收截面 Σ_a/cm^{-1}	慢化比($\xi\Sigma_s/\Sigma_a$)
轻水	1.36	0.022	60
反应堆级石墨	0.06	0.00038	160
铍	0.15	0.00117	130
重水(纯度100%)	0.18	0.33×10^{-4}	5500
重水(纯度99.75%)	0.18	0.88×10^{-4}	2047
重水(纯度99.0%)	0.18	2.53×10^{-4}	712

轻水的优点很多,如慢化效果好、价格低,而且能同时用作慢化剂与冷却剂。但它的缺点是热中子吸收截面相对来说比较大($2.2\times10^{-2}cm^{-1}$),沸点比较低。

重水的价格高,但其慢化效果好,中子吸收截面小($3.3\times10^{-5}cm^{-1}$),因而如用重水作慢化剂时,可用天然铀为燃料。

石墨的价格中等,力学性能好,热稳定性好,导热好;但其慢化效果不如重水和铍,并且在稍高的温度下与氧、二氧化碳、水蒸气和液态钠都会作用,还能与一些金属和金属氧化物形成碳化物,具有复杂的辐照效应。

铍的优点是熔点高、比热容大、弹性模量高,有较高的高温强度,中子吸收截面小,散射截面大;缺点是剧毒,高温抗氧化性能和辐照肿胀性能差。

氧化铍具有铍的优良性能,克服了铍的缺点。它的高温氧化性能好,在高温液态金属和二氧化碳、氦气中很稳定,因此可用在高温气冷堆和液态金属反应堆中。

铍和氧化铍多用在实验堆和空间堆上。

氢化锆主要用在脉冲堆上,它的慢化效果好,热中子吸收截面较小,受辐照影响小,高温下热稳定性较好,可用作飞机和航天用反应堆的慢化剂。

对于快堆而言,冷却剂为钠,没有慢化剂。

3. 屏蔽材料

为了尽可能减少人体所受的限制,防止结构材料和机器设备受射线照射后发热、活化和性能下降,或为了降低测量仪器的本底,要使用屏蔽材料在辐射源和被辐照物之间设置屏障。

对于 γ 射线来说,含高原子序数原子的物质,其屏蔽效果较好;对中子来说,因为散射截面随元素种类和中子能量变化复杂,所以不能像 γ 射线那样一概而论,原子序数小的元素,尤其是含有大量氢的物质,通过弹性散射能使中子能量大幅度减小,屏蔽中子的效果就好。

屏蔽材料包括非金属材料、金属材料、混凝土材料和有机屏蔽材料。

非金属屏蔽材料包括水、石墨、硼及含硼物质等。水是有效的中子屏蔽材料,但对于 γ 射线,由于它的电子密度低,不是一种良好的屏蔽材料。其优点是容易获得,价格低,不产生微小间隙,化学性能稳定,可作冷却剂;缺点是必须进行完全的防水施工,长期放置会产生浑浊现象,与水接触的其他材料会遭受腐蚀。石墨由于在高温下具有良好的物理、化学和力学性能,在快堆中用作快中子的屏蔽体。为了改善石墨的中子屏蔽性能,有时混合一些硼化合物之类的热中子吸收剂,在石墨作中子屏蔽体的场合,最好密度在 $1.6g/cm^3$ 以上。硼的热中子吸收截面大(约3840b),可以直接使用,也可混入石墨和聚乙烯中使用。含硼的矿石可以加入到保温材料中做成屏蔽材料,也可以在混凝土中加入硼,制成含硼混凝土来作屏蔽体。此外,在某些场合,根据用途,也可使用像溴化锌溶液那样的特殊液体,或者像含铅玻璃那样的特殊玻璃来制作透明屏蔽材料,也可以用砂石、土和黏土来作屏蔽体。

金属屏蔽材料包括铁、不锈钢、加硼钢和铅等。因为铁的密度大(约 $7.8g/cm^3$),机械强度高,所以广泛用作反应堆结构材料和热屏蔽体材料,但很少单独用铁作中子屏蔽材料,一般用于铁-水多层结构,或混在混凝土中使用。不锈钢对 γ 射线及中子的屏蔽性能比铁优越,尤其是因为非弹性散射截面大,屏蔽快中子更有效,但不锈钢受中子辐照后的活化比铁严重。在快堆中,不锈钢尤其是奥氏体不锈钢常用作热屏蔽体材料。为了增加对热中子的屏蔽效果,把硼加入铁中,成为加硼钢。铅的密度为 $11.3g/cm^3$,在空间有限场所,一般多用它作 γ 射线屏蔽材料,但铅非常软,熔点低,容易被碱侵蚀,在使用上受限制。钨和铋的原子序数比较大(74 和 83),对 γ 射线的屏蔽效果大,尤其是钨,熔点高,可以用在高温场合。此外,铀的原子序数也较大(92),对 γ 射线的屏蔽能力更大,因此有时使用低品位的铀做 γ 射线的屏蔽材料。

在空间允许的场合,采用混凝土作屏蔽体比较经济。混凝土含有适当量的屏蔽中子和 γ 射线的物质,根据需要还可以把某种元素和物质混入其中,并做成形状复杂的屏蔽体。

大部分有机材料都含有较多的氢原子,所以可以做中子屏蔽材料。石蜡常在实验室中用作中子屏蔽,其相对密度小(0.87~0.91),熔点低(40~60℃),加工容易,价格低,使用时加入硼化物效果更好。聚乙烯是相对密度为 0.92 的纯碳化氢,是较好的中子屏蔽材料,也可以加入硼和锂的化合物以增加中子吸收能力,或与铅粉混合以改善对 γ 射线的屏蔽能力。聚乙烯易加工,不产生活化,但容易受到辐照损伤,其他塑料的情况也相同。此外,木材因含有大量氢,所以也能做中子屏蔽材料用。一般人工制作的纤维板吸湿性小,不易变形,故比天然木材的使用效果好。

参 考 文 献

[1] 徐銤. 快堆材料[M]. 北京:中国原子能出版传媒有限公司,2011.

[2] Classtone S,Sesonske A. Nuclear Reactor Engineering [M]. Springer,1994.

[3] Bailly H,Messier D,Prunier C. The Nuclear Fuel of Pressurized Water Reactors and Fast Neutron Reactors [M]. Lavoisier Publishing Inc. ,1999.

[4] 阮於珍. 核电厂堆材料(核电培训系列教材)[M]. 北京:原子能出版社,2010.

[5] 长谷川正义,三岛良绩. 核反应堆材料手册[M]. 北京:原子能出版社,1987.

[6] 曹启馨. 快堆材料的腐蚀[J]. 核动力工程,1985(4):71-76.

[7] 宋秀芹,张锡霖. 快堆材料力学性能钠试验回路[J]. 中国原子能科学研究院年报,1992(1):177-178.

[8] Mcdeavitt S M. Uranium processing for the nuclear fuel cycle[J]. JOM,2000,52(9):11.

[9] Benedict M,Pigford T H. Nuclear chemical engineering[J]. 1982,82:4.

[10] 徐海涛. 快堆结构材料综述[J]. 核科学与工程,2008,28(2):129-133.

[11] 别业旺,张东辉,等. 钠冷快堆燃料破损定位方法综述[J]. 核科学与工程,2014,34(3):307-315.

第九章　钠冷快堆安全

解决快堆安全问题的方法与轻水堆系统的大量经验积累一直是同步进行的,并从中获益匪浅。事实上,因为各种级别的假想事故在任何时候都有一个实际出现的机会,所以轻水堆与快堆系统的综合后果通常是类似的。

当然,具体的事故在两个系统中的途径可能不同。例如对于导致三哩岛事故的初因事件,在快堆系统中,事故最初和压水堆是类似的,即并行的蒸汽发生器给水系统中泵故障合并阀门关闭,都会引起蒸汽发生器过热。但之后,钠冷快堆系统中的事故序列与在三哩岛上出现的事故序列相比,基本无相似之处。与压水堆中需要加压不同,钠冷快堆是低压系统,一回路将继续维持单相流状态。因此,同样的事件在钠冷快堆系统中不易导致燃料破损。但是可以假设其他多重故障,从而导致堆芯部分损伤的情况。对于表9-1所列的事故分类,对同一类事故轻水堆和快堆系统的事故后果是类似的。

表 9-1　按 ANS 标准事故分类工况

PWR 和 BWR		LMFBR	
类　别	范　例	类　别	范　例
Ⅰ正常运行	启动,停堆,备用,功率变化,换料,在技术范围内的包壳破损	Ⅰ正常运行	启动,停堆,备用,功率变化,换料,在技术范围内的包壳破损
Ⅱ中等频率事故(在一年内可能出现一次)	控制棒意外提升,堆芯冷却剂部分丧失,失去厂外电源,运行人员单一故障	Ⅱ预期的运行事件(在电站寿期内可能出现一次或几次)	钠泵停运,控制棒意外提升,失去厂外电源,汽轮机停运
Ⅲ稀有事故(在寿期内可能出现)	二次管道破裂,燃料组件错装,堆芯流量完全丧失(泵卡轴除外)	Ⅲ假想事故(预期不会出现,但设计时依然要考虑,以便对公众安全提供附加的安全裕度)	大型钠火反应,大型钠水反应,主泵卡轴
Ⅳ极限故障(预期不会出现,在有显著的放射性释放的前提下,设计必须能防止最严重的故障)	一回路主管道断裂,弹棒,二回路主管道断裂		

轻水堆在安全方面的主要缺点是为了得到适当的冷却剂温度,需要对冷却剂进行加压。因此,一次系统的任何破裂都会导致冷却剂的喷放,而这类事件在钠冷快堆系统中是不存在的,因为其在额定工况下冷却剂钠在不加压或稍许加压(为了防止氧气漏入)的情况下,其欠热度高达约350℃。钠冷快堆一次系统的破裂不会导致冷却剂的沸腾,其事故的主要后果主要在于冷却剂钠的化学性质非常活泼,与空气和水都会发生剧烈的化学反应。在某些严重事故条件下,钠与混凝土的作用也值得关注。对于轻水堆系统没有这些问题,但在严重事故情况下锆水反应也是后果难以接受的化学过程。

在反应性反馈方面,大型的钠冷快堆在堆芯中心的钠减少时,会引入正的反应性反馈,而在轻水堆系统中,类似的冷却剂丧失事故引入的则是负反馈。

对于轻水堆,在发生失水事故时,为防止堆芯熔化必须立即启动应急冷却系统(ECCS),以便有足够的水来覆盖堆芯。而对于钠冷快堆中类似的事故,保持钠覆盖堆芯是比较容易做到的事情,且由于钠温远远低于沸点,甚至在一次泵故障的情况下,自然对流仍可以迅速建立起来。

相对于以钚为燃料的钠冷快堆来说,轻水堆的核性能似乎较易于控制。因为轻水堆中缓发中子份额大约为钠冷快堆中缓发中子份额的 2 倍,且其瞬发中子的代时间则相应大 2~3 个数量级。但这些差别仅仅在严重事故情况下才开始起作用。

钠冷快堆的热时间常数比轻水堆的短,主要是由于燃料棒尺寸较小以及每根燃料棒的冷却剂流通面积比较小的缘故。在进行瞬态研究中,习惯上要考虑这些因素。

对于大小类似的反应堆,就现场的放射性总量而言,两类系统的总裂变产物水平基本相当。但钠冷快堆的钚含量要高一些,该差别一方面是钠冷快堆钚的初装量要比轻水堆大,另一方面是由于^{238}U 在两个系统中的转换不同造成的。

9.1 钠冷快堆固有安全性及安全设施

与所有其他工程系统的设计者一样,快堆设计者必须考虑增殖堆系统中发生各种故障可能会导致的所有后果,并保证无论发生什么工况,给运行人员和公众造成的风险都能降到最低。为实现该目标,一般有两种途径:①设计多项专门的保护系统,用以阻止事故的进一步发展或缓解事故的后果;②在总体设计概念的选择上,使反应堆具有固有的安全性,即对一系列可能发生的事故,反应堆的设计可由本身的物理特性令其达到安全状态,甚至在不采取保护措施的情况下,堆的损伤也不会扩展。目前反应堆设计的一大趋势是尽可能将反应堆设计成具有固有安全特性。

9.1.1 固有安全性与反应性控制

1. 固有安全性

1)放射性包容边界

对于钠冷快堆而言,裂变产物的绝大部分都被滞留在燃料芯块的基体内,所以有时燃料芯块也称为第一道包容边界。在裂变产物中,^{131}I 在事故情况下向环境的释放是决定事故后果严重程度的重要因素。在钠冷快堆中,由于作为冷却剂的钠具有很强的化学活性,所以很容易与碘化合形成碘化钠(也有一部分自由碘),从而减轻了放射性向环境的释放(相对于水堆而言)。而对于采用氧化物燃料的快堆元件设计,燃料元件包壳一般采用 20% 冷加工的 316 不锈钢,在设计时一般都留有较大的裕度,使得燃料元件即使在燃耗末期也极少有破损。由裂变产物的腐蚀或制造时的缺陷所引起的破损在大部分情况下仅仅是使包壳产生微小的裂缝,刚好能使气体裂变产物(还有某些易挥发裂变产物)通过并释放到冷却剂中,在这种情况下,进入冷却剂的放射性量很小。

如果包壳破损范围很大,则气体裂变产物会释放到冷却剂的覆盖气体中去,此时堆容器及堆顶盖将起到包容作用,但很可能还有一小部分裂变气体经过泵轴、控制棒驱动机构和旋转屏蔽塞的密封处泄漏出来,这些地方的密封设计应使这些泄漏以及^{24}Na 的泄漏都保持在很低的水平上。除了这些微小的泄漏外,堆容器也必须设计得能够防止产生大的破口,即能够承受意外载荷的作用,这些载荷可能是从外部强加的,也可能是由堆芯事故从内部产生的(如堆芯解体事故)。

从一次边界释放出的任何放射性物质都首先会被限制在反应堆厂房内。反应堆厂房都设置有包含过滤器的通风系统,以便对排入大气的放射性进行控制,同时应对一次钠或二次钠泄漏可能引起的钠火。反应堆厂房也要能够承受暴风、地震和爆炸飞射物等外部原因引起的载荷。

应该指出的是,相对于压水堆,快堆系统的三道安全屏障(燃料元件包壳、一次冷却剂边界及反应堆厂房)之间有更好的独立性。例如,对于压水堆,在发生严重失水事故时,如果没有应急堆芯冷却系统(ECCS)的及时投入,将会导致燃料元件大范围的破损,一次冷却剂的喷放闪蒸会导致安全壳内的压力迅速升高,大量锆水反应产生的氢气同时会极大地威胁安全壳的完整性,而钠冷快堆目前还没有合理可信的事故会同时导致两道(或三道)包容边界的同时失效。

2) 冷却剂压力

从安全的观点来看,钠冷快堆的一个十分重要的优点是冷却剂压力低,所以一次冷却剂容器承受的作用力小,不大可能发生损坏。即使发生破裂,也不会导致冷却剂的汽化。在堆容器之外另加一层保护容器以及类似的措施之后,可以使得在堆容器破裂的情况下依旧保持堆芯的淹没状态,并通过自然循环保持堆芯的冷却。

池式快堆还有一个额外的安全特性:在堆容器中有大量的钠冷却剂,具有非常大的钠装量(功率比),只要借助于泵或自然对流使之循环,即使根本没有二次冷却,堆内温升也很慢;除此之外,堆内还有大量的钢结构部件,其热容也可以吸收大量热量。

3) 反应性系数

负的反应性反馈是现代反应堆设计所必需的一个基本要求。对于采用氧化物燃料的快堆,重要的反应性反馈大致包括多普勒、钠空泡以及堆芯机械变形三种反馈。其中,多普勒反馈是固有、可靠的瞬发负反馈反应性,在假设的严重事故工况下起着十分重要的作用。

由于在钠冷快堆中冷却剂温升较大,所以可以依靠巧妙的机械设计使得堆芯的变形在温度升高的情况下能够提供可靠的负反馈,但由于燃料元件以及其他机械部件均有一定的热时间常数,该反馈相对较慢。在严重事故条件下,由于堆芯的机械结构遭到了破坏,其作用也受到了限制,但对于大多数事故,该反馈还是可以起到非常好的缓解效果。

对于温度系数,在压水堆中,由于燃料的最佳布置以及对硼浓度的适当控制,冷却剂的密度变化引入的是负反馈。但在快堆中,由于燃料的富集度高,对大的堆芯内钠的局部丧失所引起的反应性可正可负,这取决于该变化在堆芯内所处的位置。在靠近堆芯中心处,慢化、俘获和自屏占主导地位,因此反应性变化为正;而在靠近堆芯边缘时,中子的泄漏则变成主要的,故反应性变化为负。但对于小型快堆而言,由于堆芯小,任何时候都是泄漏占主要地位,所以可以做到钠空泡系数在所有情况下均为负值。

当然,钠冷快堆在安全上也存在一些缺点,如功率密度高、反应性引入的可能性较大以及冷却剂的化学性质活泼等。功率密度高意味着如果燃料元件完全失去冷却(极端情况下），其温度上升将相对较快；由于快堆的燃料布置通常未处于最大反应性状态，所以就存在燃料分布密集而导致正反应性的可能性；而冷却剂钠的化学性质虽然活泼，但可通过增设防漏的保护容器或保护套管以及提供消防系统等方法加以克服，从而使其优点远胜于缺点。

2. 反应性控制

在反应堆运行过程中，由于核燃料的不断消耗和裂变产物的不断积累，反应堆内的反应性会不断减少。此外，反应堆功率、温度等的变化也会导致反应性变化，所以核反应堆的初始燃料装量必须比维持临界所需要的量多，使堆芯寿命初期具有足够的剩余反应性，以便在反应堆运行过程中补偿上述效应引起的反应性损失。

为补偿反应堆的剩余反应性，在堆芯内必须引入适量的可随意调节的负反应性，既可用于补偿堆芯长期运行所需要的剩余反应性，也可用于调节反应的功率水平，以及用作停堆的手段。例如，向堆芯内插入或抽出控制棒、移动反射层以及改变中子泄漏等，其中向堆芯提插控制棒是最常用的一种方法。

在快中子增殖堆中，由于燃料的增殖使燃料的燃耗得到部分补偿，所以快中子反应堆所需的剩余反应性比热中子堆小得多。为了防止在运行中发生反应性事故，由上述能动的方式引入反应性的方法构成的控制系统必须具有高度的可靠性，并在系统设计时采取一系列安全措施。例如，限制每根可移动控制棒的反应性当量，以保证即使在反应性价值最大的一个控制棒组件完全抽出堆芯而又不能插入的卡棒事故发生时也能使反应堆停闭，并且有足够的停堆裕量；通过连锁装置限制控制棒的提升速度，以便在操纵员误操作或其他故障条件导致控制棒连续快速提升情况下，限制反应性的引入速率。除了上述的主动反应性控制系统外，反应堆还有固有的反应性控制（如堆芯温度反馈效应），只要反应堆控制系统能够充分发挥功能，加上反应堆本身所具有的自调特性，发生反应性事故时，反应堆的安全是有保证的。

9.1.2 专设安全设施

为了缓解可能发生的设计基准事故，钠冷快堆设置了多项专设安全设施，以将事故限定在一定范围内，防止其发展成为更加严重的事故。这些安全设施包括安全壳系统、余热导出系统、蒸汽发生器保护系统、主容器超压保护系统、虹吸破坏装置以及可居留系统。

（1）安全壳系统。核反应堆的设计一般都会包括安全壳系统，该系统有两方面的作用：对内部放射性的包容和对外部事件的防御。对于类似CEFR的小型钠冷快堆，由于其低压特性以及极低的大量放射性释放的可能性，所以一般都设计成不承压的包容形式。其结构上可分为两个层次：作为一次安全壳的内部包容小室和作为二次安全壳的反应堆厂房，同时有正常通风系统和事故通风系统保持着两道屏障维持负压状态。二次安全壳的主要作用是防御外部事件但同时对密封性有一定要求，一次安全壳的要求可以分为两类，一类有较高密封要求，另一类有较高通风要求。

（2）事故余热排出系统。该系统的功能是在发生不能通过蒸汽发生器将堆发热排出时（如因全厂断电、蒸汽发生器给水中断、地震等），将反应堆剩余发热排到最终热阱，为此我国CEFR事故余热排出系统的设计具有两个突出的特点：①除了空冷器的风门外，整个系统都采用了非能动设计,为了及时有效地打开风门,在其驱动机构上除了正常电源外还接了可靠电源,同时保留了可以用破坏的方式打开由三段组成的空冷器风门的可能性;②在任何情况下风门均保持有一个最小开度(使得功率约为额定值的10%),一方面可以保证回路内随时都能建立自然循环,另一方面保证即使在空冷器风门没有打开的工况下,由于余热作用使得堆内温度的升高也不会超过设备的温度限值。

(3)反应堆容器超压保护及紧急卸压系统。该系统的功能是用来保护反应堆主容器和保护容器,防止其中的保护气体超压,并可在过渡工况中自动调节反应堆保护气体的压力以及在事故缓解需要时紧急降低堆内的压力。该系统包括主容器和保护容器的气腔、主容器和保护容器的保护装置(密封装置)、补偿容器、紧急卸压支路及电动阀、连接管道、保温层电加热及支吊架等。

(4)反应堆保护容器。其功能是当反应堆主容器的完整性被破坏时,对一回路钠的流出进行限制和约束,防止一回路放射性物质的外泄,并维持钠的液位,保证一回路循环不中断。

(5)蒸汽发生器事故保护系统。该系统的作用是保护在大型钠—水反应事故下重要设备的完整性(如蒸发器壳体、中间热交换器、换热管等),以防止钠水反应的扩大和蔓延。

(6)虹吸破坏装置。当一次钠净化系统管道发生大的破裂,如双端断裂,会导致堆内的钠快速流失,此时若不及时制止,会导致事故热交换器的入钠窗露出,使反应堆失去事故余热排出能力;同时,大量的钠流出,会超出反应堆厂房的承受能力,以及导致过量的放射性释放,而虹吸破坏装置的设置,将自动以非能动形式破坏虹吸过程,减少钠的流失,并使得操纵员有足够的时间去关闭取钠管上的截止阀,阻止钠的排出。

(7)可居留系统。原则上讲,确保控制室可居留的系统应包括屏蔽、净化系统、控制室内空气条件的控制、食品和水的储存,以及厨具和卫生设施。但根据需求的可居留时间不同,系统设计的考虑也应有所不同,如系统设计时都应考虑主控室的通风、空调以及门的防火设计,但在要求时间较短的情况下,食品和卫生设施等的重要性就会有所下降。

9.2 瞬态事故分析

反应堆的运行偏离正常运行范围会导致异常事件,当超出系统的调节能力时,便可能导致各种事故工况。

9.2.1 反应性引入事故

反应性引入事故(TOP)是指向堆内突然引入反应性,导致反应堆功率急剧上升而发生的事故。这种事故若发生在反应堆启动时,可能会出现瞬变临界,反应堆有失控的危险;若发生在功率运行工况时,堆内严重过热,可能会造成燃料元件的大范围破损。

在钠冷快堆中导致反应性引入的原因主要有:

(1)控制棒失控抽出。如6.3.2节所述,在快堆中设置有三种类型的控制棒:安全棒、补偿棒和调节棒。在正常运行工况下,安全棒全部提出堆外,在保护系统的触发下可以快速插入堆芯停闭反应堆;补偿棒位于堆内的某一位置,用以补偿燃耗造成的反应性损失,在平时其位置保持不动,只有在调整功率等特定工况下才会移动;调节棒处于不断上下运动的过程中,用以平抑功率的波动。在反应堆控制系统和控制棒驱动机构失灵的情况下,调节棒或补偿棒不受控地抽出,向堆内持续引入反应性,引起功率不断上升的现象称为控制棒失控抽出事故(又称提棒事故)。

(2) 冷却剂沸腾或气泡通过堆芯。堆芯内不同位置的沸腾以及气泡通过不同位置的组件,会引入不同的反应性。对于大型快堆来讲,空泡出现在堆芯中心位置会导致正的反应性引入,而在边缘位置则会导致负的反应性引入;而对于小型快堆,由于堆芯小,所以在任何位置都是负反馈。

(3) 冷却剂温度变化。冷却剂温度的变化会导致两方面的后果:①钠的密度变化,导致类似于钠空泡的反馈;②结构以及燃料元件的变形,从而产生变形反馈。由于堆的负反馈特性,所以在冷却剂温度降低的情况下会引入正的反应性。

(4) 堆芯裂变材料的密集。在快堆中,由于燃料组件的热变形和辐照肿胀,有可能发生组件活性段向堆芯中心弯曲,导致燃料密集并导入正反应性。因此,快堆堆芯的设计必须考虑机械变形的约束和组件六角管垫块的位置,以防止堆芯燃料的密集。在某些极端的情况下会出现部分或全部堆芯熔化,而后在重力等作用下存在裂变材料进一步密集的可能性。由于快堆燃料的富集度很高,大范围燃料的密集会引入非常大的正反应性,从而引发严重的瞬发临界事故;但在小型快堆中,由于其强烈的负反馈特性,没有可信的始发事件会导致这样的极端事件。

反应性引入事故主要包括以下三种事故:

(1) 反应堆启动事故。在反应堆启动过程中,尤其是初次启动,由于设备故障或操作错误引起控制棒失控抽出,以一定速率向堆内持续引入反应性,致使反应堆从次临界迅速达到临界,进而又发展为瞬发临界事故,称为反应堆启动事故。在堆处于缓发临界时,功率的上升相对比较缓慢,但一旦达到瞬发临界,将会导致功率激增,引发严重后果。反应堆达到临界以及进入瞬发临界所经时间的长短与引入反应性速率的大小有关,引入的反应性速率越大,则达到瞬发临界的时间越短。启动事故须依靠反应堆紧急停堆来终止,停堆信号取自周期保护和高功率保护。

(2) 额定功率下控制棒失控提升。在额定功率下,由于有多项负反馈的存在,不会发生类似启动那样的短周期事故。但是因为堆芯工作在较高的参数下,更多功率的释放会使得元件温度升高,甚至导致大范围的元件破损。

(3) 冷钠事故。对于钠冷快堆而言,其存在较为强烈的负反馈特性,在堆芯内如果突然有冷钠进入,将会导致正反应性的引入,即为冷钠事故。

9.2.2 失流事故

反应堆事故的产生与堆芯中热量的产生和传输能力之间的不平衡密切相关。这种不平衡可能是因为反应性引入引起的超功率,即热量产生过多而引起的;也可能是因堆芯冷却系统发生故障或破坏而形成的。前者一般简称为物理瞬变,而后者则称为热工瞬变。堆芯反应性引入效应和堆芯热传输行为之间存在着强烈的反馈联系,要严格区分这两种事故瞬变是十分困难的。在反应性引入事故中(启动事故除外),必须考虑堆芯温升引起的反应性反馈效应;而在堆芯冷却系统故障和破坏事故中,反应堆功率变化也起着重要的作用。这里主要对全厂断电、一回路主泵卡轴以及主管道断裂等导致堆芯冷却剂流量不足的三种事故情形加以描述。

（1）全厂断电事故。正常外部供电系统和备用外部供电系统发生故障引起电网电源故障，使反应堆装置厂用电源系统的厂用电母线上的电压或电流频率降低到限值后发出"电网电源丧失信号"，引起紧急停堆，在此情况下，应迅速启动应急柴油发电机，以供一次泵低速运转，但如果柴油发电机也不能正常启动，则可能导致全厂断电。此类事故属于 D 类事故工况。

（2）一回路主泵停运事故。反应堆带功率运行时造成一回路主循环泵停运的原因有：①主循环泵供电系统故障；②主循环泵上部导向轴承金属温度高于 80℃；③主循环泵驱动电机故障；④主循环泵泵箱中钠液面低于允许值（-4.28m）；⑤栅板联箱钠入口温度高于 385℃；⑥主循环泵转速过高（大于 1040r/min）；⑦主循环泵或电机壳体振动超过允许值；⑧主循环泵卡轴；⑨主循环泵断轴。一台主循环泵停运后，通过堆芯的冷却剂流量减少，使堆芯欠冷，反应堆堆芯的发热会在堆芯及堆容器内积累引起堆芯燃料元件和冷却剂温度升高，如不及时停堆可能会导致更加严重的事故工况。当主循环泵转速下降到整定值或反应堆核功率与一回路流量比达到整定值或堆芯出口冷却剂温度达到整定值时，反应堆保护系统将触发紧急停堆。

对于①～⑦引起的主循环泵停泵事件，在触发停泵后主循环泵可以按自然下降速度惰转。这样可以在一段时间内利用泵惰转提供的惯性流量排出堆内流量，使其后果得到缓解。由此类原因引起的主循环泵停运属于预计运行事件。对于预计运行事件，它不会造成燃料熔化和燃料元件包壳破坏，不会危及一回路冷却剂包容边界。

对于⑧和⑨原因引起的主循环泵停运，主循环泵瞬时停止转动，不仅不能提供惯性流量，而且由于主循环泵出口处的逆止阀还没有关闭，会导致正常运行环路上的主循环泵打到栅板联箱的钠在停泵环路上发生倒流，使通过堆芯的冷却剂流量严重减少，堆芯冷却剂和燃料包壳温度会出现明显峰值。此类原因引起的主循环泵停运属于事故工况。

（3）一回路主管道断裂事故。反应堆在满功率下运行时，由于压力管的疲劳腐蚀、小破口、焊接缺陷或其他意外情况，造成四根压力管中的一根瞬间双端断裂且端口完全错开，从而使大量冷却剂快速从两个端口喷放流失是本事故的主要特征。

9.2.3　失热阱事故

由于主热传输系统故障，使得反应堆产生的热量无法排出，从而导致反应堆整体温度升高事故，被称为失热阱事故（LOHS）。对于池式快堆，其可能导致失热阱事故的原因有：

（1）二回路主循环泵卡轴；

（2）蒸汽发生器给水中断；

（3）主给水管道断裂；

（4）全厂断电。

其中主给水管道断裂定义为给水管道上发生裂口，进而没有足够的给水进入蒸汽发生器以保持蒸汽发生器的传热能力。根据断裂口大小、事故前反应堆的运行工况，本事故可能是一个反应堆冷却系统的冷却过程（较小的裂口），也可能是一个欠冷过程。一条环路的主给水管道瞬时断裂后,大量给水沿两个断裂口快速喷放,当断裂口位于蒸发器隔离阀与给水泵逆止阀之间的区段时,蒸汽发生器侧的水也通过断裂口倒流,致使蒸汽发生器水位迅速下降,从而触发"一台蒸汽发生器给水流量降低到限值"控制保护信号而使反应堆实施保护停堆。

9.2.4 无保护瞬态事故

像任何反应堆系统一样,增殖快堆系统装备的电厂保护系统(PPS)可以做到在异常情况下进行快速可靠的停堆,根据PPS系统是否失效,分为有保护瞬态事故和无保护瞬态事故,前面已介绍了有保护瞬态事故,本节简要介绍无保护瞬态事故。

钠冷快堆系统作为一种安全可靠的系统,只有在出现重大的异常工况,并且PPS系统假定失效的情况下,才有可能出现严重的事故后果。尽管极不可能出现这样的情况,但鉴于核反应堆的风险主要来自于严重事故,所以还是很有必要对此类工况进行研究。无保护瞬态事故包括无保护超功率瞬态(UTOP)和无保护失流(ULOF)。

1. 无保护超功率瞬态事故

调节棒失控提升合并无紧急停堆是可以设想的比较有代表性的无保护超功率瞬态事故。在反应堆正常运行期间,两根调节棒位于堆芯中平面以上的位置,一根处于自动调节状态,另一根处于备用状态。假设处于自动调节状态的调节棒失控提升到顶;处于备用状态的调节棒转入自动调节状态,并接着提升到顶。可能引入的最大反应性相当于一根调节棒从底部失控提升到顶引入的反应性,在此过程中,保护系统没有动作,本事故属于严重事故。

2. 无保护失流事故

全厂断电合并不能紧急停堆是第一项需要着重考虑的工况。两路厂用电源故障,柴油发电机启动失效,使反应堆装置丧失全部交流电。与此同时,由于某种原因使得全部控制棒均不能按设计插入堆芯,反应堆未能及时停堆,并且假设在所计算的时间内失去全部热阱,其中包括事故余热排出系统的排热。

9.3 局部事故

9.3.1 钠火事故

1. 钠火事故的产生及分类

以CEFR为例,其采用钠—钠—水(汽)三回路系统,其中一、二回路的钠装量分别为260t和48.2t,一回路热池平均温度和冷池平均温度分别为516℃和360℃,二回路热端温度和冷端温度分别是495℃和310℃。除此之外,一、二回路净化系统以及充排钠系统的储钠罐中也有一部分钠。这些地方的钠如果透过重重阻碍泄漏到空气中,则有可能发生钠火事故。

钠火的特征为火焰和白色浓密烟雾。燃烧的钠并不完全消耗形成烟雾,大多数是钠氧化物形式的沉积物和没有反应的钠。沉积物和烟雾中的反应产物包括 Na_2O 和 Na_2O_2。在氧气过量时,Na_2O_2 是主要的反应产物;在钠过量时,Na_2O 是主要的产物;在这两者之间时,两种氧化物都可能大量形成。当氧气浓度高于5%时,钠喷射燃烧的特点为白热、浓烟以及压力迅速上升。5%或以下的氧气浓度时,没有足够的氧气维持可燃的燃烧或白热。但当氧气浓度下降到0.1%时会出现延误。钠着火域值的最小氧气的摩尔份额约为3%,它们呈非线性关系。钠的着火温度在干燥的空气中大约为205℃,5%氧气摩尔份额时为344℃。

一般地,钠火分为三种类型,即池式钠火(Pool Fires)、喷射钠火(Spray Fires)和混合钠火(Combined Fires)。影响其后果的主要因素是泄漏孔的几何形状、大小、位置以及钠的有关条件,如钠的温度、流量和速度等。

当钠流本身只是部分燃烧或不燃烧,主要能量由形成的钠池释放时,发生池式钠火。钠池的燃烧速率是能量释放的主要参数,燃烧速率随钠池表面积的增加而增大。在达到某一值(约为$12m^2$)后停止增长,可接受的限值为$36kg/(m^2 \cdot h)$。比较典型的是管道破裂或者大泄漏。这时绝热层被迅速破坏,钠可以不受干扰地流出。典型的池式钠火有三个阶段:

(1) 在最初的数分钟内,周围空气剧烈受热,直到接近燃烧过程中的最高温度。钠的受热取决于钠容器的条件(如材料、绝热层等)和钠池的厚度。

(2) 第二阶段接近常温水平,其温度取决于钠池的尺寸、钠容器的容积和通过墙壁的热传递。

(3) 第三阶段,钠池内的热残留物逐渐冷却。

喷射钠火的特点是钠在空气中立即反应,没有或几乎没有形成钠池。在破口散开或被障碍物散开的喷射钠流可能形成喷射钠火,其能量释放与钠流量直接相关。

钠泄漏的流量和钠的泄漏总量是影响喷射钠火后果的最重要因素。但流量并不是唯一的重要参数,其他因素还有钠喷流的几何条件和形状。在考虑喷射钠火的热力学后果时,这些参数中钠流方向非常重要。对温度为550℃,并在挡板上有撞击的向上钠流的实验研究表明,钠的燃烧受到朝向钠流的氧气扩散的限制。当钠流量增大时,钠燃烧率(燃烧的钠质量/喷射的钠质量)将达到一个限值(10%)。在较小体积的房间内可以更快地到达这个限值。因此,把房间分成几个独立的单元可以有效地减轻钠喷射燃烧的热力学后果。

一般而言,喷射钠火在事故早期将产生一个压力峰值,而池式钠火在事故的长时间内形成温度峰值。

混合钠火类似池式钠火和燃烧的钠喷流的组合。其行为主要取决于位于破口和钠池表面之间的钠喷流的特性。如果钠喷流不被干扰,仅仅依靠水力学效应散开,那么与钠池相比,它释放的能量较小。而干扰后的钠喷流(如障碍物干扰)可能导致可与喷射钠火相似的后果。

2. 钠火事故的后果

钠火的事故后果包括三个方面,即热力学后果、化学后果和环境后果。热力学后果直接表现为发生钠火房间的温度和压力升高,可能危及该房间内的安全设备和系统以及建筑结构的安全;化学后果包括钠与材料的反应、混凝土脱水和钠燃烧产物与材料的反应等。

钠与材料的反应中最重要的是钠与混凝土的反应。其重要性体现在两方面:一方

134

面,它与大量应用于建筑的混凝土有关;另一方面,它可能导致较大程度的破坏。钠和混凝土的反应包括钠与混凝土中水的反应以及钠与混凝土中各种矿物质的反应。

混凝土的一种成分是水,包括自由水和结合水。水与钠反应产生氢气。氢气产生的速度取决于钠的温度和混凝土的厚度。如果氢气和氧气的混合物达到爆炸浓度,将导致钠微粒喷射,这样,由氢氧反应形成的爆炸伴随着喷射钠火。

混凝土中的水由于热应力移出而导致混凝土脱水。实验表明,在 550℃ 和较小的混凝土厚度时,通过冷面将释放出较多的水,当混凝土厚度增加时这个份额降低。

钠对混凝土的侵蚀主要是由于混凝土中一定成分的碱熔化。钠穿过混凝土的速度可达到约 2cm/h。一些混凝土成分在反应中被转化后将与空气中的水蒸气反应产生诸如乙炔、乙醇和甲烷之类的碳化产物。

一般而言,由于钠化学性质活泼,所有包括矿物质成分的材料都与钠发生反应而减少。硅石和所有硅石材料将变成硅酸盐。磷酸盐产物尤其是磷化混凝土会减少,这样的产物与潮湿的空气发生反应会形成高毒性产物磷化氢(PH_3)。为防止钠与混凝土的反应,减轻事故后果,通常在钠工艺间内都采用增加钢覆面的方式来隔离钠与混凝土的直接接触。

实验表明,气溶胶作为钠燃烧产物之一,其主要成分为 Na_2O_2。它与水反应生成腐蚀性极强的 NaOH,从而使钠气溶胶具有很高的氧化能力。此外,该反应会生成 H_2O_2,它在反应热和 NaOH 的影响下分解,容易产生特别活跃的新鲜氧气。房间中的有机物,尤其是油漆容易燃烧。当氧化物沉积超过 $500g/m^2$ 钠时,容易发生钠的二次燃烧。

钠的燃烧产物有两种形式:气溶胶和沉积物。气溶胶最初由 Na_2O_2 组成,在开放的空气中可能首先转变为氢氧化物,然后变成碳酸盐。沉积物是钠、NaO_2 和 Na_2O_2 的混合物。它们也可能变成氢氧化物和碳酸盐。这些高活性的产物,尤其是 Na_2O_2 和 NaOH,会造成放射性物质的释放,对人和环境均有害。

NaOH 对人体的致死剂量为 20g。皮肤可以接受 1% 的溶液。法国、美国、俄罗斯和英国都指定了空气中 NaOH 浓度的限制规范。

含有 NaOH 的混合物对环境的影响包括短期效应和长期效应。短期效应指该混合物会使植物燃烧,在叶子表面穿孔。长期效应即钠离子效应,指该混合物会导致植物细胞和土壤溶液中的渗透压不同。在土壤中它将和 Ca^{2+}、Mg^{2+} 等离子交换导致土壤碱化。当土壤溶液中 Na^+ 含量达到 0.05% 时开始危及叶子,当钠吸附率为 2.25 时可能发生土壤碱化。

9.3.2　钠水事故

在钠冷快堆的各个部件中,除了堆芯组件之外,蒸汽发生器的工作条件最为恶劣:换热管一侧是高温的钠,另一侧则是高温高压的水;同时为保证一定的换热面积,传热管的数目也比较庞大,从而增加了泄漏的可能性。

蒸汽发生器中水/汽的泄漏分为不危及部件安全的小泄漏以及危及安全的大泄漏。微小的泄漏通过安装在二回路上灵敏的氢计进行探测,并根据情况采取相应的措施。而对于大泄漏,由于其发展速度快且后果严重,主要依靠蒸汽发生器事故保护系统的自动运行来进行保护。在钠-水蒸汽发生器中发生中或大泄漏时,会导致在钠回路中产生严重的热工和水力效应,伴随出现剧烈(峰值)的压力增大。因此,蒸汽发生器和二回路设备的结构必须进行负载计算,以防止不容许的负载作用于保护子系统。

导致蒸汽发生器水向钠中泄漏的初因事件是:蒸汽发生器的换热管道在制造过程中混进夹砂气孔等缺陷,在运行过程中承受最恶劣的工作条件,还有两侧的侵蚀、腐蚀,管束和支撑间的振动、磨损瞬变应力、热冲击和热疲劳,使缺陷扩展成裂缝透孔,导致水或蒸汽向钠中泄漏,进而引起钠水反应。

钠水反应的产物有氢氧化钠和氢气,伴随反应在 500℃ 时每千克水产生 10640kJ 热量。骤然膨胀的氢气泡会造成以声速传播的冲击波和随之而来的压力波。前者作用时间仅几毫秒,能量极小,所以作用范围仅局限在反应区极小范围内,甚至波及不到壳壁,不会造成设备破坏;而后者水力学阶段正相反,构成钠水反应事故的破坏潜力。

9.3.3 其他事故

除钠火和钠水事故外,快堆的局部事故还包括堵流、燃料操作事故、放射性气体释放事故等。

1. 堵流

由于该类事故在燃料损坏前难于探测和在特定情况下后果的严重性,燃烧组件流道面积减少或堵塞(简称堵流)问题在目前大多数类型反应堆的设计及安全分析工作中都得到了相应的重视。对于具有封闭一次压力边界的堆型,由于冷却剂的品质较容易保证,堵流发生的概率相对较低;而对于一次边界开放的设计,由于异物较容易进入一次循环回路,堵流发生的概率相对较高。

对于快堆来讲,堵流发生的位置有两种可能性:①发生在组件入口处;②发生在棒束内。我国的 CEFR 吸取了美国 Fermi 堆的经验,将组件入口设计为管脚四面开口,基本排除了组件入口瞬时全堵的可能性;但由于快堆组件为密集棒束形结构,有可能在局部形成流道面积的减小或堵塞,原因包括:外来物质,如定位件碎片等停留在组件入口处或活性段上(钠入口孔在径向方向,排除全堵的可能性);燃料棒辐照肿胀和热膨胀引起流动面积减少;破损后的燃料碎片滞流在流道内(慢过程);元件定位绕丝断裂或脱落被卡在流道内;腐蚀产物在流道内积聚(慢过程)。由此可以看出,堵流是一个慢过程,不会发生瞬时的大面积堵塞。

2. 燃料操作事故

典型燃料操作事故包括:高功率燃料组件误提到转运室;在转运运输线上悬挂燃料组件的转运机构损坏;提升机损坏;换料时燃料组件落入堆内;当燃料组件未彻底安放好或未从堆芯全部提出时旋塞转动;乏燃料组件或新燃料组件尚未安全放在转换桶插座中时转换桶转动;保存水池泄漏;燃料组件落入清洗池中;燃料组件落入保存水池中。

3. 放射性气体释放事故

(1)反应堆一回路覆盖气体系统泄漏。构成一回路覆盖气体边界的设备和管道在制造过程中混进夹砂气孔等缺陷,在运行过程中经高温疲劳后扩展成裂缝透孔,导致氩气泄漏,气腔压力逐渐下降。一次覆盖气体中的放射性随氩气从破口溢出到堆坑,事故排风系统通过过滤器后将其释放到大气,此类事故属于事故工况。

(2)反应堆一次氩气衰变罐泄漏。一回路覆盖气体吹扫与衰变系统用于工艺系统在停堆期间吹扫以后排出放射性氩气,将氩气保存在放射性衰变罐中衰变,当符合排放标准后再排入大气。导致一次氩气衰变罐泄漏的初因事件是:衰变罐在制造过程中混进夹砂气孔等缺陷,在运行过程中经高温疲劳后扩展成裂缝透孔,导致氩气泄漏。衰变罐泄漏造成超标的放射性气体溢出到工艺间,通过通风系统过滤后排放到大气,此类事故属于事故工况。

9.4　概率安全评价

人类从事各项活动的同时,不可避免地受到来自各种风险的威胁,为了减轻核电站给人类带来的风险,设置了一系列的安全系统,力图使其达到绝对安全。但事实上,要完全消除风险是不现实的,设计者只是力求降低事故发生的概率和减轻事故后果的严重性。为此,对核电站中某些重要设备和系统的可靠性进行研究就成为反应堆安全评价的一项重要内容。如放射性的实体屏障、余热导出系统、反应堆控制系统以及反应堆运行中所必需的其他系统,都应具有高度的可靠性,以便把由于这些设备或系统故障而引起的核电站事故的潜在可能性降低到最小的程度。

安全系统有两种故障模式:一种是安全性故障,即反应堆的运行参数处于正常范围内,但由于某种原因,安全系统却执行了某种动作,引起反应堆误停堆,这是一种偏于安全的故障;另一种是危险性故障,即反应堆的运行参数已经超出安全限值,但因安全系统不能发挥应有的功能,致使反应堆失去保护而导致事故的发生和扩大。

为了对安全系统的可靠性特征量进行定量分析和对核电站进行概率安全评价,本节将首先对有关系统或设备的可靠性指标加以描述,并用适当的方法处理,在此基础上对常见的几种基于概率论的安全评价方法进行简单介绍。

9.4.1　可靠性特征量与框图法

可靠性特征量包括:

(1) 工作时间。系统(通常由若干部件构成)或部件的工作时间是指系统或部件一直能维持完好状态的时间,也称为系统或部件的寿命。一个系统或部件能使用多长时间是无法预知的,即系统或部件的工作时间是一个随机变量。

(2) 可靠度。系统或部件的可靠度 $R(t)$ 指系统或部件在规定的条件下和规定的时间内完成规定功能的概率。因为需要连续地完成规定的功能,所以部件必须一直处于完好的状态。t 时刻部件或系统的可靠度表示为

$$R(t) = \text{Prob}(\xi \geqslant t) \tag{9-1}$$

即系统或部件工作了 ξ 时间仍处于完好状态的概率。

(3) 失效率。失效率 $\lambda(t)$ 为系统或部件直到 t 时刻仍然完好,但在随后的 dt 时间内失效的条件概率。大多数部件的失效率 $\lambda(t)$ 曲线呈浴盆形状,故称失效率曲线为"浴盆曲线",如图 9-1 所示。

(4) 系统或部件的寿命特征。一个部件或系统的寿命是随机的,因此,如能给出在某种意义下确定的数值来反映部件或系统随机变化的寿命是有实际意义的。对不可修复的部件,其失效的平均时间为 MTTF(Mean Time to Failure)。对于可修复部件,可靠度

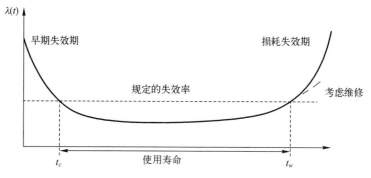

图 9-1 典型的失效率曲线(浴盆曲线)

是指部件从开始使用到首次发生故障的概率。

核电站各个系统的可靠度,可由构成该系统的各个单元的可靠度来预测和计算,通过计算,可找出系统在可靠性方面存在的缺陷和不足,以便在设计阶段采取适当的措施予以排除和弥补。特别是那些已被放射性物质沾污的系统和设备,由于故障后不易修理或更换,所以就更应该在开始阶段采取必要的措施,尽量提高其可靠度,以减少检修或更换的次数,从而降低检修人员所受的辐射危害。从可靠度预测的角度,可将系统分为以下三类:

(1)串联系统。串联模式是进行系统可靠度预测的最基本模式。构成这种模式的部件对于系统的功能来说都是必不可少的。

(2)并联系统。为了提高系统的可靠度,会在设计中增加一些并联通道,工程上称为冗余法。在这种并联系统中,只要其中一个通道没有失效,系统就能执行固有的功能。

(3)n 取 k 系统。该系统有两类:一类称 n 中取 k 好系统,记为 $k/n(G)$,即组成系统的 n 个通道有 k 个或 k 个以上完好时,系统就能正常工作的系统;另一类称 n 中取 k 坏系统,记为 $k/n(F)$,即组成系统的 n 个通道有 k 个或 k 个以上失效时,系统就不能正常工作的系统。

反应堆保护系统中广泛应用这种 n 取 k 符合系统,使得系统的安全性故障概率比并联系统小得多。若每个通道的可靠度大于 0.5,则系统的危害性故障概率比单通道的小。此外,这种 n 取 k 的符合逻辑可以进行在线检验和维修,使得保护系统在核电站的寿期内自始至终保持较高的可靠度。

9.4.2 核反应堆概率安全评价

评价核电站的安全性,应用比较广泛的有确定论(机械论)和概率论方法。确定论方法的基本思想是根据反应堆纵深防御的原则,除了将反应堆设计得尽可能安全可靠外,还设置了多重专设安全设施,以便在一旦发生最大假想事故情况下,依靠安全设施,能将事故后果减轻至最低程度。在确定安全设施的种类、容量和响应速度时,需要一个参考的假想事故作为设计基础,并将这一事故看作为最大可信事故,认为所设置的安全设施若能防范这一事故,就必能防范其他各种事故。而概率风险评估方法(PRA)认为核电站事故是个随机事件,引起核反应堆事故的潜在因素很多,反应堆的安全性应由全部潜在事故的数学期望值来表示。本节将简要介绍故障树、事件树以及 PRA 等基于概率论的安全评估法。

1. 故障树分析方法

故障树分析方法就是把系统最不希望发生的状态作为系统故障的分析目标,然后寻找直接导致这一故障发生的全部因素,再跟踪追击找出造成下一级事件发生的全部直接因素,直至无须再深究其发生的因素为止。在故障树分析中,把这个最不希望发生的事件称为"顶事件",无须再深究的事件称为"底事件",介于两者之间的一切事件称为"中间事件"。分析中这些事件用相应的符号表示,并用适当的逻辑门把顶事件、中间事件和底事件连接成树形图,故称为"故障树"(Fault Tree,FT)。以故障树为工具对系统故障进行评价的方法称为"故障树分析法",简称 FTA 法。

该方法的特点:除了能分析组成系统的各个部件故障对系统可靠度的影响外,还可以考虑维修、环境和人为因素的影响;不仅可以分析由单一部件故障所诱发的系统故障,而且还可以分析两个以上的部件同时故障所导致的系统故障。这类方法的逻辑性较严密,要求分析人员对系统必须有透彻的了解,建树过程还应与设计和运行人员讨论,以免在故障树的构造过程中遗漏一些重要事件而导致错误结果。

2. 事件树分析方法

一个特定事故的后果,不仅取决于初因事件,还与随后的瞬变期间反应堆安全系统能否发挥其正常功能有关,因此有必要分析在一个或几个安全系统故障时的事故后果。事件树方法便是进行此类风险评价的有力工具。下面以 CEFR 一次泵停运为例,简要说明事件树的构造和用途。

图 9-2 是一个简化的事件树,其中有些分支未列出。随着分析项目的增加,事件树的规模会越来越大。为了便于分析,往往要将事件树进行简化,实际上,可以根据事件树所涉及的系统或设备的工程性质以及各个系统或设备之间的依存关系,剔除事件树中的某些分支而并不影响事故后果分析的精度。一般遇到下述情况之一时,可将事件树中某些序列剔除:

(1) 系统运行中存在着依存关系,即某一系统故障将导致另一些系统运行终止。

(2) 各系统功能之间存在着依存关系,一种功能失效,将使另一些功能的存在变得不重要甚至不必要,此时即可删去。

(3) 各功能之间相依关系的另一种形式是指某一功能失效,将引起事件树中其他功能失效,从而这些功能也可从事件树中删除。

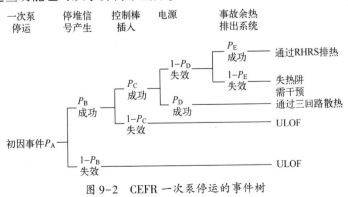

图 9-2 CEFR 一次泵停运的事件树

3. 概率风险评价法

核反应堆风险评价的主要任务:识别核反应堆的潜在事故,确定潜在事故的发生概率和放射性物质的释放量;根据上述任务所决定的源项,计算环境中放射性物质的分布及其对核电厂周围居民健康和财产的影响;综合计算结果,求出潜在核事故产生的总风险,并把这些结果与非核风险进行比较。

风险评价的基本步骤:根据反应堆运行经验,结合推理、归纳等方法,确定能导致核反应堆向环境释放放射性物质的一切潜在事故,作为风险分析的初因事件;以事件树为工具,把初因事件逐级展开,找出能向环境释放放射性物质的一系列事件序列,并用故障树方法计算出事件序列中所涉及系统或设备的故障概率,进而计算出各事件序列发生的频率;计算出事故时堆芯内放射性物质达到平衡值时的储存量及其在一回路系统和安全壳内的沉积和迁移,进而确定释放到环境中放射性物质的数量;利用修正的高斯扩散理论,计算出各种气象条件下核反应堆周围放射性物质的浓度分布;根据保健物理知识,确定核反应堆事故时对周围居民健康的影响程度以及所造成的经济损失。

根据分析阶段的不同,概率风险评价方法(PRA)又分为一级、二级和三级。其中,一级 PRA 是用于堆芯损坏概率的评估,以堆芯损坏为顶事件,做出完整、详细的故障树,并给出完整的初因集合、运行工况集合和维修行动等,计算出堆芯损坏概率;二级 PRA 是在一级 PRA 的基础上,进行放射性释放的概率计算,要求分析堆芯熔化物理过程和放射性物质在安全壳内的迁移,研究安全壳在严重事故情况下的响应和失效模式,并最终估计放射性物质向环境的释放;三级 PRA 是在二级 PRA 的基础上,结合核电厂厂外不同距离处放射性核素浓度随时间的变化,确定公众风险,三级 PRA 可以对事故后果减缓措施的相对重要性做出分析,并能对应急计划提供支持。

1975 年 10 月,美国 NRC 发表的《商用轻水堆核电站安全研究报告》(WASH-1400)是第一次用概率风险法评价核电站安全性的报告,随后联邦德国等国家也相继发表了应用概率风险法评价核电站安全性的报告。在此类报告中,阐明了核电站的风险远比其他能源工业和社会风险小得多的结论,主要原因包括:在许多情况下,潜在的反应堆事故后果远比非核事故小,根据对各种最大风险评价的研究,这些后果比人们原来想象的要小得多;反应堆发生事故的可能性比许多有类似后果的非核事件小得多,这些非核事件主要是指火灾、决堤、爆炸、有毒的化学释放、地震、龙卷风和飞机坠毁等。这些报告还提出三个重要的论点:①核电站的主要风险来自能导致燃料熔化的事故,在分析了大量的堆芯熔化和非熔化事故后,发现其中有些事故发生的概率十分低,有些事故的后果并不严重,所以能真正导致放射性释放的潜在事故并不多;②主冷却剂系统的小型冷却剂丧失事故最易造成燃料熔化,联邦德国曾对比布利斯 B 核电站进行了风险研究,也证实了小型冷却剂丧失事故和瞬态事故是应考虑的主要事故;③人为因素往往加剧事故的严重性。

9.5 快堆事故回顾

作为第四代核能系统中的钠冷快堆系统,其安全要求有了大幅度的提高,但是由于其自身特性,仍会出现相应的安全问题。本节将对历史上几个典型的快堆事故进行简要的回顾与介绍。

9.5.1 日本原型快堆"文殊"堆中的钠泄漏事故

"文殊"堆(MONJU)是日本以商用化为目标而开发的原型快堆,1987 年临界,其主要参数如表 9-2 所列。1995 年 12 月 8 日 19 时 47 分,反应堆在 43%额定功率运行时,报警信号触发(高钠温、钠火和钠泄漏),确认为回路中的钠发生泄漏。但在短时间内反应堆安全停堆,钠泄漏中止,没有放射性物质的释放,也没有对个人和周边环境造成影响。之后通过分析发现,本次事故的发生是因为流动引发的振动的高循环疲劳导致热电偶套管破裂,二回路发生钠泄漏。

表 9-2 "文殊"堆的基本设计和运行参数

参 数 名 称		参 数 值	参 数 名 称		参 数 值
回路数目		3	反应堆容器 高度/直径		18/7m
热功率		714MW(t)	一回路冷却系统	一回路冷却钠质量	760ton *
电功率		280MW(e)		反应堆进/出口温度	397℃/529℃
燃料类型		PuO₂-UO₂		一回路冷却剂流量	5.1×106kg/h/回路
堆芯尺寸	等效直径	1790mm		一回路冷却剂流速	6m/s(进口), 4m/s(出口)
	高度	930mm	二回路冷却剂系统	二回路冷却钠质量	760ton
钚富集度/%	初始堆芯(内/外)	15/20		中间热交换器/出口温度	325℃/505℃
	平衡堆芯(内/外)	16/21		二回路冷却剂流量	3.7×106kg/h/回路
燃料装载	堆芯(金属 U+Pu)	5.9t		二回路冷却剂流速	5m/s
	再生区(金属 U)	17.5t	水—蒸汽系统	给水流量	113.7×104kg/h
平均燃耗		80000MW D/T		蒸汽温度(汽轮机入口)	483℃
包壳材料		SUS316		蒸汽压力(汽轮机入口)	12.7MPa
包壳外径/厚度		6.5mm/0.47mm		蒸汽发生器类型	螺旋管
再生区厚度 上部/下部/径向		30cm/45cm/30cm	换料系统		带有臂式固定换料机 的单旋塞
增殖比		1.2	换料周期		6 个月

注:1ton = 1016kg

为防止类似事故发生,可提出以下两方面的改进方案:

(1) 防止钠泄漏。针对流动引起的振动提出一套新的设计准则;更换二回路热电偶。

(2) 钠泄漏后果的缓解。针对钠泄漏的早期探测,增加探测器的数量和多样化方法,引入积分钠泄漏检测系统;通过改造钠排放系统来减少钠的泄漏量;限制钠气溶胶的扩散和溢出钠的燃烧(如自动关闭通风系统,将二回路区域划分为 4 个小的区域,增加氮气淹没系统,增加墙壁和顶棚的热绝缘结构等)。

9.5.2　法国 SPX 的异常事件

1. 几重包容屏障同时打开

1995 年 5 月 3 日,在法国 SPX 反应堆冷却系统氩气鼓风机维修操作中,先前拆掉的 02 CO 鼓风机的接线盒导致中间包容屏障(第二道屏障)打开,而第三道屏障也由此短路。同时滚轴区域(第四道屏障)也被打开,导致给水包容丧失。这种情况不符合停堆状态运行规程(运行规程要求至少一道包容屏障完整)。为防止今后类似事故的发生,技术员在运行手册上将标明"安全、小心:包容屏障",当从事影响包容屏障的工作时要求维护规范;在快堆核安全备忘录中要求有质量体系和安全文化的描述,特别是对电力工程和机械工程人员而言;当需要几个不同的承包商修理时,每个人都必须把合作当成一种责任。

本次事件的起源是多权限组织的维护出现错误,并且出现了人为失误,事件分析突出了运行和施工工作中准备和计划的错误。此外,设备的特殊性(第二道屏障的复杂性,辨别组成这一屏障的材料比较困难)也是一个因素。

2. 钠泄漏进入中间储存容器和外桶的孔隙中

1987 年 3 月 8 日,SPX 发生钠泄漏进入中间储存容器和外桶的孔隙中,经分析,本次泄漏是由保证平板的低角度焊道上一个大约 60cm 长的水平裂缝引起。后期分析结果表明,最有可能导致事故发生的原因包括桶的钢材料(ferritic 15 D3)的性质以及同时存在的三个因素(高硬度区域微裂缝的存在、与材料弹性极限接近的剩余应力及能够造成脆断现象发生的氢的存在)。

事故的发展表明在中间储存容器外设置保护外桶是正确的。同时强调这一措施需通过以下附加的方法加以改进:考虑泄漏控制,监测保护容器的完整性以及外桶在泄漏事件中应考虑的动作。

参 考 文 献

[1]　徐銤. 快堆安全分析[M]. 北京:中国原子能出版传媒有限公司, 2011.

[2]　Waltar A E, Reynolds A B. 钠冷快增殖堆[M]. 苏著亭, 叶长源, 等译. 北京:原子能出版社, 1991.

[3]　朱继洲. 核反应堆安全分析[M]. 北京:原子能出版社, 1988.

[4]　贾德, 快堆工程引论[M]. 北京:原子能出版社, 1992.

[5]　Cheng S, Yamano H, Suzuki T, et al. Characteristics of self-leveling behavior of debris beds in a series of experiments [J]. Nuclear Engineering and Technology, 2013, 45(3):323-334.

[6]　Classtone S, Sesonske A. Nuclear Reactor Engineering [M]. Springer, 1994.

[7]　Cheng S, Yamano H, Suzuki T, et al. Empirical correlations for predicting the self-leveling behavior of debris bed[J]. Nuclear Science and Techniques, 2013, (24), No. 010502:1-10.

[8]　Waltar A EE, Todd D RR, Tsvetkov P VV. Fast spectrum reactor [M]. Springer, 2012.

[9]　Huhtiniemi L, Magallon D, Hohmann H, et al. Results of Recent KROTOS FCI tests: alumina vs corium melts [J]. Nucl. Eng. Des, 1999, 189(1-3):379-389.

第三篇

其他第四代堆型概述

第十章 高温/超高温气冷堆

1979 年 4 月美国三哩岛和 1986 年 4 月苏联切尔诺贝利发生的两起核事故向反应堆设计者提出了一个重大挑战,即如何实现核反应堆的固有安全性。高温/超高温气冷堆就是在这种背景下发展起来的第四代堆型,本章将对高温气冷堆的发展概况、技术特点及其典型堆型加以介绍。

10.1 高温气冷堆发展概况

高温气冷堆(High Temperature Gas Reactor,HTGR)的发展分为若干阶段。早期的气冷堆采用石墨为慢化剂,二氧化碳气体为冷却剂,金属天然铀为燃料,镁合金为燃料包壳材料。堆芯出口温度约 400℃,热效率为 30%。这种气冷堆也称为镁诺克斯堆(Magnox)。从 20 世纪 50 年代到 70 年代初,英国、法国等建造了 36 座气冷堆核电站。Magnox 的优点是采用天然铀作为燃料,为早期核电发展和军用钚生产提供了基础。

为解决 Magnox 堆出口温度受材料限制的问题,20 世纪 60 年代提出了改进型气冷堆(AGR)的概念。AGR 采用低富集度的二氧化铀代替天然铀燃料,用不锈钢代替镁合金作包壳材料。由于二氧化碳冷却剂与不锈钢包壳存在化学相容性问题,堆芯出口温度仍不能超过 690℃,为此英国于 1963 年建成了温茨凯尔(Windscale)原型堆,在此基础上又建造了 7 座核电站(14 个 AGR 堆)。AGR 堆可产生高参数过热蒸汽,并可以配置标准的汽轮发电机组,从而使热效率提升至约 40%。

高温气冷堆是由 AGR 堆进一步发展而来,它采用化学惰性和热工性能更好的氦气作冷却剂,全陶瓷型包覆颗粒作燃料元件,耐高温石墨作慢化剂和堆芯结构材料,出口温度可达到 750℃甚至更高,热效率可达到 40%以上。通过"龙"堆(Dragon,英国,1964年)、"桃花谷"堆(Peach Bottom,美国,1967 年)、球床高温气冷堆(AVR,德国,1967 年)、圣·符伦堡堆(Fort St. Vrain,美国,1976 年)和钍高温球床堆(THTR-300,德国,1985 年)的建造,在堆工设计、燃料和高温材料等方面积累了大量的工程经验,通过"桃花谷"堆、AVR 堆验证了高温气冷技术的可行性,通过 THTR-300 则进一步验证了高温气冷堆商用发电的可行性。

美国三哩岛核事故发生后,国际核能界着眼于设计安全性更好的反应堆,使之在任何事故情况下都不会发生重大核泄漏,不会危及公众与周围环境的安全,模块式高温气冷堆(MHTGR)应运而生。模块式高温气冷堆以小型化和具有固有安全性为特征,在技术上保证在任何事故情况下均能安全停堆,堆的余热可以通过导热和辐射传出堆外,使燃料元件的最高温度限制在允许温度 1600℃以下;在经济上通过模块化组合和标准化生产缩短建造时间、降低资本风险,从而实现与其他堆型核电站相竞争的目的。目前,国际上主要有三种模块式高温气冷堆概念,即德国 Siemens/Inter-atom 公司的 HTR-Module、德国 BBC/HRB 公司的 HTR-100 和美国 GA 公司的 MHTGR-350。

1987 年 6 月,日本原子能委员会发表了"发展和利用核能长期计划",鉴于 HTGR 的安全性及其高温工艺热的优异性能,HTGR 研发被列入该计划中。后来根据日本原子能研究所(JAERI)提交的 HTTR 安全分析报告,日本于 1991 年 3 月正式启动了 HTTR 的建造工作。

我国的高温气冷堆技术研究起步于 20 世纪 70 年代。1986 年,清华大学 10MW 高温气冷实验堆(HTR-10)被列为国家"863 计划"重点项目。1995 年,HTR-10 正式开工建设。2000 年,HTR-10 建成并达到临界。2003 年,实现了满功率运行及并网发电。HTR-10 是世界上第一座球床模块式高温气冷实验堆。尽管气冷堆技术源于英国、法国、德国等西方国家,但是我国的高温气冷堆技术后来居上,达到了国际领先水平,并拥有完全的自主知识产权。日本福岛核事故后,我国高温气冷堆更加受到国际关注。

HTR-10 建成后,我国开始了 20 万 kW 高温气冷堆的技术研发和工程示范进程。2008 年,被列入国家科技重大专项的"大型先进压水堆及高温气冷堆核电站"专项经国家批准实施。2012 年 12 月 9 日,世界首座商用高温气冷堆核电站示范工程在山东省荣成市石岛湾获准开工建设。随着高温气冷堆燃料、主设备研发和制造技术逐一取得突破,目前示范工程已完成了主体工程土建施工,全面转入安装调试阶段,预计 2017 年年底并网发电。

超高温气冷反应堆(Very High Temperature Reactor,VHTR)作为高温气冷反应堆渐进式开发过程中下一阶段的重点堆型,被第四代核能系统国际论坛列入研发计划。VHTR 是在原有高温气冷堆的基础上,将反应堆出口温度提高 100℃,达到 1000℃以上,从而对所用燃料和材料都提出了更高的要求,使得制氢的工艺设计也需要研发创新。目前,多个国家和组织都在投入力量,给予重点研发。

国际上典型的高温气冷堆主要技术参数如表 10-1 所列。

表 10-1　早期高温气冷堆主要参数

参数 ＼ 气冷堆	龙堆	桃花谷	AVR	圣·符伦堡	THTR-300	HTTR	HTR-10
国家	英国	美国	德国	美国	德国	日本	中国
开始建造时间	1960	1962	1961	1968	1971	1991	1995
临界时间	1964	1966	1966	1976	1985	1998	2000
并网时间	—	1967	1967	1976	1985	—	2003
热功率/MW	20	115	46	840	750	30	10
电功率/MW	—	40	15	330	300	—	2.5
功率密度/(MW/m³)	14.0	8.3	2.6	6.3	6.0		2.0
燃料最高温度/℃	1600	1331	1134	1260	1250	1495	<1230
平均轴燃耗/(MWd/t)	30000	60000	70000	100000	114000	22000	80000
压力/(kg/cm²)	20.0	23.6	10.9	49.0	40.0	40.0	30.0
出口温度/℃	750	728	950	785	750	950	700/950
入口温度/℃	350	344	275	406	260	395	250/300
流量/(kg/s)	9.62	55.0	13.0	430	300	—	4.3
入口压力/MPa	—	10.2	7.2	17.5	19.0	—	4.0
蒸汽温度/℃	—	538	500	540	535		440
流量/(t/h)	—	140	56	1000	950		12.5
退役时间/年	1976	1974	1988	1990	1997		—

10.2 高温气冷堆堆型特点

高温气冷堆是国际核能界公认的一种具有良好安全性和经济性的先进反应堆,它采用陶瓷型包覆颗粒燃料元件、氦气作冷却剂、石墨为慢化剂和堆芯结构材料。GIF 提出的超高温气冷堆结构如图 10-1 所示。

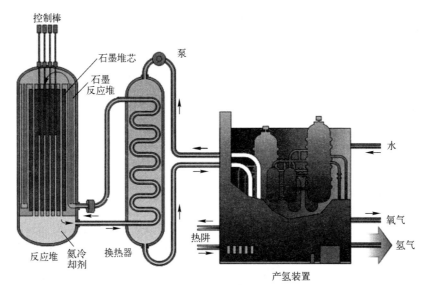

图 10-1 超高温气冷堆结构示意图

1. 高安全性

高温气冷堆是目前世界上各种反应堆中较为安全的一种堆型,在技术上能够保证在任何情况下都不会发生堆芯熔毁、放射性外泄等危害公众和环境安全或必须厂外应急的严重事故。由于它具有极高的安全性,因此可以建在人口稠密的大城市附近,如清华大学 HTR-10 就建在北京近郊。

现今世界上大部分反应堆用的是金属管棒状燃料元件,载热剂是水,不耐高温,即使是压水堆,最高温度也只能达到 328℃。而高温气冷堆的载热剂是氦气,用石墨作为慢化剂和结构材料,通过高科技工艺制造球形包覆燃料元件。它的堆芯温度可达 1600℃,氦气出口的温度高达 900℃,这是其他任何类型的反应堆都达不到的。为达到固有安全性,高温气冷堆采用了一些特殊设计:

(1)采用全陶瓷包覆颗粒燃料元件。燃料元件由弥散在石墨基体中的包覆颗粒燃料组成,包覆颗粒燃料直径 0.8~0.9mm,中心是直径 0.2~0.5mm 的核燃料 UO_2 核芯,核芯外面有 2~4 层厚度和密度各不相同的热解碳和碳化硅包覆层。由于采用全陶瓷包覆燃料元件,其破损外溢放射性的可能性极低。

经过实验证明,包覆燃料颗粒破损温度为 2100℃,这一温度不仅大大超过高温堆运行工况下的最高温度(1047℃),也大大超过事故工况下的最高温度。因此,即使在事故条件下,该类燃料元件发生放射性物质外泄、危害公众和环境安全的概率也是极低的。

(2)采用全陶瓷堆芯结构材料。堆芯结构材料由石墨和碳块组成,不含金属。石墨

146

和碳块的熔点都在3000℃以上,因此即使在事故条件下,也不会发生堆芯熔毁的严重事故。

（3）采用氦气作冷却剂。由于氦气是一种惰性气体,不与任何物质起化学反应,与反应堆结构材料相容性好,避免了以水作冷却剂与慢化剂的反应堆存在的各种腐蚀问题,使冷却剂的出口温度可达950℃。正常运行时,氦气的放射性水平很低,工作人员承受的放射性辐照剂量也非常低。此外,如清华大学HTR-10设置有氦气净化和再生系统,可以不断地对一回路中的冷却气体氦气抽出部分进行净化,去除杂质和放射性,因此冷却氦气的放射性水平很低。

（4）阻止放射性的多重屏障。高温气冷堆采取纵深防御的安全原则,设置了阻止放射性外泄的四道屏障。以清华大学HTR-10为例,全陶瓷的包覆颗粒燃料的热解碳和碳化硅包覆层,是阻止放射性外泄的第一道屏障;燃料元件外层的石墨包壳是阻止放射性外泄的第二道屏障;由反应堆压力壳、蒸汽发生器压力壳和连接这两个压力壳的热气导管压力壳组成的一回路压力边界,是阻止放射性外泄的第三道屏障;一回路舱室是阻止放射性外泄的第四道屏障。

（5）非能动的余热排出系统。清华大学10MW高温气冷堆根据"非能动安全性"原则进行热工设计,在事故停堆后堆芯的冷却不需要专设余热排出系统,燃料元件的余热可依靠热传导、热辐射等非能动的自然传热机制传到反应堆压力壳再经压力壳的热辐射传给反应堆外舱室混凝土墙表面的堆腔冷却器。堆腔冷却器是设置在一回路舱室混凝土墙上的冷却水管,管内的水经受热后完全依靠自然循环将热量载到上部的空气冷却器,最终将热量散到周围环境中去,再由百叶窗排到大气中。高温气冷堆即使在极限事故工况下,也可以不借助任何专设安全设施,依靠非能动方式将堆芯的剩余发热载出到大气最终热阱,在事故过程中最高温度不超过安全限值,排除堆芯熔化的可能性。

（6）反应性瞬变的固有安全性。高温气冷堆引入正反应性的事故主要有三种:在功率运行条件下全部控制棒误抽出事故;当蒸汽发生器出现断路事故时,二回路的水蒸汽进入一回路氦气冷却剂及堆芯燃料元件之间的空隙中,造成水进入堆芯的事故;吸收小球瞬时排出的事故。高温气冷堆的设计具有负的反应性温度系数,在正常运行工况下燃料元件的最高温度距最高容许温度尚有约700℃的裕度,借助负反应温度系数可以提供大于以上三类正反应性事故引入的最大反应性当量,因而具有反应性瞬变的固有安全性。

2. 提供高温工艺热

高温气冷堆能提供900~950℃的高温工艺热和540℃以下各种参数的工艺蒸汽,能进入各种热能市场。如:远距离供热;海水淡化;煤的气化和液化。

3. 特有燃料元件

高温气冷堆的燃料元件有两种类型:球形燃料元件和棱柱形燃料元件。

1）球形燃料元件

球床型高温气冷堆采用的是球形燃料元件。燃料元件的中心为燃料区,在石墨基体中均匀地弥散了大量的包覆颗粒燃料,包覆颗粒燃料占到石墨基体体积的10%~20%,这取决于堆芯碳原子/重金属原子慢化比。燃料元件的外区为无燃料的石墨球壳,厚度为5mm,其主要功能是保护中心燃料区,以防止燃料球装卸和输送过程中对球表面产生的碰撞和磨损,致使燃料区的包覆燃料颗粒受到损伤。另外,发生堆芯进水事故时,无燃料的外壳也可保护包覆颗粒燃料,免受水化学反应的损伤。

球形石墨燃料元件采用压制工艺成型,先将支撑的包覆颗粒燃料掺和到基体石墨粉中,用橡皮模具压制成燃料元件的中心球体,采用橡皮模具可以达到准等静压的压制效果,使燃料球石墨化后具有各向同性的性能,再经过一次压制工序,在中心球体四周压制上石墨外壳层。压制后的石墨元件再经过碳化、高温处理和机加工等工序制成成品的球形燃料元件。在包覆颗粒燃料和燃料元件制造过程中采取抽样检查的方法,对各道工艺中的性能参数加以检测,以保证产品的质量。

2)棱柱形燃料元件

棱柱型高温气冷堆,如美国的圣·符伦堡核电厂和日本的 HTTR 实验堆,均采用棱柱形燃料元件。棱柱形燃料元件以六棱柱石墨柱块为基体,横断面对角线间距 400mm,高 800mm。石墨柱块中有 108 个冷却剂孔道,冷却剂孔道直径为 16mm;有 202 个燃料孔道,直径为 12.5mm。燃料孔道内插入密实体燃料棒。密实体燃料棒为圆柱形,直径为12.5mm,长为 50mm。包覆颗粒燃料掺和到基体石墨粉中,采用压制方法制成密实体燃料棒。由于密实体燃料棒只占棱柱形燃料元件体积中的一小部分,而全部的包覆颗粒燃料都集中在密实体燃料棒中,因此包覆燃料颗粒在密实体燃料棒中所占的体积比很大。包覆燃料颗粒之间挨得近,为了防止压制过程中造成包覆燃料颗粒破损,压制力不能加得很大,因此密实体燃料棒的密度较低。一个棱柱形燃料元件的体积相当于 6000 个球形燃料元件的体积。

4. 高发电效率

高温气冷堆氦气冷却剂的出口温度可达 950℃,使得发电效率大为提高。目前一般考虑了三种热力循环方式:

(1)蒸汽循环方式。一次侧氦气通过蒸发器加热二次侧的水,产生高温蒸汽,以此推动汽轮机发电。通常来说发电效率可以达到 40%~47%。

(2)氦气循环方式。该种循环方式效率可达 50%,比压水堆高近 50%,也就是说一座高温堆发出的电相当于一座半同功率压水堆发出的电,并且还可减少环境污染,排放到环境中的热量也比压水堆少。

(3)蒸汽-氦气联合循环。堆芯出口的高温氦气经过中间热交换器把热量传递给二次侧的氦气,降温后的氦气回到堆芯入口;二次侧的高温氦气进入汽轮机,在汽轮机内做功后,经压缩机形成循环,蒸发器二次侧产生的蒸汽进入蒸汽轮机发电。

5. 经济性

高温气冷堆是按照模块化概念和准则设计建造的,避免了施工现场的大量焊接和检验工作,建造周期仅为 2~3 年;还可以连续装卸燃料,发电效率从压水堆的 35% 左右提高到了 45% 左右,是普通核电站的 1.5 倍。大亚湾核电站 1000W 发电能力造价在 1700 美元左右,而高温气冷堆同样的发电能力造价只要 1000~1300 美元,可以和常规的热电站相媲美。

以南非国家电力公司对计划建造的 117MWe 球床高温堆——直接循环氦气轮机发电站(PBMR)所做的经济分析为例,每 1000W 发电能力的基础价约为 1000 美元,每度电的成本价格为 1.553 美分,具体分析见表 10-2。

表 10-2　南非高温气冷堆电站经济分析(基础价)

项　　目	价格/万美元	比例/%
反应堆	1900	21.05
电力转换	1956	21.68
冷却系统	508	5.64
氢储存与控制	184	2.04
燃料装卸	310	3.44
工艺辅助系统	284	3.16
仪控电	988	10.95
土建	1089	12.04
建造服务	1083	12.00
工程管理	722	8.00
总计	9024	100.00

10.3　典型高温气冷堆介绍

10.3.1　早期高温气冷实验堆

20 世纪五六十年代,世界上共建造了三座高温气冷实验堆:英国的"龙"堆、联邦德国的 AVR 反应堆和美国的"桃花谷"反应堆。

英国的"龙"堆是世界上第一座 HTGR 实验堆,采用高加浓铀/钍碳化物包覆颗粒燃料支撑的石墨燃料元件,堆芯安装在一个钢制的压力壳内,氦气的出口温度为 750℃,经热交换器冷却后达到 350℃,再返回到堆芯。"龙"堆于 1965 年 7 月开始运行,1966 年 4 月达到 20MW 满功率,1976 年项目终止。反应堆长时期的运行证明高温气冷堆技术是现实可行的,并积累了大量有关燃料和材料的运行经验。

联邦德国 AVR 反应堆也采用钢制的压力壳,但是采用了用包覆颗粒燃料制成的直径为 6cm 的球形石墨燃料元件,由 100000 个球形燃料元件构成球床型的堆芯。AVR 反应堆热功率为 46MW,电功率为 15MW,1966 年 8 月首次临界,1967 年 12 月 17 日开始并网发电。AVR 原设计氦气堆芯出口温度为 850℃,运行一段时间之后,1974 年 2 月氦气堆芯出口温度提升到 950℃,一直到 1988 年 12 月关闭,共运行了 21 年,平均利用因子达到 66.4%。AVR 堆对几批不同类型的包覆颗粒燃料进行了试验,研究了裂变产物在回路中的行为特性,积累了大量的模拟试验数据和经验。

美国的"桃花谷"堆采用棱柱形石墨燃料元件,输出电功率为 40MW。1966 年 3 月 3 日首次临界,1967 年 6 月开始商业运行,1974 年 1 月 31 日退役,在此期间的平均利用因子达到 88%(不包括研究计划要求的计划停堆)。通过该堆的运行验证了堆芯物理计算和设计方法,为之后商用堆的设计积累了大量的数据资料。"桃花谷"堆芯第一炉燃料采用各向异性单层热解碳包覆颗粒,结果造成大量包覆层破损,一回路的最大总活性达到了 270Ci(仍低于 4225Ci 的限值)。第二批燃料改为 BISO 双层包覆颗粒燃料,其内层为各向同性的疏松热解碳的缓冲层,外层为致密热解碳,共运行了897等效满功率天,没有发现燃料的破损,一回路的总活性只有0.5Ci。

10.3.2 高温气冷示范堆

在三座高温气冷实验堆成功运行的基础上,在20世纪70年代世界核电发展的高潮时期,美国和联邦德国分别建造了圣·符伦堡高温气冷堆示范电厂和钍高温气冷堆示范电厂。

圣·符伦堡示范电厂由科罗拉多公共事业公司营运。该电厂的设计特点为:采用预应力混凝土压力壳,将一回路系统包容在内;堆芯的燃料元件盒四周的石墨反射层采用相同形状的六棱形柱体,含有包覆颗粒燃料(三层包覆TRISO)的棒状燃料密实体插入堆芯石墨棱柱的燃料孔道内;采用直流蒸发器产生538℃的过热蒸汽;氦风机采用蒸汽透平驱动。圣·符伦堡电厂的热功率为842MW,电功率为330MW。

1976年12月,圣·符伦堡电厂实现并网发电,1977年11月达到设计功率的70%,1981年11月达到满功率。圣·符伦堡电厂的运行证明TRISO包覆颗粒燃料以及整个电厂的性能是成功的。但是由于主氦风机采用了水力轴承,密封不好,经常发生水泄漏进入一回路,致使电厂的利用因子不高。

钍高温反应堆(THTR-300)的电功率为300MW,于1971年开始建造,由于许可证要求的变化,1984年电厂才建成,1985年11月并网发电。THTR-300采用与AVR相同的球床堆的设计概念,其成功运行证明了球床反应堆的安全性和一回路系统的热工动态性能以及燃料元件对裂变产物的阻留能力。

10.3.3 模块式高温气冷堆

模块式高温气冷堆是一种具有非能动安全性的先进堆型,为了实现堆芯剩余发热非能动载出的要求,堆芯的尺寸受到限制,因此电厂的容量比较小(通常在100~300MW的范围内)。以下主要对HTR-MODULE和MHTGR两种设计加以说明。

1. HTR-MODULE

由西门子公司发展的80MW电功率的HTR-Module是世界上最先提出的小容量模块式高温气冷堆设计概念,具有非能动的安全特性,即堆芯的剩余发热借助热传导、热辐射等自然机制导出,保证在任意事故的条件下堆芯燃料元件的最高温度不超过温度限值,从而避免发生堆芯熔化的可能。HTR-Module采用包覆颗粒燃料制成的6cm直径的石墨球形燃料元件,由36万个球形燃料元件堆积形成球床堆芯。为了实现堆芯剩余发热非能动的载出,堆芯直径受到限制,否则堆芯燃料的最高温度有可能超过1600℃的限制。HTR-Module设计的堆芯直径为3m,这个直径的选取也考虑到了控制棒反应性当量的要求。全部控制棒布置在堆芯四周石墨反射层的导向孔道内,如果堆芯的直径过大,控制棒的反应性当量将减小。

2. 模块式高温气冷反应堆(MHTGR)

MHTGR延续了美国圣·符伦堡的技术发展方向,采用六棱柱状石墨块堆芯的实际概念。采用氦气循环发电,一个发电厂由四个MHTGR模块组成,由氦气加热蒸汽发生器产生17.3MPa和538℃的过热蒸汽,与一台蒸汽透平机相连。MHTGR具有两个基本安全特点:①非能动安全特性;②防止放射性释放的屏障基本上可以依靠高质量和高性能的包覆颗粒燃料来实现。

在严重事故条件下,MHTGR放射性释放造成的环境剂量远低于美国10CFR100规定的标准,而且无需依靠运行人员采取行动,也无需依靠应急电源的投入,造成的环境影响无需采取厂外应急计划。

10.3.4 氦循环模块式高温气冷堆

天然气燃气透平技术的迅速发展以及全世界范围内电力非管制化改革的发展,推动了氦循环模块式高温气冷堆HTGR的发展。

1. 球床模块式反应堆(PBMR)

PBMR反应堆采用球床堆芯设计,为了提高单堆的功率,堆芯采用双区布置,即中心为石墨球床区,外区为环形燃料球床区。为了实现双区的布置,堆芯顶部设置了多个装球口,石墨球由中心装球口落入中心石墨球床,燃料球由圆周上8个装球口落入环形燃料球床。石墨球床区和燃料球床区之间有一个混合区,该区内既有石墨球,又有燃料球,其混合的比例随两个区顶部加球的速度而变化。石墨球和燃料球均由同一卸球口排出,经燃耗测量后加以区分。PMBR采用了两套独立的反应性停堆系统:反应性控制系统和冷停堆系统。其燃料元件为包覆颗粒燃料(TRISO)支撑的球形元件,动力转换系统采用Brayton氦透平热力循环。

2. GT-MHR

美国通用原子公司(GA)和俄罗斯原子能部在1993年签订了合作备忘录,以MHTGR为基础,采用氦透平直接循环,合作发展氦直接循环模块式高温气冷堆GT-MHR。

GT-MHR反应堆以MHTGR为基础,堆芯热功率为600MW,堆芯为双区布置,中心为由六棱柱石墨柱构成的内石墨反射层,周围为环形活性区,由102根六棱柱石墨燃料柱构成,每个石墨燃料柱由10个石墨燃料块串接而成。采用TRISO包覆颗粒燃料,堆芯为氧化钚($PuO_{1.8}$)燃料,直径为$200\mu m$,外面有三层包覆(低密度热解碳、碳化硅和高密度热解碳)。

GT-MHR采用非能动余热排出的设计概念,当一回路正常传热系统失效之后,堆芯的余热可借助石墨堆芯的热传导和热辐射经过反应堆压力壳载出,再通过压力壳外的水冷管系统通过自然对流释放到大气的最终热阱,保证堆芯燃料的最高温度不超过1600℃的温度限值。

动力转换系统主要包括汽轮机、回热器、预冷却器、中间热交换器以及相关的支撑和管道。整个系统均设置在一个压力壳内,与反应堆压力壳成"肩并肩"的布置,两个压力壳之间通过热气导管相连接。

10.3.5 日本高温工程实验堆

日本高温工程实验堆(HTTR)采用类似于美国的柱形燃料元件,反应堆出口的950℃氦气送入到与反应堆"肩并肩"设置的中间热交换器内,加热二次侧的氦气,供给高温工艺热的应用研究。HTTR具有如下的设计特点:

（1）采用包覆颗粒燃料，在正常和预期运行事件条件下，包覆颗粒燃料不应损坏。考虑了各种不确定因素，燃料的最高温度不超过 1600℃。

（2）在运行工况下借助控制棒系统，反应堆可以实现安全和可靠的停堆；另外，设置有一套独立的备用停堆系统。

（3）采用相关措施避免发生控制棒弹棒引起的严重事故。

（4）在正常运行和预期运行事件条件下，反应堆停堆后的余热应安全可靠地载出。

（5）为了防止在失压事故时裂变产物释放到环境中以及空气过量地进入堆芯，设置了钢制的安全壳。

（6）压水冷却系统的压力低于一回路氦冷却剂系统的压力，当压水冷却剂系统的传热管发生断管事故时，可以防止大量的水进入堆芯。

（7）二次侧氦冷却系统的压力稍高于一回路氦冷却剂的压力，当中间换热器传热管发生破裂时，防止一回路系统中的裂变产物泄漏到二次侧中。

（8）结构部件承压功能和承受高温的功能分离设计，以减少高温金属结构承受的机械载荷。

10.3.6　中国球床高温气冷实验堆

清华大学核能技术设计研究院从 20 世纪 70 年代开始进行高温气冷堆和相关技术的研究，1992 年开始设计和建设 10MW 的高温气冷实验堆（HTR-10）。该反应堆于 2000 年底建成并实现临界，其燃料元件、设计特点和安全特性如下：

1. 燃料元件

HTR-10 采用氦气作冷却剂，石墨作慢化剂，采用包覆颗粒燃料构成的全陶瓷型球形燃料元件。包覆颗粒燃料为直径只有 0.9mm 的微型小球，其核芯为 UO_2 颗粒（直径约 0.5mm）。UO_2 颗粒外包覆了一层低密度热解碳、两层高密度热解碳以及一层碳化硅。包覆层将 UO_2 颗粒中产生的裂变产物充分地阻留在包覆颗粒内，并能承受气体裂变产物产生的内压力。

包覆颗粒燃料均匀弥散在石墨球体的内层（直径 5cm），其外层为石墨壳体（外径 6cm），用以保护包覆颗粒燃料不受机械损伤，每个燃料球内平均包含有 8000 个包覆颗粒燃料，如图 10-2 所示。

包覆颗粒燃料具有的优异性能是高温气冷堆安全性的重要基础。铀燃料极大地分散到大量的包覆颗粒中，每个包覆燃料颗粒均能将颗粒内产生的裂变产物充分地阻留在包覆层内，一个颗粒破损造成放射性释放的影响是极低的。

HTR-10 采用的首批燃料元件是清华大学核能技术设计研究院自主研究开发和制造的。燃料元件中包覆颗粒的制造破损率达到 $5×10^{-5}$ 的水平，远低于设计允许值 $3×10^{-4}$。辐照考验表明，包覆颗粒燃料的抗辐照性能良好。

2. 设计特点

HTR-10 堆芯由 2.7 万个球形燃料元件组成，四周由石墨块堆砌而成，石墨块既起到中子反射层的作用，又起到堆芯结构的作用。石墨反射层外侧由碳砖堆砌而成，碳砖的导热系数低，可起到隔热的作用，碳砖中掺有中子吸收材料——碳化硼，降低了反应堆压

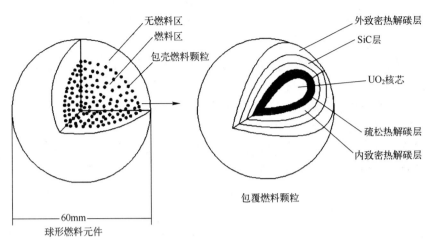

图 10-2　球形燃料元件结构示意图

力壳处的中子通量。

为了便于维修,反应堆堆芯与蒸汽发生器分别放置在两个钢制压力容器内。两个压力壳之间用同轴热气导管相连,堆芯出口的高温氦气由内管流向蒸发器,加热蒸发器内的水,产生蒸汽发电,经蒸发器冷却后的低温氦气由同轴热气导管外管流回堆芯。通过这种合理的流程设计能使所有承载的钢结构处均由低温氦气流过,从而处于较低的工作温度。反应堆压力壳、蒸汽发生器压力壳和热气导管三个压力壳组成一回路压力边界。

HTR-10 设置了控制棒和吸收小球两套停堆系统。控制棒和吸收小球停堆系统分别设置在侧反射层石墨孔道内,依靠重力下降实现停堆。控制棒系统作为第一停堆系统,完成功率调节和停堆的功能。在发生一根棒卡棒的情况下,控制棒系统可以独立使反应堆实现和维持冷停堆。吸收小球系统作为备用的第二停堆系统,在第一停堆系统不能投入时,可以独立实现冷停堆。只有发生正反应性引入事故工况和反应堆维修冷停堆工况时才要求两套系统联合作用,以实现并维持反应堆长期冷停堆。

HTR-10 利用了球形燃料元件可滚动的特点,采用反应堆运行过程中连续装卸料的燃料管理,新燃料元件从堆芯顶部装入,依靠重力逐渐移动到堆芯底部,并排出压力壳外。在堆外进行燃耗测量,未达到卸料燃耗的燃料元件通过气力提升装置再输送回堆芯,达到卸料燃耗的乏燃料元件排出堆外送入储存罐中。

3. 安全特性

(1) 固有的安全特性。冷却剂氦气是一种惰性气体,与石墨不发生化学反应,具有很好的相容性。氦气具有很好的稳定性,不会因相变而引起体积膨胀。HTR-10 的燃料和慢化剂具有很强的温度负反应性系数(约 $-16.9 \times 10^{-5} \sim -8.2 \times 10^{-5} \text{K}^{-1}$),该系数不受冷却剂丧失的影响,无论在冷态或热态,在初始态或平衡态,均为负值。在正常工况条件下,堆芯燃料元件的最高温度小于 900℃,与燃料元件的最高限值温度 1600℃相差约 700℃。一旦发生事故,燃料温度上升可以吸纳百分之几的过剩反应性。

HTR-10 堆芯燃料的体积比功率只有 2 MW/m³。在正常工况下,四周石墨反射层由 250℃ 的冷氦气流过,处于较低的温度。当发生事故时,石墨反射层通过温升可吸收大量的热量,从而缓解燃料元件的瞬时温升。

153

（2）限制正反应性的引入。HTR-10采用连续装卸的燃料管理方式，因此堆芯燃料装量的过剩反应性很小（不到1.0%）。但是，在发生蒸汽发生器传热管破口时，二回路的水将进入堆芯，由于水的附加慢化效应，会引入正的反应性。HTR-10采取了专设安全设施，在蒸汽发生器传热管破口时，对蒸汽发生器进行给水隔离和卸压排放，使得进入一回路的水/汽量非常有限（最大可能的正反应性引入量约为3.2%）。

（3）非能动的余热排出。在正常停堆工况时，堆芯的余热将通过主传热回路，经热交换设备载至最终热阱。事故停堆时，风机自动停闭，反应堆剩余发热仅依靠堆芯石墨燃料元件的热传导和热辐射非能动地导出，再经过反射层石墨块和反应堆压力壳后，通过热辐射和自然对流传给设置在压力壳周围的余热排出系统的水冷壁。该水冷壁是设置在一回路混凝土壁内侧的冷却水管，它与设置在舱室外上部的空气冷却器相连，形成自然对流回路。该系统没有能动部件，完全依靠自然循环将余热载出。余热排出系统由两套独立的管组构成，每组均具有100%的余热载出能力。

4. 事故分析

HTR-10典型事故分析包括：

（1）一回路失冷失压事故。假设一回路最大联管管道（DN65）破断，一回路冷却剂排空，反应堆剩余发热依靠非能动方式传至大气最终热阱。事故过程燃料最高温度为1033℃，远低于燃料温度安全限值。

（2）一回路进水事故。假设蒸汽发生器同时发生两根传热管双端断裂的破口事故，并叠加蒸汽发生器排空系统失效。在这种事故假设下，二回路的水进入一回路，引入正反应性，并且与堆芯石墨慢化剂发生化学反应，引起一回路压力升高，卸压阀开放，排出部分氦气冷却剂。反应堆剩余发热依靠能动方式排到大气最终热阱。该事故分析结果表明，事故过程中燃料最高温度为1036℃，低于燃料温度安全限值。

（3）控制棒误提升ATWS事故。该事故是一根控制棒在正常功率运行下失控提升事故的发展和继续。假设控制棒系统失效，反射层控制棒全部卡住，反应堆未能紧急停堆，该事故属Ⅳ类极限事故。在这种事故假设下，反应堆升温升压，最终依靠反应堆的负反应性温度系数达到反应堆自动停堆，反应堆剩余发热依靠非能动方式排到大气最终热阱。事故分析结果表明，在事故过程中燃料最高温度为1172℃，不超过燃料温度的安全限值。

从上述3个典型事故的分析可以得出以下的结论：HTR-10即使在极限事故工况下，也可以不借助任何专设安全设施，而依靠非能动方式将堆芯的剩余发热载出到大气最终热阱，在事故过程中燃料最高温度不超过安全限值，排除堆芯熔化的可能性。

参 考 文 献

［1］ 吴宗鑫，徐元辉. HTR-10的燃料元件、设计特点及安全特性[J]. 清华大学学报，2001，41(4-5)：112-115.
［2］ 高立本. 高温气冷堆的发展与前景[J]. 中国核工业，2016，(10)：24-55.
［3］ 徐元辉，钟大辛. 高温气冷堆的技术特点及发展动向[J]. 清华大学学报，1992，32 (6)：18-28.
［4］ 沈苏，苏宏. 高温气冷堆的技术特点及发展概况[J]. 东方电气评论，2004，18(1)：50-54.
［5］ 王迎苏. 高温气冷堆核电站在我国的商业化前景[J]. 中国核电，2008，(3)：206-211.
［6］ 符晓明，王捷. 高温气冷堆在我国的发展综述[J]. 现代电力，2006，23 (5)：70-75.

［7］　Tang C,TANG Y, Zhu J, et al. Research and Development of Fuel Element for Chinese 10 MW High Temperature Gas -cooled Reactor［J］. Journal of Nuclear Science and Technology, 2000, 37(9):802-806.

［8］　李志容, 陈立强, 徐校飞,等. 模块式高温气冷堆的固有安全特性［J］. 核安全, 2013, 12(3):1-4.

［9］　赵木, 马波, 董玉杰. 球床模块式高温气冷堆核电站特点及推广前景研究［J］. 能源环境保护, 2011, 25(5): 1-4.

［10］　Widder S. Benefits and Concerns of a Closed Nuclear Fuel Cycle［J］. Journal of Renewable and Sustainable Energy, 2010, 2(6):227.

［11］　International Atomic Energy Agency. Status and Advances in MOX Fuel Technology［R］. NO. 415, Vienna, Austria, 2003.

［12］　Zhang Z, Wu Z, Wang D, et al. Current Status and Technical Description of Chinese 250MW HTR-PM Demonstration Plant［J］. Nuclear Engneering and Design, 2009, 239(7):1212-1219.

［13］　吴宗鑫, 张作义. 先进核能系统和高温气冷堆(精)［M］. 北京:清华大学出版社, 2004.

第十一章　熔盐反应堆

熔盐反应堆(Molten Salt Reactor,MSR)是一种以流动的熔盐作为燃料的液体燃料反应堆。不同于传统的固体燃料反应堆,它是一个化学反应堆,寻求的是简化的燃料制作和后处理机制。20世纪40年代末,美国着手开始研究熔盐堆,随后苏联、日本和法国等国也开展过相关研究。20世纪70年代,由于各种因素,美国停止了对熔盐堆的支持,但随着能源问题的日益突出,铀资源消耗的加大,熔盐堆由于具有良好的中子经济性、固有安全性、可在线后处理、放射性废物少、可持续发展、防核扩散以及可使用钍燃料等优点又重新成为核能研究的热点。

11.1　熔盐反应堆发展概况

熔盐堆是将核燃料融在用作冷却剂的液态氟化盐中的一种液态燃料堆。液态氟化盐既用作冷却剂,也用作核燃料的载体。当冷却剂流出反应堆芯时,可以利用干法分离技术(将乏燃料融于液态熔盐中,利用电化学等方式进行元素分离)实现同位素(包括增殖产物和裂变产物)的在线分离(或原位离线分离)。

熔盐堆的概念是美国橡树岭国家实验室(ORNL)最早提出来的。1946年,美国启动了ANP飞机核动力装置(Aircraft Nuclear Propulsion)计划,提出以核能为动力的飞机设想(Nuclear Energy for the Propulsion of Aircraft),对熔融氟盐和高温材料开展了物理、化学和工程特性等方面的研究。1954年,美国橡树岭国家实验室建成以 $NaF-ZrF_3-UF_4$(52.8-41.0-6.2mol%)熔盐作为燃料、BeO作为慢化剂、液态钠和液态燃料同时作为冷却剂的ARE军用空间核动力熔盐实验装置(Aircraft Reactor Experiment),如图11-1所示,这是世界上第一座熔盐实验原型堆,堆芯高度为90.93cm,直径为84.60cm,热功率为2.5MWt,燃料熔盐的出口温度为815.56℃。ARE于1954年11月3日达到临界,并运行

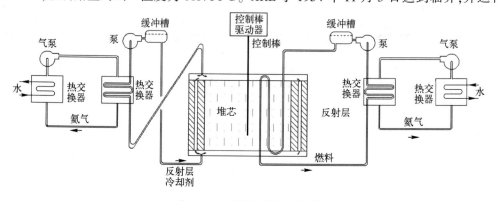

图11-1　ARE熔盐堆示意图

至 1954 年 11 月 12 日,共 221h,其中 74h 运行在兆瓦级功率(0.1~2.5MW),在最高温度 860℃ 情况下运行了 100h。在 ARE 实验堆运行期间,开展了临界实验、高功率以及低功率等一系列的实验研究。基于 ARE 的设计和运行经验,结合 ANP 项目军方要求,ORNL 设计和建造了球形空间核动力测试堆(ART),以验证相应的设计和运行方式用于空间核动力推进的可行性。ART 采用 $NaF-ZrF_3-UF_4$ 作为燃料熔盐,设计热功率 60MWt,堆芯功率密度 1.3MW/L,NaK 以 1150K 的高温传递热量至喷气引擎,设计寿命 1500h(63 天),最大功率运行 500h(21 天)。ART 采用的球形压力容器直径仅有 1.4m,压力容器中包括了堆芯、反射层和一回路热交换器,设计非常紧凑。然而,在 1961 年,ART 的建造和组装虽已经接近完成,但由于 ANP 项目被取消,ART 设施最终未能运行。

20 世纪 60 年代初,MacPherson 等提出基于钍燃料循环的石墨慢化热堆是作为发电用熔盐堆系统的最佳选择。他们发现包含 [233]U 再生的钍燃料循环在熔盐堆中比铀燃料循环能体现出更好的性能,在铀燃料循环体系中,[233]U 是增殖材料,产生 Pu 并回收。MacPherson 的团队提出了单流堆和双流堆两种石墨慢化堆设想。在单流堆中,U 和 Th 包含在相同的盐中;在双流堆中,包含 Th 的可转换盐与包含 U 的可裂变盐是分开的。单流堆设计相对简单,成本低,但是双流堆具有作为增殖堆运行的优势。

美国橡树岭国家实验室于 1963 年建成了以钍铀燃料循环为研究目的的 MSRE 熔盐增殖实验堆(Molten-Salt Reactor Experiment)。MSRE 熔盐堆的设计热功率为 10MWt,以 UO_4、ThF_4、ZrF_4、^7LiF、BeF_4 等不同组合的氟化盐为燃料、石墨为慢化剂,二回路熔盐冷却剂采用 66%LiF-34%BeF_2,结构材料采用 INOR-8 镍基合金,燃料熔盐以 174.13kg/s(1200g/m)的流速、635℃(1175 ℉)的温度流入一个由石墨紧密排列成圆柱体的堆芯,再以 662.78℃(1225 ℉)的出口温度流出堆芯,并通过热交换器与二回路熔盐进行热量交换,二回路熔盐冷却剂的热量通过一个风冷式散热器散发到大气中。MSRE 熔盐实验堆于 1962 年开始建造,1965 年建成并达到临界,共运行了 9000h 的 [235]U 燃料和 2500h 的 [233]U 燃料,并在 1968 年 8 月增加了一个简单的后处理装置。实验证实,$^7LiF-BeF_2-ThF_4-UF_4$(71-16-12-0.3mol%)能成功用于熔盐增殖堆,并具有非常好的辐射稳定性;石墨作慢化剂与熔盐相容;Hastelloy N 合金能成功应用于反应堆容器、回路管道、熔盐泵和换热器等部位,腐蚀被控制在较低的水平;具有较好的中子经济性和固有安全性;反应堆在工作常压下出口温度可达 700℃ 左右;裂变产物氪和氙可从熔盐中分离;熔盐堆可使用不同的燃料,包括 [235]U、[233]U 和 [239]Pu。MSRE 是世界上第一座曾全部使用 [233]U 运行的反应堆,证明熔盐堆的技术非常适合用作钍铀燃料循环(理论上可以实现完全的钍铀燃料闭式循环)。

20 世纪 70 年代,ORNL 设计了 1000MWe 的熔盐增殖堆(MSBR),并着手关键技术的研发和工程的组建,其燃料熔盐为 $UF_4-ThF_4-LiF-BeF_4$ 的混合物。该项目尽管已有良好的科学技术基础和工业界的支持,但由于当时冷战需求大于能源需求,熔盐堆最终被美国官方终止。

再随后的几十年里,熔盐堆的发展比较缓慢,但人们仍然不断对熔盐增殖堆开展研究。随着近几年核电事业的复苏,熔盐堆的概念在 20 世纪末和 21 世纪初受到科学界重新重视,不仅被选为第四代反应堆的六个候选堆型之一,而且在传统的熔盐堆基础上发展出多种不同的设计,以用于不同的目的。熔盐堆可设计成热中子堆,也可设计成快中子堆；专用于钍基核燃料循环的熔盐堆也称为钍基熔盐堆；加速器驱动次临界堆技术的应用有可能降低在线分离的难度。这些设计包括法国的 MSFR、俄罗斯的 MO-SART 等。

美国橡树岭国家实验室、麻省理工学院（MIT）、加州大学伯克利分校（UCB）等提出了 AHTR（Advanced High Temperature Reactors）、FHR（Fluoride salt - cooled High - temperature Reactor）的概念设计，并开展了物理设计、安全分析等的研究。这几种堆型使用高温气冷堆的球床式固体燃料，其燃料类型与高温气冷堆相似，但熔盐只是作为冷却剂，与前面所述的熔盐堆不一样。UCB 提出的 PB-FHR 堆采用 TRISO 作为燃料、氟化盐作为冷却剂，热功率为 900MWe，热转换效率可以达到 46%。为了提高安全性，整个堆芯放置于熔盐池中，并采用非能动余热排出系统，其布局见图 11-2。

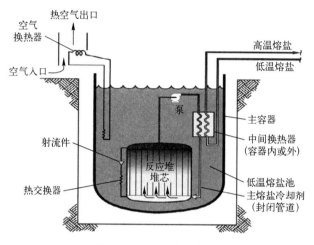

图 11-2　FHR 堆示意图

苏联的 Kurchatov 研究所在 20 世纪 70 年代开始了熔盐堆的研究，研究主要集中在物理设计和熔盐腐蚀等方面，但在 1986 年切尔诺贝利核电事故后也停止了相关研究。近年来，为了解决核不扩散及次锕系元素处理，俄罗斯的 VNITF（Vladimir Subbotin Institute of Technical Physics）、RRC - KI（Russian Research Center - Kurchatov Institute）、IHTE（Institute of High Temperature Electrochemistry）和 ICT（Institute of Chemical Technical）四家研究机构于 2001 年拟定了 ISTC-1606 计划，共同开展安全、钍和锕系核素处理的次临界和临界实验装置，提出了 MOSART 熔盐嬗变堆（MOlten Salt Actinide Recycler & Transmuter）的概念。MOSART 熔盐堆的热功率为 2400MWt，采用布雷顿循环，燃料是 $LiF-BeF_2-NaF$ 以及钍、锕系核素的混合物，二回路熔盐冷却剂则采用 $NaF-NaBF_4$，堆芯中没有石墨，属于熔盐快堆类型，堆芯布局如图 11-3 所示。

日本关于熔盐堆的研究始于 20 世纪 80 年代。日本原子能研究所（JAERI）的 Kazuo Furukawa 等在 MSBR 熔盐增殖堆的基础上提出了用质子加速器与熔盐堆结合的 AMSB 熔盐增殖堆（Single-fluid-type Accelerator Molten-Salt Breeder）概念。该堆的电功率为 800WMe，采用 $ThF_4-LiF-NaF$ 熔盐作为燃料。1985 年，日本在 MSRE 熔盐实验堆的基础上开展了 10MWe 电功率的 mini-FUJI 概念设计。近年来，日本建立了以研究钍铀燃料循环为目标的 ITHMSF 国际钍基熔盐论坛（International Thorium Molten-Salt Forum），提出

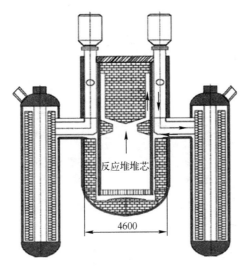

图 11-3　MOSART 熔盐堆示意图

了具有发展战略的 THORIMS-NES 计划,同时京都大学、丰桥技术科学大学、北海道大学等研究机构也开展了 150~200MWe 电功率的 FUJI-12、FUJI-U3 等系列熔盐堆的概念研究。FUJI-12 熔盐堆以 $LiF-BeF_2-ThF_4-UF_4$ 为燃料熔盐、石墨为慢化剂以及 $NaBeF_3-NaF$ 为二回路冷却熔盐,同时堆芯周围还布置了石墨作为反射层,以提高功率水平。其系统布局如图 11-4 所示。

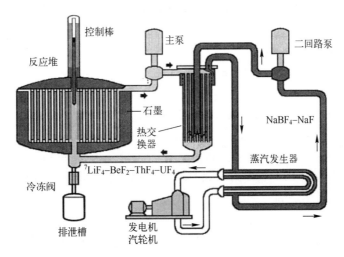

图 11-4　FUJI 熔盐堆示意图

　　法国近年来开展熔盐堆的研究比较多。2002 年,EDF(Electricite De France)的 Jean Vergnes 等提出了 AMSTER 锕系元素嬗变熔盐堆(Actinides Molten Salt Transmut ER)的概念,以用于焚烧从压水堆中产生的高放射性废物。近年来,CNRS(Centre National de la Recherche Scientifique)、CEA(Commissariatal Energie Atomique)、EDF、AREVA 等都开展了基于钍铀燃料循环的相关研究,涉及熔盐堆物理、熔盐腐蚀性、熔盐再处理及安全性等方面,并提出了 TMSR(Thorium Molten Salt Reactor)、MSFR(Molten Salt Fast Reactor)的熔盐

快堆概念设计。这两种堆型的堆芯中都没有石墨，堆芯周围增加了增殖层，可以将^{232}Th转换成^{233}U，其中 TMSR 的电功率为 1000MWe，MSFR 的电功率为 15000MWe。TMSR 熔盐快堆的堆芯结构示意图如图 11-5 所示。

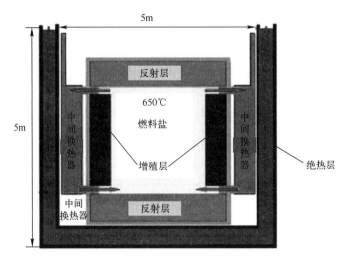

图 11-5　TMSR 堆芯示意图

捷克的熔盐堆研究主要有 EROS（Experimental ze RO power Salt reactor）和 SPHINX（SPent Hot fuel Incinerator by Neutron flu X）项目。EROS 项目已在 LR-0 零功率轻水堆上开展熔盐、合金结构材料等的实验研究，SPHINX 则重点研究熔盐堆的堆芯物理、熔盐后处理、回路设计、结构材料和锕系核素的嬗变等方面。

欧洲原子能共同体于 2001 年 11 月在第五框架支持下，由法国、德国、捷克和意大利等欧洲七国共同开始了 MOST（Review of Molten Salt Reactor Technology）项目，完成了对 MSRE、MSBR、AMSTER、MOSART 等熔盐堆关键技术和发展前景的评价工作。在此基础上，欧洲原子能共同体又支持了 LICORN（LIquid COre for fuel Regeneration and reduction of Nuclear waste）、ALISIA（Assessment of Liquid Salts for Innovative Applications）、SUMO（Small Ubiquitin like MOdifier）和 EVOL（Evaluation and Viability of Liquid Fuel Fast Reactor Systems）等项目，完成了欧洲熔盐堆发展路线图、MSFR 熔盐快堆的可行性分析及优化设计等工作。

中国科学院在 2011 年启动了先导科技专项钍基熔盐堆核能系统项目的研究，其战略目标是研发第四代先进裂变反应堆核能系统，主要包括钍铀燃料的制备、熔盐反应堆、钍基熔盐堆燃料的后处理等方面，计划通过 20 年时间解决钍铀燃料循环和钍基熔盐堆的关键技术，研制出工业示范级钍基熔盐堆（TMSR），实现钍资源的有效使用和核能的综合利用。该项目的近期目标是建成热功率为 2MWt 固态钍基熔盐堆（Th-U pebble-bed FHR，TMSR-SR1）和 2MWt 液态钍基熔盐堆（Th-U MSR，TMSR）以及形成支撑未来 TMSR 核能系统发展的若干技术研发能力。

目前，世界范围内对熔盐堆的研究主要集中于 3 种不同的堆型，分别为日本的 FUJI-I 熔盐堆、法国的钍熔盐堆（TMSR）和俄罗斯的锕系元素再循环嬗变熔盐堆（MOSART），其特性参数总结如表 11-1 所列。GIF 提出的第四代熔盐堆系统见图 11-6。

表 11-1　主要熔盐堆堆型及其特性参数

特 性 参 数	FUJI-I	TMSR	MOSART
用途	动力	动力(增殖)	动力(嬗变)
中子通量	热谱	快谱	快谱
堆芯设计	石墨慢化	罐式,无内部构件	罐式,无内部构件
熔盐组分/mol%	$LiF-BeF_2-ThF_4-UF_4$ (71.75-16-12-0.25)	$LiF-(HN)F_4$ (80-20)	$NaF-LiF-BeF_2$ (58-15-27)
热功率/MWt	450	2500	2400
电功率/MWe	200	1000	1000
入口温度/℃	567	630	600
出口温度/℃	707	730	715
活性区半径/m	1.5	1.25	1.7
活性区高度/m	2.1	2.6	3.6

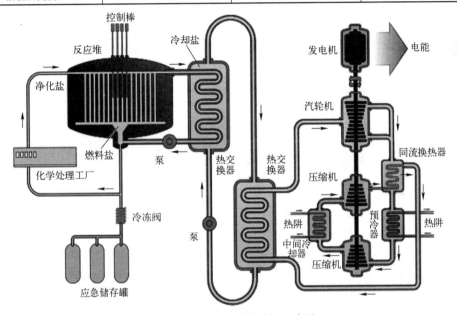

图 11-6　GIF 熔盐堆系统示意图

11.2　熔盐反应堆特性分析

11.2.1　熔盐堆的特点

熔盐堆的最大特点是采用溶解在氟化锂、氟化钠等氟化盐中的钍或铀的液态混合物作为燃料,无需专门制作固体燃料组件。熔盐堆用液体燃料决定了其工作原理与常规固体燃料反应堆的工作原理有所不同:含有裂变和可转换材料的燃料熔盐,以高于 500℃ 的堆芯入口温度,流入经优化设计的堆芯达到临界,且仅在堆芯处达到临界,燃料熔盐在堆芯处发生裂变反应释放热量,并被自身吸收、带走,不需另外的冷却剂,燃料熔盐在堆芯出口处温度可达 700~800℃(沸点温度可达 1400℃)。堆芯流出的高温燃料熔盐通过一次侧热交换器将热量传给二次侧冷却剂熔盐,再通过二次侧热交换器传给三回路的氦气进行发电或制氢。由此可见,熔盐堆整个堆芯的高温燃料熔盐既是载热剂,又是核反应的热源,是完全不同于其他固体燃料的一种全新的核反应堆燃料利用技术。

与其他类型的反应堆相比,熔盐堆具有如下优点:

(1) 固有安全性。熔盐堆采用高温熔盐作核燃料,兼作载热剂,不需专门制作燃料组件,从设计上避免了严重事故的发生。即使堆芯丧失冷却剂,也不会给反应堆造成严重后果;熔盐的低蒸汽压减少了破口事故的发生,即便发生破口事故,高温的熔盐在环境温度下也会迅速凝固,以防止事故的进一步扩展。

(2) 非能动安全。熔盐堆设计有紧急排盐罐,在堆芯过热的情况下,依靠熔盐自身的高温和重力,堆芯燃料熔盐将自动开启冷冻阀,排入紧急排盐罐中,从而充分保证核反应堆安全。

(3) 可用燃料丰富和灵活的燃料循环特性。可利用的裂变燃料种类丰富,包括钍、铀、钚和次锕系元素。因此,熔盐堆可方便地采用多种核燃料循环方式 (如开式、闭式、钍铀燃料循环、铀钚燃料循环等)。

(4) 核资源的有效利用和防止核扩散。熔盐堆可不需要特别处理而直接利用铀、钍和钚等所有核燃料,也可利用其他反应堆的乏燃料,还可利用核武器拆解获得的钚。由于熔盐堆不使用或使用少量的浓缩铀,并产生极少的可以制造核武器的钚,因此可以有效地防止核扩散。

(5) 应用广泛。熔盐堆可用于产生电力、区域供热、热化学高温制氢、核燃料增殖以及核燃料嬗变。堆芯设计和布置不需做大变动,既可运行在快中子谱,也可运行于热中子谱和超热中子谱。

(6) 熔盐堆中产生的核废料中长寿命锕系元素含量要比其他堆型低一两个量级,从而降低了后处理难度和成本。

(7) 熔盐堆采用在线处理去除中子吸收截面较大的裂变产物,提高了中子利用率和反应性稳定。由于在线处理去除了氙气,熔盐堆关闭或功率降低后,不存在大部分固体燃料堆所具有的“死时间”。

(8) 熔盐堆采用在线核燃料处理,与压水堆相比,剩余反应性较低,可采用更为简单的反应性补偿方式。

(9) 低压运行,降低事故风险,提高反应堆运行的安全性。

(10) 便于小型化,降低投资成本,灵活部署。

表 11-2 对熔盐堆、压水堆、沸水堆、液态金属快堆和高温气冷堆的主要参数进行了比较。

表 11-2　熔盐堆与其他堆型参数的比较

参　数	压水堆 (PWR)	沸水堆 (BWR)	液态金属快堆 (LMFBR)	高温气冷堆 (HTGR)	熔盐堆 (MSR)
代表堆型	AP-1000	BWR-6	Superphenix	HTR-PM	MSBR
燃料形态	固态氧化铀	固态氧化铀	固态氧化铀	固态氧化铀	液态氟化物
一回路压力/MPa	15.5	7.17	约0.1	7	<0.5
一回路入口温度/℃	286	278	395	250	538
一回路出口温度/℃	324	288	545	750	704
热效率/%	33.5	32.9	41	43	44

11.2.2 熔盐堆的安全性

熔盐堆不使用固体燃料芯块,而是采用氟化物与载体盐的低熔点、稳定的共晶熔融体。这种熔盐既是燃料又是冷却剂,在堆芯和外部热交换器间连续流动传导出裂变产生的热量。由于采用液态堆芯,使得熔盐堆热效率更高,压力也较低,反应性控制容易,放射性裂变产物容易被包容,而且可以采用钍铀燃料循环,核燃料添加和处理的放射性风险更低。

氟化物熔盐的体积热容量比加压水高25%,是液态钠的5倍,是一种极好的冷却剂。由于热容量更大,使得主回路设备变得更紧凑且热效率高。熔盐堆的出口温度可以达到700~800℃,采用热效率更高的布雷顿循环发电机,从而整体热效率可达到45%~50%。另外,在1MWe的熔盐堆中,达到临界约需要燃料不到2kg,轻水堆则需3~5kg,而快堆约需25kg,燃料需求和成本大大降低。裂变能大部分包容在燃料和冷却剂中,可以达到很高的功率密度,从而使其易于小型化。

熔盐堆可在近大气压下运行,不需要高压容器,采用低压力容器和管道使设备安装制造和焊接变得容易,而且成本降低。在大气压下运行也不会出现一回路破口以至断裂而产生严重后果。如果反应堆容器、泵或管道断裂,熔盐会溢出并急剧降温凝固从而阻止进一步的泄漏。

熔盐堆的设计有很强的负温度系数和空泡系数,允许自动负荷跟踪运行。温度升高引起熔盐膨胀溢出堆芯,降低反应性。燃料本身是流体,不存在堆芯熔化的危险。熔盐温度过高时,会熔化预先设计的冷冻盐塞,将燃料盐自动排入预准备的、非能动冷却的、临界安全的储罐内。熔盐堆中的易裂变材料浓度也可以连续调整,消除过多的反应性,而且无需加入可燃毒物。

此外,许多裂变产物在熔盐中都以离子形式存在,与氟元素相结合形成稳定的氟化物留在盐内,其他挥发性或不能熔解的裂变产物可连续地排出。在熔盐堆中,Xe会从熔盐中冒出并储存在反应堆回路外部,避免Xe吸收中子而产生氙毒效应,使反应性更易于控制。

熔盐堆在燃料和乏燃料后处理方面也具有很好的安全性和高效性。其产生钚和其他超铀元素的速率很低,而且能够将其再循环,可以在运行中去除挥发性高、中子吸收截面大的裂变产物,提高中子利用率,使反应性更加稳定。适合使用干法流程对乏燃料进行在线化学分离处理,使超铀元素成为新燃料,乏燃料中由长寿命锕系元素带来的放射毒性低两三个量级。熔盐堆也可通过嬗变方法燃烧锕系元素处理压水堆乏燃料。

熔盐堆可燃烧以钍为主的核燃料,利用钍-铀燃料循环减少^{239}Pu的产生,更好地防止核扩散。图11-7是钍-铀燃料循环过程示意图。

$$^{232}Th \xrightarrow{(n,\gamma)} {}^{233}Th \xrightarrow{\beta} {}^{233}Pa \xrightarrow{\beta} {}^{233}U \xrightarrow{(n,f)} 裂变产物$$

图11-7 钍-铀燃料循环示意图

熔盐堆的钍-铀燃料循环的转换效率更高,能够增殖。^{232}Th的热中子俘获截面(7.4b)高,而^{233}U的热中子俘获截面(45.76b)较小。在堆中,^{233}U的产出率高于^{239}Pu,而消耗率低。^{233}U 平均二次中子数较大，中子经济性更好，有较高的燃耗。熔盐堆的钍-铀燃料循环产生的高毒性放射性核素较少。由于 ^{233}U 的热中子俘获截面小，在堆中产生的钚和长寿命次锕系核素要少得多，更利于防止核扩散。^{233}U 通过 (n,2n) 反应产生 ^{232}U，^{232}U 的衰变链中产生短寿命强 γ 辐射的 ^{208}Tl (2~2.6MeV)，这种固有的放射性障碍增加了化学分离的难度和成本，较少的钚含量降低了分离的经济性。

钍基熔盐堆的主要燃料钍和 ThO_2 化学性质稳定、耐辐照、耐高温、热导性高、热膨胀系数小、产生的裂变气体较少，允许钍基反应堆有更高的运行温度和更深的燃耗。另外，目前已探明在地壳中钍的储量是铀的 3~4 倍。我国铀储量有限，但有着丰富的钍资源（约为铀储量的 6 倍），通过增殖将 ^{232}Th 转换成 ^{233}U，将极大地丰富我国核燃料资源。

当然，熔盐堆也存在一定的不足。在核反应堆的发展历史中，液态燃料堆的经验并不成熟，属于非主流概念。在液态燃料堆中，出现易裂变元素在堆芯中分布不均匀的现象，在熔盐堆中也会同样遇到。熔盐堆的运行温度很高，而且存在高放射性，因此对于容器材料的要求很高。对于系统设备要求完全的密封性，在阀门和熔盐泵的润滑和密封方面会存在困难，易造成润滑油和放射性的泄漏。在铀-钍燃料循环的启动过程中，只能使用 ^{235}U 或 ^{239}Pu，生成 ^{233}U 逐渐过渡。从运行开始，主系统带有强放射性，只能通过遥控监视和远距离操控工具进行检查和检修，增加了工作的难度和成本。这些不足和问题将给熔盐堆的运行带来较大的核安全风险，需进行研究解决。

另外，运行期间热交换器将成为防止放射性熔盐泄漏的安全边界。可以采用三回路设计，增加中间回路来防止泄漏。若高温熔盐泄漏，会与水接触，瞬间将生成大量水蒸汽而产生蒸汽爆炸事故，给运行带来极大的核安全风险。

钍基熔盐堆的钍-铀燃料循环也面临着一定的挑战。ThO_2 的熔点（3350℃）比 UO_2（2800℃）高得多，生产加工需要更高的温度（高于 2000℃）。在后处理上，溶解 ThO_2 基混合氧化物燃料要加入氟化氢（HF），易造成设备和管道的腐蚀。钍基乏燃料的后处理，要考虑钍、铀和钍的提取和分离，目前关于钍和钍-铀燃料循环的数据库和经验还比较缺乏，需要进行有关钍原子核的深入基础研究。钍-铀转换链要经过 ^{233}Pa，使燃料完全衰变成 ^{233}U 的冷却时间较长，这使得后处理分离流程更加复杂。过程中产生的 ^{208}Tl 会给乏燃料储存、运输、后处理、安全处置和燃料再加工带来困难。

11.2.3　熔盐堆的核燃料后处理

为了保持 MSR 正常运行，需要对燃料盐进行净化，因此核燃料后处理对于熔盐堆而言是非常必要的。

熔盐堆以液态燃料为基础，其后处理技术与固态堆有很大的不同。结合正在发展的钍基熔盐堆的特点，TMSR 提出了干法-水法相结合的后处理流程（图 11-8）。从熔盐堆中卸出的乏燃料首先经过氟化挥发和减压蒸馏等干法后处理方法回收大部分的 U 及载体盐。经干法处理和 ^{233}Pa 冷却衰变后得到的熔盐混合物含有载体盐 $LiF-BeF_2$、氟化钍、氟化铀和裂变产物氟化物，先经高浓度氢氟酸（高于 90%）溶解处理，$LiF-BeF_2$ 可溶解进入液相，绝大部分氟化钍、氟化铀和裂变产物氟化物不溶而留在固相，经固液分离实现载体盐与不溶物质的分离，再经溶剂挥发回收载体盐和 HF 溶剂。固相中的氟化钍、氟化铀和裂变产物在高温条件下与水蒸气反应，其中水解温度相对较低的氟化物可以转为其对应的氧化物进入后续的溶解液中,再经 TBP—煤油—硝酸体系的萃取工艺实现其中目标产物的分离回收。

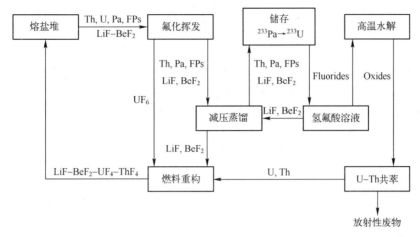

图 11-8　干-水结合的后处理流程图

1. 干法后处理技术

(1) 氟化挥发。氟化挥发已在 MSRE 和 ARE 项目中用于从熔盐载体中分离铀,其原理是利用不同元素氟化物的挥发度差异来实现铀与钋、钍及稀土元素等裂变产物的分离。在该技术中,铀的氟化挥发及气态氟化铀的吸附回收是两个主要部分。通常的做法是,用氟将 UF$_4$ 氧化成易挥发的 UF$_6$ 进入气相,再用 NaF 在不同温度下将 UF$_6$ 与其他挥发性氟化物杂质(如 Cr、Nb、Ru、Sb 等的氟化物)分别吸附,从而达到分离的目的。美国橡树岭国家实验室早在 1954 年便开始进行适用于燃料熔盐体系的氟化挥发技术研究,设计了一整套铀氟化挥发工艺流程,建造了工程级实验反应装置,氟化与吸附技术已通过实验工厂验证。

(2) 减压蒸馏。减压蒸馏是熔盐堆核燃料后处理的关键步骤,利用载体盐与裂变产物氟化物相对挥发性的差异,把大部分有价值的 LiF-BeF$_2$ 载体盐与不挥发的裂变产物分离,并且最终将回收的载体盐返回到反应堆中。

(3) 电化学分离。由于熔盐堆燃料的最小冷却周期,高温化学分离过程也许是唯一合适的在线后处理技术。尽管反应堆技术的适用性已经在 MSRE 中得到证实,但真实燃料的后处理单元还从来没有运行过。捷克核能研究所的 R. Tulackova 等人主要研究了两种高温化学分离方法,即氟化物挥发方法和电化学分离方法。从研究结果来看,电化学方法似乎能够应用于熔盐氟化物中锕系元素与镧系元素的分离。但是,对于在熔盐堆燃料在线后处理中的工程应用,目前这一方法仍然存在一些问题需要解决。

2. 水法后处理技术

(1) 氢氟酸溶解分离。钍基熔盐堆燃料由钍、铀、锂、铍等的氟化物构成,在熔盐堆内运行一段时间后,生成多种裂变产物、超铀元素以及金属材料的腐蚀产物等,形成一个复杂的氟化物混合体系。美国橡树岭国家实验室在 20 世纪 50 年代曾在钍基熔盐堆的水法后处理方面做过一些探索性研究,主要集中在使用高浓度氢氟酸溶解熔盐堆燃料中氟化锂、氟化铍的研究,取得了一些组分的溶解度等数据,在实验室研究中证明了氢氟酸

"溶解–分离–回收"氟化锂和氟化铍的可行性。但因受限于当时的技术水平,这些数据不够系统,并且以现在的分析测试水平来衡量也不够精确;此外,对于如何实现氟化钍和稀土氟化物的分离,橡树岭国家实验室当时并未进行深入研究,因此在这一方面需要开展系统的基础性实验研究,以取得可靠的第一手数据。

(2)溶解及萃取分离。日本学者 Osamu Amano 等人用溶解法和沉淀法测定了镧系氟化物 LaF_3、CeF_3 和 NdF_3 在硝酸中的溶度积数据,并且估算了溶解过程中的 F 离子浓度。在溶解实验中,稀土氟化物溶度积通过将固体氟化物加入盐酸水溶液中,然后测量溶解的氟化物而获得。在沉淀实验中,镧系氟化物的溶度积通过将 F 离子加入到镧系金属离子的硝酸水溶液中而获得。

由于 HNO_3–HF 混合溶液有很强的腐蚀性,通常工程上的合金很难承受,因此,可用的合金十分有限。几种类型的奥氏体不锈钢作为设备材料被用于世界各地的 PUREX 工厂中,由于表面能形成一层氧化物膜,它们在热的盐酸溶液中可以抵御腐蚀,但是当硝酸溶液中存在氟离子时,不锈钢的腐蚀速率明显上升。日本原子能研究开发机构的 M. Takeuchi 等人尝试在镍基合金的基础上来寻找适合 FLUOREX 流程水法后处理的抗腐蚀材料,结果发现 Cr 是一种较优的抗腐蚀元素,因此建议采用添加 Cr 和 Mo 的镍基合金作为抗 HNO_3–HF 混合溶液腐蚀的材料。

(3)高温水解。高温水解技术自 19 世纪提出以来,随着该技术的不断发展,目前已被广泛应用于乏燃料中 F 和 Cl 的检测。日本学者 Yuko Kani 等人将高温水解运用到核燃料的后处理中。针对热堆和未来热堆/快堆同时存在,日本提出的 FLUOREX 流程是氟化挥发和溶剂萃取的结合,尽管这两种方法本身都比较成熟,但这两者间的衔接部分需要进一步详细研究。Yuko Kani 等人计划利用高温水解技术实现氟化物到可溶于酸氧化物的转化。不挥发性的氟化物通过高温水解装置可以转化为相应的氧化物或氟氧化物从而进入后续的溶解和溶剂萃取过程。尽管一系列的实验结果均表明当温度为 600~800℃时,碱土金属和大多数镧系元素氟化物均不能完全转化为对应的氧化物,但有研究表明,在 U_3O_8 的存在下,碱金属和碱土金属氟化物向氧化物的转变将会加速且在相对较低的温度下发生。考虑到 FLUOREX 流程处理的对象为裂变产物与铀的氟化物混合物,因此在实际的转化过程中,碱金属和碱土金属的氟化物将会在生成的加速剂 U_3O_8 的作用下转化成相对应的氧化物。为了更好地验证这种推测,他们针对一些裂变产物氟化物与 U 的化合物混合进行了一系列的高温水解实验。

11.3　中国钍基熔盐堆

2011 年,围绕国家能源安全与可持续发展需求,中国科学院启动了"未来先进核裂变能"战略性先导科技专项,钍基熔盐堆核能系统(TMSR)作为其两大部署内容之一,计划用 20 年左右的时间,致力于研发第四代先进裂变反应堆核能系统,实现核燃料多元化、防止核扩散和核废料最小化等战略目标。TMSR 核能系统项目包括钍铀核燃料的制备、钍基熔盐堆建设和燃料(废料)处理等内容,具备三个基本特征:①利用钍基燃料;②采用熔盐冷却;③基于高温输出的核能综合利用系统。建立基于熔盐堆的先进钍基核能系统,不仅可实现核燃料多元化,确保我国核电长期发展,促进节能减排,还可以防止核扩散并实现核废料最小化,为和平利用核能开辟一条新途径。

TMSR 核能专项采取了兼顾钍资源利用与核能综合利用两类重大需求,同时部署固态熔盐堆和液态熔盐堆两种堆型研发,相继发展了相应的技术路线,以最终实现核能综合利用、干旱地区能源供应和钍基核燃料高效利用等目标。计划在 2020 年建立完善的研究平台体系,学习并掌握已有技术,开展关键科学技术问题的研究;在 2030 年建成包括固态熔盐堆和液态熔盐堆的中试系统,在国际上率先实现 TMSR 系统验证和应用;解决相关的科学问题和技术问题,发展和掌握相关核心技术,到 2050 年实现商业化(图 11-9)。

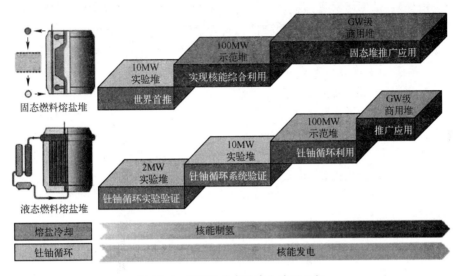

图 11-9　TMSR 技术路线和阶段目标

TMSR 核能专项近期的科技目标由两部分组成:①建成钍基熔盐实验堆,并形成支撑未来发展的若干技术研发能力,将分别建成世界上首座 10MW 固态燃料钍基熔盐堆和结合后处理技术的 2MW 液态燃料钍基熔盐堆;②形成支撑未来 TMSR 核能系统发展的若干技术研发能力,包括钍基熔盐堆设计和研发能力、熔盐制备和回路技术研发能力、钍铀燃料的前端技术与后端技术研发能力、熔盐堆用高温材料的研发能力、熔盐堆安全规范制定和许可证申办能力,以及高温电解制氢、二氧化碳加氢制甲醇、布雷顿循环前道及太阳能熔盐集热传热等多用途系统的研发能力。

目前,TMSR 专项已取得的进展如下:

1. 钍铀燃料循环系统建设

基于燃料循环模式和熔盐堆的特点,考虑到技术就绪度和燃料循环性能优化,提出了创新的"三步走"钍铀循环战略方案,总体目标为实现钍资源高效利用,兼顾增殖和嬗变,有效降低核废料排放及提高防核扩散性能。"三步走"的战略采取了可实现性从高到低,关键技术研发从易到难,钍利用性能逐步提高,废料量逐步降低的技术路线,以逐步实现钍燃料自持增殖利用以及焚烧自身和其他堆型产生的 MA 或 TRU 核素的目的。除首次装堆需要裂变燃料外,其后各次循环只需提供增殖材料钍,核燃料利用率随着循环次数增加而不断增长,最终可实现完全闭式钍铀燃料循环。钍铀燃料循环系统建设建立了基于后处理流程优化的钍铀循环物理分析方法,建立了钍铀循环专用核数据工作库

CENDL-TMSR,筛选和确立了全新干法后处理流程,实现了包括氟化挥发和减压蒸馏技术的在线处理工艺段冷态贯通。

2. 熔盐实验堆设计系统建设

在通用的反应堆设计和分析程序基础上,开发建立了满足熔盐实验堆中子物理、热工水力和结构力学等设计分析需要的软件体系。完成了10MW固态燃料熔盐实验堆初步工程设计和2MW液态燃料熔盐实验堆概念设计,全面掌握堆本体关键技术,解决了高温熔盐环境下主容器、堆内构件及其密封、支撑和隔热设计等多项关键技术;完成了控制棒驱动机构样机、球形燃料元件装卸机构原理装置、熔盐热工水力测量等仪表样机以及保护系统样机等的研制,开展了相关测试和实验验证。

3. TMSR安全与许可系统建设

解决了非基岩上建堆技术难题,设计和评审有据可依,建立了核安全公众接受的科学基础和安全论证依据;完成了熔盐堆非基岩上构筑物抗震设计标准和熔盐实验堆Ⅱ类堆安全分类论证,论证了非基岩上建反应堆的可行性,获得国家核安全局的认可;作为成员单位参与共同编制国际固态燃料熔盐堆安全标准(ANSI/ANS-20.1);编写了固态燃料熔盐实验堆安全设计准则,完成了熔盐实验堆的安全系统设计;建成了世界上第一个工程规模的非能动熔盐自然循环实验装置,首次验证了熔盐自然循环余热排出系统的固有安全性。

4. 高温熔盐回路系统建设

掌握了熔盐回路热工水力、结构力学设计方法和高温密封、测量与控制等关键技术,研制成功国内首台/套氟盐体系泵、阀、换热器、流量计、压力计等样机;先后建成硝酸盐热工试验回路和世界上第一个工程规模的氟盐高温试验回路,掌握了高温熔盐回路设计方法,研制了高温熔盐泵、换热器、流量计等关键设备;在实验台架及试验回路上成功进行了关键设备样机的性能测试和运行考验,两个熔盐回路已分别运行上万小时和数千小时,开展了大量热工和力学特性研究,获得了熔盐回路运行经验和重要热工水力数据。

5. 同位素分离技术

发展了绿色环保的溶剂萃取离心分离锂同位素技术,替代传统汞齐法,革除汞污染;开发了具有独创结构的专用萃取剂,分离系数达到1.021,完成实验室规模串级实验,萃取离心分离获得满足熔盐堆需求的99.99%以上丰度的锂-7。开发了溶剂萃取制备核纯钍工艺,筛选出高效钍萃取体系,实现核纯钍的连续批量制备。发展了基于氟盐体系的干法分离技术,氟化挥发、减压蒸馏和氟盐电化学分离技术研发取得重要进展,建立了温度梯度驱动的蒸馏技术,极大地提高了熔盐的回收率和回收品质,降低了粉尘排放,建立了阶跃式脉冲电流电解技术,在$FLiBe-UF_4$熔盐体系电解分离得到金属铀,分离率超过90%。

6. 高纯度氟盐制备与腐蚀控制技术

掌握氟化物熔盐冷却剂和燃料盐的制备净化技术,自主研制了采用H_2-HF鼓泡法的高纯氟化熔盐制备净化装置,具备了年产吨级高纯氟化物熔盐的生产能力。熔盐堆一回路用核纯FLiBe熔盐的杂质硼当量小于2ppm,二回路用高纯FLiNaK熔盐的氧杂质含量小于100ppm。研制了熔盐热物性测试设备,解决了高温熔盐黏度、密度、导热系数等关键参数测试难题,建成了系统完善的熔盐物性与结构研究平台。建成氟化物熔盐腐蚀评价平台,系统开展了氟化物熔盐腐蚀机制、堆用合金材料腐蚀评价与防护技术研究。通过熔盐纯化、合金成分优化及表面处理等技术,解决了氟盐冷却剂腐蚀控制难题,堆结构材料镍基合金在氟化物熔盐体系中的静态腐蚀速率小于 $2\mu m/$年。

2011 年,中国科学院与美国能源部签署核能科技合作谅解备忘录,开启了中美基于熔盐堆的新一代核能技术合作之门。在此合作框架下,中国科学院 TMSR 先导专项与美国国家实验室、大学和核学会等开展了多层次全方位卓有成效的合作,并取得了实质性进展,多次被列入中美战略与经济对话框架下的战略对话具体成果清单。

经中国科学院和美国能源部(包括美国技术出口委员会)批准,与美国橡树岭国家实验室草签熔盐堆技术合作研究与开发协议,双方合作开展熔盐实验堆的研发,包括熔盐堆设计优化、熔盐回路与关键技术研发、实验数据共享和人员交流等。与麻省理工学院签署了熔盐堆设计与实验合作研究协议,双方共同开展熔盐堆实验堆安全许可和堆材料辐照研究以及基于熔盐堆的能源发展战略研究。

在熔盐堆关键技术研发方面,中美合作开展了熔盐泵、超声波流量计等熔盐堆关键设备的设计、实验与标定;共同开展了熔盐传热实验,热工水力实验以及设计软件验证,获得熔盐回路设计、建造与运行经验和重要实验数据,为 TMSR 仿真堆和实验堆的建设奠定了坚实的科技基础;成功开展了熔盐自然循环余热排出实验研究,验证了 TMSR 的固有安全性。

在熔盐堆安全标准制定方面,中方与美国研究机构、企业和政府部门合作,共同研究制定美国核学会氟盐高温堆(即固态燃料熔盐堆)安全标准;加入美国机械工程师学会和美国材料与试验协会的部分标准工作组,参与了熔盐堆相关标准的制定。

参 考 文 献

[1] 秋穗正,张大林,苏光辉,等. 新概念熔盐堆的固有安全性及相关关键问题研究[J]. 原子能科学技术,2009,43(S1):64-75.

[2] 江绵恒,徐洪杰,戴志敏. 未来先进核裂变能——TMSR 核能系统[C]. 可持续发展 20 年学术研讨会. 2012:366-374.

[3] 程懋松. 钍基熔盐快堆多物理耦合研究[D]. 上海:中国科学院大学(上海应用物理研究所),2014.

[4] 蔡翔舟,戴志敏,徐洪杰. 钍基熔盐堆核能系统[J]. 物理,2016,45(9):578-590.

[5] 董晓雨. 钍基熔盐堆氟化物燃料高温水解研究[D]. 上海:中国科学院大学(上海应用物理研究所),2014.

[6] 孙暖. 熔盐堆自稳定性分析[D]. 南京:南京航空航天大学,2013.

[7] 姚思德,赵素芳,曹长青,等. 熔盐堆在线后处理的可行性分析[C]. 第九届全国核化学与放射化学学术研讨会,赤峰,内蒙古,2010.

[8] 蔡军. 熔盐堆反应性引入事件初步分析[D]. 上海:中国科学院研究生院(上海应用物理研究所),2013.

[9] 左嘉旭,张春明. 熔盐堆的安全性介绍[J]. 核安全,2011(3):73-78.

[10] Cai J,Xia X,Chen K,et al. Analysis on Reactivity Initiated Transient from Control Rod Failure Events of a Molten Salt Reactor[J]. Nuclear Science and Techniques,2014,25(3):76-80.

[11] Robertso R C. MSRE Design and Operations Report(Part I,Description of Reactor Design)[R]. Oak Ridge National Laboratory:ORNL-TM-728,Oak Ridge,Tennessee,1965.

[12] Nuttin A,Heuer D. Potential of Thorium Molten Salt Reactors:Detailed Calculations and Concept Evolution with a View to Large Scale Energy Production[J]. Progress in Nuclear Energy,2005,46(1):77-79.

［13］ Tulackova R,Chuchvalcova-Bimova K,Precek M,et al. Developmentof Pyrochemical Reprocessing of the Spent Nuclear Fuel and Prospects of Closed Fuel Cycle[J]. Journal of Pain & Symptom Management,2012,38(4):483-495.

［14］ Amano O,Sasahira A,Kani Y,et al. Solubility of Lanthanide Fluorides in Nitric Acid Solution in the Dissolution Process of FLUOREX Reprocessing System[J]. Journal of Nuclear Science and Technology,2004,41(1):55-60.

［15］ Takeuchi M,Nakajima Y,Hoshino K,et al. Controlsof Chromium and Third Element Contents in Nickel-Base Alloys for Corrosion Resistant Alloys in Hot HNO_3-HF Mixtures[J]. Journal of Alloys & Compounds,2010,506(1): 194-200.

［16］ Kani Y,Sasahira A,Hoshino K,et al. New Reprocessing System for Spent Nuclear Reactor Fuel Using Fluoride Volatility Method[J]. Journal of Fluorine Chemistry,2009,130(1):74-82.

第十二章　超临界水冷堆

在第四代核能系统国际论坛确定的六种最具有研发前景的候选堆型中,超临界水冷堆(Super-critical Water-cooled Reactor,SCWR)是唯一的轻水冷却型反应堆。超临界水冷堆是在高于水临界点(374℃,22.1MPa)的温度和压力下运行的反应堆,相对于传统的轻水堆,其热效率能显著提高(可达45%);由于冷却剂在超临界状态下不发生相变,可直接与能量转换设备相联,因而能简化反应堆的结构,SCWR系统无需再循环和射流泵、稳压器、蒸汽发生器、汽水分离器和干燥器等设备。国际上普遍认为SCWR存在机组热效率高、系统简化、机组功率大型化、技术继承性好、核燃料利用率高等优点,因此对于以压水堆为主力堆型的中国,进行SCWR工业应用技术的研发被认为是实现中国核电应用长远可持续发展目标的技术保证之一。

12.1　超临界水冷堆发展概况

早在20世纪50年代,美国和苏联就提出了超临界流体反应堆的概念,并随后开展了相应的探索性研究,但受限于当时的技术条件和工业基础不得不暂时搁置。进入20世纪90年代,随着能源及环境问题的急剧凸显,高效安全的先进核能系统成为缓解这些问题的重要途径之一,超临界水冷堆以其固有的技术优势受到世界各国的广泛关注。

综合来看,目前国际上提出的超临界水冷堆概念在堆本体结构特征方面主要包括压力容器式(PV)和压力管式(PT)两种,提出了快谱、热谱和混合谱三种中子能谱的堆芯结构,反应堆均采用直接循环模式,但堆芯冷却剂流程根据应用的不同可分为单流程、双流程和三流程。

1. 美国SCWR研发概况

美国早在20世纪50年代就提出了超临界水冷堆的概念,西屋公司随后开展了超临界直接循环压力管式反应堆的研发,但受限于当时的技术水平和工业基础而被迫放弃。直到90年代末,在美国能源部的资助下,美国相关科研机构开展了压力容器式超临界水冷堆预概念、物理、热工和材料等方面的关键基础科学问题的研究,并在随后由美国爱达荷国家实验室牵头,联合相关高校和科研机构开展了超临界水冷堆工业应用的技术研发工作。

美国提出的超临界水冷堆采用压力容器式堆芯结构,中子能谱设计为热谱,以轻水同时作为冷却剂和慢化剂,并采用冷却剂单流程逆向流动的直接循环模式,以低富集度的氧化铀为堆芯燃料。其总体设计参数如下:堆芯热功率3575MW,电功率1600MW,循环热效率44.8%;堆芯运行压力为25MPa,进出口温度分别为280℃和500℃,总质量流量1843kg/s,整体直径3.93m,设计的包壳最高温度620℃,最大线功率19.2kW/m。其后,美国以此为基础开展了堆芯和燃料组件设计方面的研究工作,完成了堆芯参数的设计,提出堆芯设计需满足包壳温度限值、线功率密度和热流密度限值以及冷却剂负反应性系数三大准则；提出带水棒通道的 25×25 正方形排列的燃料组件结构，并完成了燃料组件参数的设计。但由于能源战略及核能发展技术路线的调整，美国目前已终止了超临界水冷堆的研发工作，转向超高温气冷堆的技术研发。

2. 欧盟 SCWR 研发概况

从 2000 年开始，欧盟委员会资助相关科研机构开展了欧洲高性能轻水堆（HPLWR）第一阶段和第二阶段的研究任务，在第一阶段主要进行了 HPLWR 的预概念设计和可行性研究，而以此为基础开展的第二阶段研究则主要针对超临界运行压力下 HPLWR 的关键科学问题和技术可行性进行论证。通过前两阶段的研究结果，欧盟基本确认了 HPLWR 概念的可行性，并于 2010 年联合中国开展了为期三年的基于捷克 LVR-15 研究堆的超临界水燃料性能实验水回路的设计工作，以期进一步解决超临界水冷堆工业应用的关键基础技术问题。

欧盟的高性能轻水堆采用压力容器式堆芯结构，中子能谱设计为热谱，以轻水同时作为冷却剂和慢化剂，采用三流程的冷却剂直接循环模式。其总体设计参数如下：堆芯热功率 2246MW，电功率 1000MW，循环热效率 45%；堆芯的运行压力 25MPa，进出口温度分别为 280℃ 和 500℃，总质量流量 1160kg/s，整体直径 3.77m，设计的包壳最高温度 625℃，最大线功率 39kW/m。针对该设计方案，欧盟相关研究机构开展了堆芯及燃料组件设计方面的研究工作，完成了堆芯结构参数以及冷却剂三流程的运行参数设计，提出了带水棒通道的 7×7 正方形排列的燃料组件结构。为验证这些设计，欧盟相关研究机构以典型单通道或子通道为研究对象，开展了大量的 CFD 计算与分析工作。

3. 日本 SCWR 研发概况

日本东京大学在 1989 年开始了 SCWR 的概念研究。随后，东京电力公司（TEPCO）联合三菱重工、日立公司和东芝公司等三家日本轻水堆电厂制造商，对东京大学提出的 SCWR 概念进行了可行性研究，认为该概念设计技术上可行，而经济上的可行性很大程度上取决于出口的冷却剂温度。

为进一步改进上述概念以使超临界水冷堆更具吸引力，从 1998 年开始，在日本科学促进会的资助下，东京大学对超临界压力下的水化学、辐照损伤和传热恶化等现象进行了研究。随后，日本于 2000 年在全国范围内启动了"超临界水堆实用化相关技术研究"的第一个五年计划项目，于 2002 年启动了"辐射场下超临界压力水的水化学基础研发计划"项目，并在第一个五年计划材料研究的基础上于 2004 年启动了"超临界水冷堆材料研发"的第二阶段项目。目前，日本形成了两大研发团队，一个是由东京大学牵头，开展与快中子谱超临界水冷堆相关的研究工作；另一个由东芝公司领头，主要从事与热中子谱超临界水冷堆相关的研究工作。

日本目前提出的超临界水冷堆采用压力容器式堆芯结构，中子能谱设计为热谱，以轻水同时作为冷却剂和慢化剂，并将燃料组件分为内部和外围两个区域，采用双流程的冷却剂直接循环模式，冷却剂先自上而下流过外围燃料组件，再自下而上流过内部燃料组件。其总体设计参数如下：堆芯热功率 2740MW，电功率 1217MW，循环热效率 44.4%；堆芯运行压力 25MPa，进出口温度分别为 280℃ 和 530℃，总质量流量 1342kg/s，整体直径 3.7m，设计的包壳最高温度 650℃，最大线功率 39kW/m。

针对上述设计方案,日本相关研究机构开展了堆芯及燃料组件设计方面的研究工作,完成了堆芯参数的设计,提出了热谱堆芯设计需满足包壳温度限值、线功率限值、水棒慢化剂温度限值、停堆深度限值和冷却剂负反应性空泡系数的设计准则。为了实现堆芯功率分布及整体热工性能的优化,日本 SCWR 的燃料棒采用正方形排列,棒间的窄缝设计使冷却剂保持较高流速,水棒壁面采用绝热设计,组件内部及边角处设置多个水棒,并在不同的位置设置两种不同的燃料棒。

4. 加拿大 SCWR 研发概况

加拿大基于本国成熟的压力管式压水反应堆技术提出了压力管式超临界水冷反应堆,相关研究工作由加拿大原子能公司(AECL)牵头,联合多所高校和研究机构共同开展。加拿大目前已开展了先进燃料通道实验、物理计算、超临界流体热工水力实验、燃料棒束设计及相关程序开发等多方面的研究工作,并于 2011 年 3 月完成了系统的预概念设计。

加拿大 AECL 提出了 CANDU 紧凑式超临界水冷堆设计方案。该方案将反应堆、主泵、安注箱、汽轮机等设备设置于安全壳中,安全壳外设置制氢、热利用和饮用水等联产系统。同时,AECL 完成了反应堆系统主要参数的设计,结果如下:堆芯热功率 2540MW,循环热效率 48%;堆芯运行压力 25MPa,进出口温度分别为 350℃ 和 625℃,总质量流量 1350kg/s,活性燃料长度为 5m。

值得一提的是,加拿大在 CANDU 紧凑式超临界水冷堆设计方案中提出了加压慢化剂的设计概念,强化了非能动安全设计,采用垂直燃料通道,并基于常规 CANDU 堆燃料结构设计了高效燃料通道(High Efficiency Channel)方案和再进式燃料通道(Reentrant Channel)方案。

除美国、欧盟、日本、加拿大以外,俄罗斯和韩国等主要核电大国也都开展了超临界水冷堆概念的研究,初步完成了各自的概念设计。近年来国际上提出的超临界水冷堆设计方案汇总于表 12-1。综合来看,世界各核电大国均对超临界水冷堆表现出持续的关注,投入了大量的人力、物力和财力用于超临界水冷堆的研发,并获得了大量的研究成果。近年来,世界各国也越来越注重国际间的技术合作,通过技术互补的方式共同开展超临界水冷堆的研发,以期在最大程度保证研究质量的同时降低投入成本,实现世界各国在超临界水冷堆技术上的共同快速进步。

中国的 SCWR 研发计划是由大学发起,后转入工业研发部门进行工业研发。2007 年由上海交通大学、中国核动力研究设计院、中国原子能研究院等多家单位联合承担了国家科技部"973 计划"中的"超临界水冷堆关键科学问题基础研究"项目。2009 年中国国防科工局正式批准了中国核动力研究设计院申报的"超临界水冷堆技术研发(第一阶段)"项目立项。中国核动力研究设计院联合国内多家高校和科研机构,经过 3 年的研究,确定了 SCWR 研发的总体技术路线和总体技术方案,提出了全周期发展规划,完成了关键技术研究,确认了中国 SCWR 的发展方向,取得了一批重要的研究成果,达到了第一阶段预期的研发目标。同时,中国广核集团、国家核电技术公司以及相关高校,充分就各自关注的技术方案或基础科学问题开展了积极的科研活动,并取得了大量的研究成果。

为了支持中国 SCWR 技术研发的国际合作与交流,中国国家科技部还支持了"超临界水冷堆关键应用基础技术研究"国际科技合作项目,有力地推动了中国与日本、加拿大、俄罗斯和欧盟的双边国际合作与交流活动。中国国家国防科技工业局同时也支持了

表 12-1 国际 SCWR 方案设计汇总表

方 案 代 号	SCLWR-H	HPLWR	SCWR	SCWR	SCW-CANDU	KP-SKD	SCFBR-H	—	ChUWFR
国家和地区	日本	欧盟	美国	韩国	加拿大	俄罗斯	日本	欧盟	俄罗斯
堆结构形式	RPV	RPV	RPV	RPV	PT	PT	RPV	RPV	PT
中子能谱	热谱	热谱	热谱	热谱	热谱	热谱	快谱	快谱	快谱
堆芯热/电功率/MW	2740/1217	2188/1000	3575/1600	3846/1700	2540/1140	1960/850	3893/1728	2500/	2800/1200
效率/%	44.4	44.0	44.8	44.0	45.0	42.0	44.4	—	43
压力/MPa	25	25	25	25	25	25	25	25	25
入口/出口温度/℃	280/530	280/500	280/500	280/508	350/625	270/545	280/526	300/500	400/550
流量/(kg·s⁻¹)	1342	1160	1843	1862	1320	922	1694	—	—
堆芯高度/直径/m	4.2/3.7	4.2/—	4.3/3.9	3.6/3.8	—/4.0	5.0/6.45	3.2/3.3	2.16/2.16	3.5/11.4
燃料类型	UO_2	UO_2/MOX	UO_2	UO_2	UO_2/Th	UO_2	MOX	MOX	MOX
包壳材料	Ni 基合金	ss	Ni 基合金	ss	Ni 基合金	ss	Ni 基合金	—	ss
燃料组件数	121	121	145	157	300	653	419	—	1585
燃料组件流量/(kg·s⁻¹)	11.1	9.6	12.7	11.9	4.4	1.4	4.1	—	—
燃料棒数	300	216	300	284	43	18	—	6580	18
燃料棒直径/mm	10.2	8.0	10.2	8.2	11.5	10.7	7.6	7.52	12.8
棒栅距/mm	11.2	9.5	11.2	9.5	13.5	—	8.66	8.02	—
包壳温度/℃	650	<620	—	620	<850	700	620	620	650
慢化剂	H_2O	H_2O	H_2O	ZrH_2	D_2O	D_2O	—	—	—

174

"堆内超临界辐照实验回路设计技术研究"项目,以推动中国与欧盟在 SCWR-FQT 方面的交流与合作。

12.2　超临界水冷堆堆型特性分析

超临界水冷堆的工作介质水是在超过其热工临界点的温度和压力(374℃,22.1MPa)下工作,从而使电站的热效率达到45%左右,单机组电功率可达1700MW。GIF提出的超临界水堆系统结构如图 12-1 所示。与目前的轻水堆相比,超临界水堆有如下的优势:

(1) 对于相同的功率,超临界水堆的比焓升高、流量低,因此,一回路泵和管道的尺寸小,泵的功率消耗低。

(2) 由于直接热力循环、无蒸汽发生器、流体的密度低等原因,使一回路系统冷却剂的总存量较小,因此,安全壳的尺寸也较小。

(3) 由于反应堆的冷却剂即为汽轮机的工作介质,不存在相变过程,因此,不会发生燃料元件表面 DNB 而引起包壳烧毁破损。

(4) 与常规压水堆相比,可省去蒸汽发生器;与沸水堆相比,可省去汽水分离器、再循环泵等设备,系统大为简化。

(5) 由于堆芯冷却剂密度低,因此,SCWR 可设计为热堆,也可设计为快堆,相应地有两种燃料循环方案,即热中子谱反应堆上的开式循环、一次通过方案以及快中子谱反应堆上的闭式循环方案。

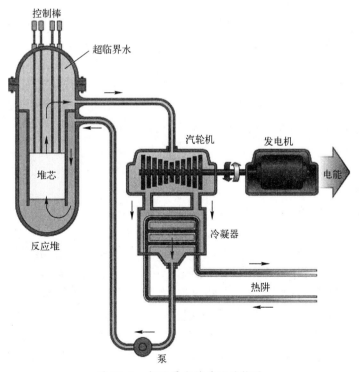

图 12-1　超临界水堆系统结构图

175

12.2.1 燃料特性分析

在超临界水冷堆设计中,应用 MOX 燃料与应用 UO_2 燃料有相似的功率分布,应用 MOX 燃料可以增加燃耗深度,并具有良好的慢化剂温度反应性系数,经过合理设计的 MOX 燃料可以较好地应用于超临界水冷堆中,以产生更好的性能。

(1) 在超临界水冷堆中应用 MOX 燃料与应用 UO_2 燃料对组件的功率分布影响不大,功率分布趋势基本一致。但使用 MOX 燃料的组件有较大的功率不均匀因子,在进行热工分析时应着重注意功率最大值处的分析。

(2) 对于超临界水冷堆,应用 MOX 燃料会得到比应用 UO_2 燃料更大的燃耗深度,且在 MOX 燃料中随 Pu 含量的增加,燃耗也会加深。

(3) 对于计算所用的超临界水冷堆组件模型,应用 MOX 燃料可得到很好的慢化剂温度负反应性,但随着 Pu 含量的增加,慢化剂温度负反应性系数减小,且慢化剂温度负反应性同样会在高燃耗区域变差,甚至成为正反应性,需提前考虑换料。

(4) 在 Pu 含量相同的情况下,使用武器级 Pu 的 MOX 燃料比使用反应堆级 Pu 的 MOX 燃料有更大的功率不均匀因子,燃耗更深,慢化剂温度负反应性更小。

另外,应用 MOX 燃料可降低应用 UO_2 燃料时铀浓缩所消耗的代价。对于超临界水冷堆,在确定 MOX 燃料时,需综合考虑各项因素,进行合理设计。

12.2.2 反应堆结构分析

由于 SCWR 存在运行压力高、堆芯进口冷却剂温度高且进出口温差大、冷却剂出口流速高且密度低等特点,使得超临界水冷堆系统的设计需要满足更高的要求,同时相比于传统压水堆,需要突破更多的系统设计关键技术,包括全周期的核热耦合分析、高标准的制造工艺要求、堆芯的冷却剂流程设计、主系统和安全系统的可靠性设计、控制棒的运作模式设计以及反应堆运行启动方式。

1. 堆芯设计

超临界水堆的堆芯压力为 25MPa,进口温度为 280℃,出口温度为 500℃。其入口密度约为 $760kg/m^3$,出口密度仅约为 $90kg/m^3$。超临界水堆堆芯设计的准则如下:额定功率下最大线热流密度为 39kW/m;额定功率下最大包壳表面温度为 650℃,这是因为在超临界压力下,水不存在沸腾、传热恶化现象时,包壳温度不会飞快上升;空泡反应性反馈系数为负;停堆裕度大于 $1\%\Delta k$。

由于堆芯密度小,超临界水堆可设计为快堆。采用六边形燃料组件,分为点火区燃料组件和再生区燃料组件(图 12-2)。点火区采用 MOX 燃料,再生区为贫化 UO_2 燃料,不锈钢材料做包壳。再生区燃料组件既可分担部分功率和反应性,也可与 ZrH 层一起作为中子吸收剂。超临界水堆也可采用水棒慢化中子将堆芯设计为热堆,采用浓缩 UO_2 芯块。为确保水棒中的冷却剂温度低于临界温度,需在水棒外加绝热层。热堆中,冷却剂的流程和快堆中的相似,但堆芯中冷却剂通过水棒向下流。设计中还需考虑:由于冷却剂的流量仅为沸水堆的 12.5%,为了确保冷却能力,流速要取最大值,燃料棒的间距取最小值(目前燃料棒的间距为 1mm 左右);空泡效应、转换因子和多普勒反馈之间的平衡;在高温、辐射条件下,燃料组件的机械特性。堆芯设计和燃料设计紧密相关,其目的在于最大限度地提高堆芯出口温度和功率密度。

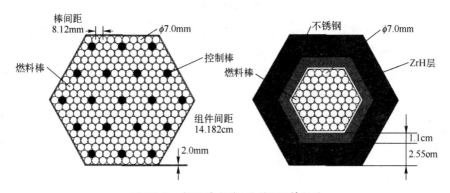

图 12-2　超临界水堆(快堆)燃料组件

2. 压力容器

反应堆压力容器支撑并包容堆芯及堆内构件,工作在高压(约 25MPa)、高温(280℃)水介质环境和放射性辐照的条件下,其设计寿命直接决定反应堆的服役时间。超临界水堆的压力容器结构与压水堆相似,包壳材料相同;由于运行在更高的压力下,其厚度明显大于压水堆。堆芯设计的冷却剂流程可使压力容器保持较低的温度(与进口冷却剂温度相同)。

3. 蒸汽循环系统

超临界水堆的能量转换循环与超临界火电机组相似,但用反应堆代替了锅炉。其蒸汽循环系统和超临界火电机组相同,是带有八个给水加热器的三级汽轮机系统。与火电厂相比,由于没有锅炉的排气损失,因而具有更高的热效率。而与轻水堆相比,由于超临界水堆在较高压力下运行,蒸汽密度大,仅需两根较小的蒸汽管道(相同功率的轻水堆需四根蒸汽管道),从而降低超临界水堆的发电成本。

12.2.3　控制系统分析

超临界水堆与压水堆和沸水堆有相似之处,也有不同的地方,这将影响超临界水堆的控制策略。与沸水堆相同的是:给水直接流入压力容器,蒸汽直接进入汽轮机,需保持给水和蒸汽间的平衡来维持压力容器中的冷却剂库存,且不能用可溶毒物,如硼酸作为反应性控制。与压水堆相同的是:高压下运行,堆芯内为单相,出口温度是流量和功率的函数,无再循环水泵,压力容器中冷却剂库存低,堆芯中冷却剂密度大,这些将影响到 SC-WR 的控制概念。超临界水堆用主给水泵、控制棒和汽轮机控制阀门做控制系统。通过分析无控制系统作用下的反应堆动力特性可知:系统压力对汽轮机阀门开度和给水流量很敏感,因此,用汽轮机阀门控制系统压力,这与沸水堆相同;主蒸汽温度对控制棒和给水流量很敏感,因此,用给水流量控制主蒸汽温度,用控制棒来控制堆芯功率,其控制方程与沸水堆相同。

12.2.4　安全系统分析

一般而言,适用于超临界水堆的安全准则主要包括:

（1）燃料棒的完整性。瞬态工况最高包壳温度不能超过800℃,事故工况最高包壳温度不能超过1260℃;

（2）燃料芯块的完整性。瞬态工况燃料芯块焓值准则选用712J/g,反应性引入事故还需要考虑包壳焓值准则选为963 J/g。

（3）压力边界的完整性。瞬态工况最高允许压力为28.9MPa,事故工况最高允许压力为30.3MPa,分别为额定压力的105%和110%。

有学者提出将最高包壳温度作为主导瞬态准则,取代最小传热恶化热流密度比,主要是因为在超临界压力下的传热恶化比亚临界压力下的沸腾换热还要缓和,并且当前概念设计可以确保堆芯在较小冷却剂流量下具有较高堆芯出口温度。

超临界水冷堆作为压水堆的一种,其非正常工况的划分主要参考普通压水堆和沸水堆。调研已有研究结果发现,超临界水堆的非正常工况大致分为三大类,即流量异常工况、压力异常工况和反应性异常工况,每一类异常工况又可以由多种不同的起因事件所引起。例如,辅助给水误启动、冷却剂泵失效均会导致出现流量异常工况。为了方便分析,将不同事件划分为不同等级,在常规压水堆安全分析中,一般把核电厂运行工况划分为四类工况;而对于超临界水堆而言,目前更多的是将异常工况或事件划成两个等级,即瞬态和事故。

将异常事件归为事故还是瞬态,主要取决于设计事件的发生频率,而不是事件所造成的后果。被定义为瞬态的非正常事件,在服役期间可能发生1~2次。安全要求是无系统性的燃料棒损坏、无燃料包壳损坏以及无压力边界损坏;而被定义为事故的非正常事件,预期发生概率低于10^{-3}/年,其安全要求是:无严重堆芯损坏。表12-2归纳了已有的典型超临界水堆瞬态及事故类别。

表12-2 超临界水堆瞬态及事故类别

非正常工况类别	初始事件名称	等级
流量异常	辅助给水系统误启动	瞬态
	堆芯冷却剂流量部分丧失	瞬态
	丧失厂外电源	瞬态
	主冷却剂流量控制系统失效	瞬态
	堆芯冷却剂流量全部丧失	事故
	堆芯冷却剂泵失效	事故
压力异常	主蒸汽隔离阀关闭	瞬态
反应性异常	给水加热丧失	瞬态
	汽轮机旁路启动时的负荷丧失	瞬态
	汽轮机旁路关闭时的负荷丧失	瞬态
	正常运行时的控制棒抽出	瞬态
	启动工况下的控制棒抽出	瞬态
	控制棒弹出	事故

由表12-2可以看出,针对"流量异常"事件类别而定义的瞬态或事故相对很多。对于超临界水堆而言,"流量异常"事件十分重要,主要是因为堆芯冷却剂流量是保证超临界水堆安全的最基本要求。由于给水泵即为堆芯冷却剂泵,因此由于主冷却剂泵事故导致的"给水流量全部丧失"即为"冷却剂流量全部丧失"。其次是丧失厂外电源、丧失汽轮机负荷和主蒸汽隔离阀关闭瞬态,当发生上述事件一段时间后,同样会发生主冷却剂泵跳闸。

12.3 中国 CSR1000 研发简介

由于 SCWR 的许多技术基础源于现有的轻水堆和超临界火电站,因此在中国研发超临界轻水堆具有更强的现实性。

(1)超临界水冷堆是轻水堆的进一步发展,而压水堆是迄今和今后中国核电发展的主导堆型。在已有压水堆技术和相应的配套研发设施、设备制造能力基础上研发超临界水堆,能与成熟的压水堆技术很好地衔接。

(2)超临界火电机组在世界范围内包括在中国的应用均已是成熟技术,容易与超临界水堆机组的常规岛结合,还可借鉴超临界火电机组耐高温材料和水处理控制技术的经验。

(3)由于冷却剂在超临界状态时不发生相变,可直接与能量转换设备相联,从而使轻水堆的系统和设备大幅简化,继而核电站的造价和运行成本大为降低,经济性明显改善。

(4)超临界水堆的热效率高(可达 45%),发电成本低,与轻水堆相比,更有利于有效利用和节省铀资源,有利于核电的可持续发展。如果将超临界水堆设计成快堆,铀资源的可利用率会进一步提高。因此,中国发展超临界水堆也是有效利用和节约铀资源最现实的途径之一。

作为中国最大的核动力研发基地,中国核动力研究设计院从 2004 年就进行了 SCWR 技术跟踪研究,相继开展了大量的相关研究工作,提出了我国 SCWR 核能系统研发的总体思路和规划,开展了概念设计研究及相关的热工水力试验研究和材料研究。2009 年初,中国核动力研究设计院向国家国防科技工业局提交了关于开展 SCWR 技术研发的项目建议书,2009 年 11 月,国家国防科技工业局正式批准了 SCWR 技术研发(第一阶段)项目立项,研发周期为 3 年(2010—2012 年)。该项目的主体研究工作已基本完成,提出了具有自主知识产权的中国百万千瓦级 SCWR(CSR1000)设计方案,在设计研究、实验及相关技术研究和材料研究方面取得了丰富的研究成果。表 12-3 列出了其主要技术指标。

表 12-3 CSR1000 主要技术指标

项　　目	数　　值	取值简要说明
堆芯损坏频率	$<1\times10^{-5}$	第四代核能系统安全性的量化要求
早期大量放射性释放频率	$<1\times10^{-6}$	第四代核能系统安全性的量化要求
电厂输出电功率	1000MW 级	根据国外资料调研,SCWR 热效率高,系统监护有力,适宜大功率
电厂热效率	≈45%	国内外常规超临界电厂的数据
换料周期	18~24 个月	从经济性、安全性和现实性方面都比较合适
可利用率	>90%	与第三代核能系统相当或略好,系统简化有利于提高可利用率
设计寿命	60 年	与第三代核能系统相当,从经济性、安全性和现实性方面都比较合适
建造周期	~36 个月(批量投产后)	比第三代核能系统段,系统简化有利于缩短建造周期
建成价比投资	低于第三代先进压水堆	系统简化有利于减少建造成本

CSR1000 研发项目按照逐步深入研究的思路将工作分为 5 个阶段。

(1)第一阶段:SCWR 基础技术研发(2010—2012 年)。确定 CSR1000 研发的总体技术路线,形成CSR1000总体技术方案,开展与方案论证相关的超临界水热工水力特性、材料筛选等关键技术研究,为我国SCWR的发展指明方向,并为后续科研及工程设计奠定基础和提供指导性意见。国家国防科技工业局批准的SCWR技术研发(第一阶段)项目即属于该阶段的工作内容。

(2)第二阶段:SCWR关键技术研发(2013—2016年)。开展SCWR关键技术专题的深入研究,完善和掌握设计分析方法和手段,开展SCWR工程试验堆总体方案设计研究;建立和完善工程设计可用的超临界水热工水力特性数据库;全面建立材料堆外应用性能数据库;设计和建造堆内辐照考验装置,开展材料入堆辐照考验,作好燃料入堆辐照考验准备工作,为SCWR走向工程实践打下坚实的基础。

(3)第三阶段:SCWR工程技术研发(2017—2020年)。完成SCWR工程试验堆初步设计;开展SCWR热工水力工程性试验研究和系统性能验证性试验;开展材料的辐照性能研究、工业化生产工艺研究,完成材料性能全面评价,建立完整的材料性能数据库。

(4)第四阶段:SCWR工程试验堆设计建造(2020—2023年)。完成SCWR工程试验堆详细设计、最终安全分析报告编制和工程试验堆建造,实现2023年底达到首次临界的目标。

(5)第五阶段:CSR1000标准设计研究(2022—2025年)。完成CSR1000标准设计研究,开展相应的工程验证性试验,基本具备设计建造商业化SCWR核电厂的条件,以使2028年具备批量化建造的条件。

上述5个阶段在进度安排上相互交叉,其工作内容、进度安排、相互之间的关系构成了SCWR研发规划。

截至目前,我国在SCWR研发方面取得了如下成果:

1. 设计研究

在国内首次提出了具有自主知识产权的CSR1000技术方案。CSR1000采用热谱堆芯、压力容器式反应堆设计,堆芯热功率2300MW,输出电功率1000MW,堆内采用双流程结构,总体技术性能达到国际先进水平,在棒控堆芯设计、关键的反应堆结构和燃料组件结构设计研究等方面处于国际前列。CSR1000目前的堆芯总体技术要求如表12-4所列。

表12-4　CSR1000堆芯总体技术要求

参 数 名 称	参 数
电功率/MW	1000
热功率/MW	约2300
热效率/%	约43.5
中子能谱	热中子谱
冷却剂流程	双流程
系统压力/MPa	25
反应堆入口温度/℃	280
反应堆出口温度/℃	约500
燃料组件型式	方形
体平均功率密度/$(kW \cdot cm^{-3})$	约60.0
换料周期(月)	约12
平均卸料燃耗/$(MW \cdot d \cdot t^{-1})(U)$	>30000
燃料类型	UO_2
堆芯活性区高度/m	4.2
最大燃料包壳温度/℃	<650
最大线功率密度/$(kW \cdot m^{-1})$	<39.0

2. 实验及相关技术研究

在热工水力研究方面,建立了 SCWR 热工水力研究的技术路线体系,制定了相应的中长期研究规划,抽象出了燃料组件典型通道(圆管、圆环管、方环管)和复杂通道(2×2棒束)模型,开展了典型通道和复杂通道的超临界流动传热及传热恶化特性实验与计算流体力学(CFD)模型研究,建立了初步工程可用的 SCWR 热工水力实验数据库。研究成果为总体设计方案的优化提供了支撑,也为超临界热工水力程序开发提供了实验数据、关系式和 CFD 模型,为后续研究奠定了实验技术及相关理论基础。

在力学方面,初步建立了高温结构力学分析评定方法技术路线体系,获得了高温结构材料的蠕变模型、本构模型以及蠕变–疲劳寿命预测模型。

3. 材料研究

在材料研究方面,筛选出了以 HR3C(310S+Nb)为代表的 310S 改性不锈钢,作为 CSR1000 燃料包壳材料和堆内构件主材,获得了其腐蚀、应力腐蚀、力学、热物性等较为充分的堆外性能数据,并初步掌握了 310S 改性不锈钢管材及板材的制备工艺,从而为后续材料成分进一步优化和工程化应用奠定了基础。

参 考 文 献

[1] 陈娟. 超临界水堆核热耦合及系统安全特性研究[D]. 北京:华北电力大学,2013.

[2] 张宏亮,罗英,李翔,等. CSR1000 结构总体设计方案[J]. 核动力工程,2013,34(1):52-56.

[3] 夏榜样,杨平,王连杰,等. 超临界水冷堆 CSR1000 堆芯初步概念设计[J]. 核动力工程,2013,34(1):9-14.

[4] 孙灿辉. 超临界水堆 MOX 燃料物理热工特性研究[D]. 北京:华北电力大学,2012.

[5] 张鹏. 超临界水堆物理分析方法与物理特性研究[D]. 北京:清华大学,2012.

[6] 齐炳雪,俞冀阳. 超临界水冷堆的安全分析[J]. 原子能科学技术,2012,46(6):669-673.

[7] 程旭,刘晓晶. 超临界水冷堆国内外研发现状与趋势[J]. 原子能科学技术,2008,42(2):167-172.

[8] 肖泽军,李翔,黄彦平,等. 超临界水冷堆技术研发(第一阶段)综述[J]. 核动力工程,2013,34(1):1-4.

[9] 陆道纲,彭常宏. 超临界水冷堆述评[J]. 原子能科学技术,2009,43(8):743-749.

[10] Cao L,Oka Y,Ishiwatari Y,et al. Fuel,Core Design and Subchannel Analysis of a Superfast Reactor[J]. Journal of Nuclear Science and Technology,2008,45(2):138-148.

[11] Yamaji A,Oka Y,Koshizuka S. Three-dimensional Core Design of High Temperature Supercritical-Pressure Light Water Reactor with Neutronic and Thermal-Hydraulic Coupling[J]. Journal of Nuclear Science and Technology,2005,42(1):8-19.

[12] Buongiorno J,Philip E. Progress Report for the FY-03 Feneration-IV R&D Activities of the Development of the SCWR in the US[R]. INEEL/EXT-03-01210,US:INEEL,2003.

[13] 罗琦,黄彦平,李永亮,等. 超临界水冷堆技术研发概况及其关键问题[J]. 南华大学学报(自然科学版),2011,25(4):1-8.

第十三章　铅合金液态金属冷却快堆

铅基材料(铅、铅铋或铅锂合金等)具有良好的化学性能、中子学性能、热工水力性能和安全特性。铅基反应堆作为具有重要发展前景的先进核能方向,其技术既可应用于裂变核能系统,也可应用于未来聚变核能系统,同时也可应用于次临界混合核能系统。铅基堆可以设计成小型堆,为了缩短建设周期、降低建造成本,也可以进行模块化设计。根据2014年1月GIF发布的"第四代核能系统技术路线更新图",在第四代核能系统6种堆型中,铅冷快堆(Lead-cooled Fast Reactor,LFR)有望率先实现工业示范应用。

13.1　铅基材料的性能

铅是重金属,密度高、硬度低、延展性较强、电导率低、热导率高,且稳定性好,与水和空气都不发生剧烈反应。铅合金是以铅为基础材料,通过加入其他金属元素形成合金或共晶体,以期在降低熔点的同时使其他性能与铅类似。核能领域常用的铅合金是铅铋合金或铅锂合金。在裂变堆中广泛采用的铅铋合金共晶体冷却剂,质量百分比为44.5:55.5,该共晶体在铅铋合金相图中的熔点最低;在聚变堆中采用铅锂合金共晶体($Pb_{83}Li_{17}$),该共晶体在铅锂合金相图中熔点最低。表13-1列出了铅、铅合金与其他堆用冷却剂热物性的对比。

表 13-1　铅基材料与其他堆用冷却剂热物性对比

冷却剂	铅 (723K,0.1MPa)	铅铋合金 (723K,0.1MPa)	铅锂合金 (673K,0.1MPa)	钠 (723K,0.1MPa)	水 (573K,15.5MPa)	氦气 (1023K,3MPa)
密度/(g/cm³)	10.52	10.15	9.72	0.844	0.727	0.0014069
熔点/K	601	398	508	371	—	—
沸点/K	2023	1943	1992	1156	618	—
比热容/[kJ/(kg·K)]	0.147	0.146	0.189	1.3	5.4579(Cp)	5.1917(Cp)
体积比热容/[kJ/(m³·K)]	1546	1481	1837	1097	3965	7.304
热导率/[W/(m·K)]	17.1	14.2	15.14	71.2	0.5625	0.368

铅基材料作为反应堆冷却剂,其优良性能会对反应堆的物理特性和安全运行带来以下优势:

(1)铅基堆中子经济性优良,发展可持续性好。铅基材料具有较低的中子慢化能力以及较小的俘获截面,因此铅基堆可设计成较硬的中子能谱而获得优良的中子经济性,可利用更多富余中子实现核燃料嬗变、核燃料增殖等多种功能,也可设计成长寿命堆芯以提高资源利用率和经济性,也有利于预防核扩散。

（2）铅基堆热工特性优良,化学惰性强,安全性好。铅基材料具有高热导率、低熔点、高沸点等特性,使反应堆可运行在常压下,可实现较高的功率密度,铅基材料的高密度也使得反应堆在严重事故下不易发生再临界,较高的热膨胀率和较低的运动黏度系数确保反应堆有足够的自然循环能力。

（3）铅基材料化学性质不活泼,几乎不与水和空气发生剧烈化学反应,消除了氢气产生的可能。

（4）铅基材料与易挥发放射性核素碘和铯能形成化合物,可降低反应堆放射性源项。

除以上共性特点外,铅、铅铋和铅锂又具有各自的特点,适用于不同的反应堆堆型。使用铅作为冷却剂的快堆可以在较高的温度条件下运行,具有较高的发电效率,高熔点还容易在设备发生小泄漏时形成自封,阻止铅的继续泄漏;铅铋的熔点比铅低近200℃,因此可以运行在较低的温度条件下,降低对堆内设备的要求,作为前期应用具备优势。此外,对于加速器驱动次临界系统(ADS),铅铋作为散裂靶在实现高的散裂中子产额的同时具有较好的热物理特性,并能和反应堆实现很好的耦合。铅锂中的锂和中子反应产生聚变堆燃料氚,因此可以用作聚变堆氚增殖剂和冷却剂,铅锂中的铅在 14MeV 的聚变中子辐照环境下发生(n,2n)反应,能起到中子倍增剂的作用。

13.2 铅基反应堆发展概况

13.2.1 铅基裂变堆研发历史与现状

20 世纪 50 年代,铅基材料首次应用于核裂变反应堆。世界上主要核电大国都开展过铅基反应堆的应用研究工作,从军用的核潜艇到商业化核电站、从临界堆到次临界堆都是铅基反应堆的应用对象。

1. 俄罗斯

俄罗斯是世界范围内较早开展铅合金冷却反应堆研究的国家,也是铅合金冷却反应堆运行经验最丰富的国家之一。目前世界范围内供科研机构参考的铅合金冷却反应堆的运行经验大都来自俄罗斯。

1952 年,苏联为核潜艇开发核动力装置,提出一种以铅铋合金共晶体作为冷却剂的反应堆方案,并建造了一系列装有铅铋反应堆的核潜艇。第一艘试验性核潜艇"645"项目建造了一艘装载两座铅铋反应堆的核潜艇,后续开展的"705"项目建造了七艘"阿尔法级"核潜艇(各装载一座铅铋反应堆)。在当时,"阿尔法"级核潜艇的高速及机动性能令人印象深刻,而这主要依赖于铅铋反应堆灵敏的功率调节。

苏联"阿尔法"级核潜艇的发展,大大促进了铅铋反应堆的应用研究,但在运行过程中发现铅铋冷却剂对于堆内材料的腐蚀问题是影响铅铋堆性能的关键问题。经过大量的研究发现,如果铅铋中的氧含量控制在合适的范围内,铅铋对于堆内材料的腐蚀将大大降低,这个问题在俄罗斯核潜艇"645"项目中被发现,并在"705"项目中得到了有效解决。然而,随着苏联剧变,俄罗斯国家战略需求转变及经济低迷,已没有足够经费维持这些核潜艇的运行,20 世纪 90 年代,对此类核潜艇进行了退役处理。

进入 21 世纪,俄罗斯正在积极推进将铅基反应堆用于商业核电站,正在开展铅铋反应堆 SVBR-100 和铅冷反应堆 BREST-OD-300 项目的研发建造工作(表 13-2)。SVBR-100 是俄罗斯开发的小型模块化铅铋堆,拟建在俄罗斯的新瓦洛什核电站已经退役的 2 号反应堆厂房内,并计划于 2019 年实现发电。如果按期进行,这将可能成为世界上首个采用重金属冷却的商用示范核电站。BREST-OD-300 是俄罗斯发展的铅冷却快堆,采用铀-钚氮化物燃料,堆芯直径约为 2.3m,高 1.1m,可装载约 16t 核燃料,反应堆每年换料一次,每个燃料组件在堆内停留的时间为 5 年。BREST-OD-300 已完成工程设计,建设工作在 2016-2020 年进行。

表 13-2 俄罗斯铅基反应堆主要特点与参数

名　　称	SVBR-100	BREST-OD-300
电功率/MWe	101	300
热功率/MWt	280	700
冷却剂	铅铋	铅
一回路循环方式	强迫循环	强迫循环
燃料类型	UO_2	PuN-UN
换料周期/年	7~8	1
设计寿命/年	60	60

2011 年俄罗斯加入了第四代核能系统指导监督委员会(Generation Ⅳ International Forum System Steering Committee,GIF SSC),在世界范围内广泛开展铅合金冷却反应堆项目的合作开发。

2. 美国

20 世纪 50 年代,美国也曾探索使用铅和铅铋作为早期金属冷却反应堆的冷却剂。但随着铀供应的增加及其价格下跌,美国对液态金属冷却反应堆的兴趣消退,但其研究工作从未停止。在次临界反应堆研究中,美国在 1999 年正式启动 ATW 计划,计划利用 ADS 进行核废料嬗变,其中反应堆的首选冷却方式就是铅铋方式。从 2001 年开始,美国正式实施先进加速器应用的 AAA 计划,原计划建成一座加速器驱动的实验装置 ADTF,用于验证 ADS 安全性、器-靶-堆耦合的有效性、嬗变性和可行性。

在美国能源部第四代反应堆研究计划的支持下,阿贡国家实验室(ANL)和劳伦斯·利弗莫尔国家实验室(LLNL)开展了小型模块化铅冷反应堆 SSTAR 的研究,爱达荷国家实验室(INL)和麻省理工大学(MIT)联合设计了铅铋冷却嬗变反应堆 ENHS 方案,Gen 4 Energy 公司设计了铅铋自然循环小型模块化反应堆 G4M 并积极进行商业化推广。SSTAR、ENHS、G4M 的主要特点与参数如表 13-3 所列。

表 13-3 美国铅基反应堆主要特点与参数

名　　称	SSTAR	ENHS	G4M
电功率/MWe	20	50	25
热功率/MWt	45	125	70
冷却剂	铅	铅铋	铅铋
一回路循环方式	自然循环	自然循环	强迫循环
燃料类型	TRUN	U/Pu/Zr	UN
换料周期/年	30	20	10
设计寿命/年	30	20	10

3. 欧盟

欧盟是铅基反应堆发展最为活跃的地区之一。在欧盟第五、第六和第七科技框架计划的长期支持下,已经形成了完整的发展路线和计划,参与铅基反应堆研究计划的欧盟研究机构超过 20 家。欧盟开展铅冷堆研究的主要目的是商业发电和建造可以增殖核燃料和嬗变锕系元素的加速器驱动次临界系统。目前已经推出概念设计的 ADS 系统主要包括比利时的 MYRRHA 系统(Multi-purpose hybrid research reactor for high-tech applications)和 EFIT 系统(European Facility for Industrial Transmutation)。

2006 年,欧盟启动了欧洲铅冷堆 ELSY(European Lead-cooled System)计划,该计划现已完成一个在经济性和安全性上有竞争力的 600MWe 工业规模的铅冷堆设计。

2010 年欧盟启动了 CDT-FASTEF 计划(Central Design Team-Fast Spectrum Trans-Mutation Experimental Facility)和 LEADER 计划(Lead-cooled European Advanced Demonstration Reactor)。其中,CDT-FASTEF 计划拟花费三年时间完成铅铋冷却 ADS 系统 MYRRHA 的概念设计,使 MYRRHA 可以在临界和次临界的双模式下运行。LEADER 计划主要侧重在工业规模的临界反应堆设计上,LEADER 的最新进展是完成了欧洲铅冷快堆(European Lead-cooled Fast Reactor, ELFR)的设计,与此同时,该计划还完成了一个 120MWe 小型铅冷堆、欧洲先进铅冷示范堆(Advanced Lead-cooled Fast Reactor European Demonstrator, ALFRED)的设计。MYRRHA、ALFRED、ELFR 的主要特点与参数如表 13-4 所列。

表 13-4　欧盟铅基反应堆主要特点与参数

名　　称	MYRRHA	ALFRED	ELFR
电功率/MWe	—	125	600
热功率/MWt	≈85	300	1500
冷却剂	铅铋	铅	铅
一回路循环方式	强迫循环	强迫循环	强迫循环
燃料类型	MOX	MOX	MOX

4. 韩国

韩国主要针对 PEACER 和 URANUS 两种铅基反应堆开展设计与技术研究(表 13-5)。PEACER 是由国立首尔大学核嬗变能源研究中心(NUTRECK)提出的用于核废料嬗变的铅铋反应堆,已建成铅铋回路技术预研平台 HELIOS,并开展了相关热工水力与材料研究。URANUS 是韩国在 PEACER 的基础上提出的一种 40MWe 铅铋反应堆概念设计,也在 HELIOS 装置上开展了实验验证研究。

表 13-5　韩国铅基反应堆主要特点与参数

名　　称	PEACER	URANUS
电功率/MWe	550	40
热功率/MWt	1560	100
冷却剂	铅铋	铅铋
一回路循环方式	强迫循环	强迫循环
燃料类型	U-TRU-Zr	UO_2

5. 日本

1988年,日本开始实施分离嬗变高放核废料的OMEGA计划,由日本原子能研究所(JAERI)、日本核燃料循环发展研究所(JNC)和电力中央研究所(CRIEPI)负责实施。O-MEGA后期的研究工作集中在ADS的开发研究上,其中反应堆的首选类型是铅铋反应堆,后来完成了工业级规模的嬗变反应堆设计。从1999年起,三菱工程船舶制造公司(MES)与俄罗斯物理和动力工程研究院(IPPE)合作,为日本开发铅铋应用技术。2001年,MES开始运行自己的铅铋实验回路,开展铅铋冷却剂与结构材料的腐蚀实验研究。日本京都大学目前也制定了ADS发展计划,通过概念设计、原理验证和工业示范三个阶段的实施,以建立MA嬗变量达到10个压水堆的铅铋冷却ADS装置,同时京都大学还与比利时开展合作,参与欧盟的MYRRHA计划。

20世纪90年代日本提出了一种长寿命小型堆系统的设计方案LSPR(LBE-cooled Long-life Safe Simple Small Portable Proliferation-Resistant Reactor),这种小型堆方便、简易、易于换料、污染少。

2004年,东京工业大学提出了一种铅铋冷却快堆系统(Pb-Bi-cooled direct contact Boiling Water Fast Reactor,PBWFR)的概念设计,该计划提出了一种消除蒸汽发生器和一回路主泵的铅合金冷却反应堆概念设计。该设计将补给水直接注入到热的铅铋合金上,而促使堆内冷却剂的循环。注入的补给水会在反应堆内的壁面上沸腾,随之产生的蒸汽泡沫随浮力上升,由此产生的气泡运动可以成为冷却剂循环的动力。

日本核燃料循环发展研究所在快堆循环商业化上的可行性研究对其铅铋冷却堆的发展起到了明显推动作用。该研究的第一期计划主要研究了快堆系统概念设计的类型分类对比(包括冷却剂类型(铅、铅铋)、反应堆尺寸(大型、小型)和反应堆回路设计类型)以及铅铋堆自然循环冷却的可能性。该研究的第二期计划基于第一期的研究考虑,最终选取了一个铅铋冷却的中型强迫循环快堆作为该计划发展铅铋堆的一个概念设计。

除了上述计划,日本电力中央研究所和东芝集团还合作发展了一种创新性小型钠冷堆——4S反应堆(Super Safe,Small and Simple)。在该4S堆的概念设计过程中,研究人员也提出了一些关于铅冷的概念设计,目前铅冷反应堆也成了该计划的一部分(称为L-4S)。

6. 中国

中国科学院核能安全技术研究所FDS团队多年来致力于先进核能系统的设计和研究工作,其中包括聚变裂变混合堆、铅合金冷却反应堆等方面。2009年,中科院启动知识创新重要方向项目"加速器驱动次临界系统(ADS)前期研究",通过对国内外主要研究单位的调研,确定了以铅铋反应堆作为ADS反应堆的首选发展方向。2011年,中科院启动了战略性先导科技专项"未来先进核裂变能——ADS嬗变系统"研究计划,计划到2030年建成工业示范的加速器驱动核废料嬗变系统,掌握核废料嬗变处理关键技术。中科院核能安全技术研究所FDS团队在中科院战略性科技先导专项支持下,针对铅基反应堆CLEAR(China Lead-based Reactor)开展全面研发工作,计划通过三期实施,实现从研究实验堆CLEAR-Ⅰ到工程示范堆CLEAR-Ⅱ,并最终发展到商用原型堆CLEAR-Ⅲ,如表13-6所列。

表 13-6 中国铅基反应堆三期工程主要特点与参数

名　　称	CLEAR-Ⅰ	CLEAR-Ⅱ	CLEAR-Ⅲ
电功率/MWe	10	100	1000
冷却剂	铅铋	铅铋	铅铋
一回路循环方式	强迫循环	强迫循环	强迫循环
燃料类型	UO_2	MOX	氮化物或金属

目前,针对 ADS 及第四代铅冷快堆技术发展目标和要求,完成了具有临界和次临界双运行模式的 CLEAR-I 总体设计,正在开展初步工程设计、初步安全分析及环境影响评价,同时积极开展铅基堆新概念及扩展应用研究,完成了铅基产氚堆 CLEAR-T、铅基制氢堆 CLEAR-H、小型模块化铅基小型堆 CLEAR-SR 等系列新概念方案设计;建成了大型液态铅基合金综合实验装置群(如铅铋实验回路 KYLIN 系列)和铅基堆主要设备样机,可开展反应堆材料与冷却剂相容性、反应堆热工流体、冷却剂安全等实验研究。目前正在开展铅基堆工程演示实验装置 CLEAR-S、铅基堆零功率物理实验装置 CLEAR-0、铅基数字(模拟)反应堆 CLEAR-V 以及强流氘氚聚变中子发生器 HINEG 的建设,以用于开展铅基堆关键设备和运行技术集成测试。

13.2.2 铅基聚变堆研发历史与现状

除上节介绍的裂变堆以外,各国也在积极研发铅基聚变堆,在聚变堆的技术设计中,铅基材料冷却的液态包层是包层主流概念之一,是聚变能源应用的关键部件,其主要功能包括氚增殖、能量转换、辐射屏蔽和包容等离子体等。目前主流包层概念按照增殖剂可分成两大类:固态陶瓷增殖剂包层(简称固态包层)和液态铅锂增殖剂包层(简称液态包层)。

由于液态铅锂增殖剂具有许多优良性能,如结构简单、加工制造相对容易、技术较为成熟等,是国际热核聚变实验堆 ITER 实验包层模块(Test Blanket Module,TBM)的主要候选包层之一,受到国际研究的高度关注。参与 ITER 计划的七个成员国中有四个提出了各自的液态铅锂增殖剂实验包层概念,包括欧盟氦冷铅锂包层 HCLL、中国双功能铅锂包层 DFLL、美国双冷铅锂包层 DCLL 和印度铅锂冷却陶瓷包层 LLCB,其中 LLCB 采用陶瓷小球和液态铅锂共同作为氚增殖剂,具体设计如表 13-7 所列。

表 13-7 ITER 液态铅锂包层实验模块主要设计参数

成　员	TBM	结构材料	增　殖　剂	冷　却　剂
欧盟	HCLL	EUROFER	LiPb	He
美国	DCLL	F82H/EUROFER	LiPb	LiPb/He
中国	DFLL	CLAM	LiPb	LiPb/He
印度	LLCB	IN-LAFMS/EUROFER	LiPb/Li2TiO3	LiPb/He

除 ITER TBM 外,各国还根据本国的示范堆计划提出了许多聚变电站包层设计,如美国的 ARIES 系列,其中 ARIES-ST 和 ARIES-AT 包层均采用液态铅锂作为增殖剂。ARIES-ST 包层采用氦气/铅锂双冷概念,ARIES-AT 包层采用铅锂自冷模式。欧盟在

ITER 计划之外还有长期能源概念研究规划 PPCS,提出了一个先进氦气/铅锂双冷 A-DC 包层概念。

中国科学院核能安全技术研究所 FDS 团队长期开展以液态铅锂作为冷却剂和氚增殖剂的聚变堆和混合堆的研究工作,提出了系列聚变堆和聚变裂变混合堆概念,包括聚变裂变混合堆 FDS-Ⅰ、聚变动力堆 FDS-Ⅱ、聚变高温制氢堆 FDS-Ⅲ、紧凑球型聚变堆 FDS-ST、多功能聚变工程实验堆 FDS-MFX、磁镜聚变堆 FDS-GDT 等,为铅基堆应用开辟了新的中远期应用途径。目前在国家磁约束核聚变能发展研究等项目的支持下,正在为 ITER 实验包层模块计划以及中国聚变工程实验堆计划研发液态铅锂包层,提出了兼顾技术发展可行性和先进性的铅锂实验包层方案(DFLL-TBM)。此外,还建成了多功能液态铅锂综合实验回路(DRAGON 系列),并积极开展包层结构材料的研制以及材料与冷却剂相容性、热工流体、冷却剂安全等实验研究。

13.3 铅合金液态金属冷却快堆安全特性

铅基反应堆作为未来具有重要发展前景的先进核能方向,既适用于裂变堆,也适用于聚变堆;既能在临界堆中应用,也能在次临界堆中应用,因此通过铅基反应堆,可以形成一整套在时间上覆盖近、中、远期发展需求,在应用各领域上覆盖聚变技术和裂变技术,在反应堆功能上包含能量生产、核废料嬗变和核燃料增殖的可持续发展技术路线。

GIF 提出的铅冷快堆示意图如图 13-1 所示。目前,国际上铅冷快堆方案均采用一体化池式结构布置,包括俄罗斯的 BREST、欧盟的 ELFR 和美国的 SSTAR 等。采用一体化池式结构的反应堆,所有一回路系统均布置在反应堆容器内,取消了一回路管道,从而消除了由于管道破裂导致冷却剂丧失事故(LOCA)的可能性,极大地降低了堆芯裸露事故的风险,从而有效提高反应堆的安全性。

由于铅在热力学和输运等方面的物理特性,使铅冷快堆具有固有安全性,当反应堆出现异常工况时,依靠堆的自然安全性和非能动安全性,能使反应堆处于正常运行或安全停闭。

1. 反应性空泡系数为负值

在整个堆芯燃耗期间,铅的反应性空泡系数均为负值,使堆具有自然安全性,而且铅的沸点高达 1740℃,为铅正常工作温度的 3 倍左右(而钠的沸点仅为其正常工作温度的 1.6 倍左右),这使得铅冷快堆内发生沸腾的可能性极小。

2. 一回路的自然循环能力强

由于铅的密度随温度的变化较大,使得铅冷快堆一回路中冷段与热段之间冷却剂密度差 $\Delta\rho$ 比钠冷快堆大几倍。当热段温度为 550℃、冷段温度为 400℃时,铅的密度差($\Delta\rho_{铅}=173\mathrm{kg/m^3}$)为钠冷快堆的 4.8 倍($\Delta\rho_{钠}=36\mathrm{kg/m^3}$)。因此,在停堆后的初始阶段,铅冷快堆的自然循环流量较大,自然循环功率较高(可以高达额定功率的 15% 左右),这对事故工况下的反应堆安全是极为有利的。

3. 能自动维持堆芯冷却剂流量

由于回路中铅的流速和摩擦压降小,根据重力法则,能自动维持堆芯中铅的流量。铅的质量数比钠大得多,而铅原子核为幼核,它对中子的慢化能力和吸收能力极低,使铅

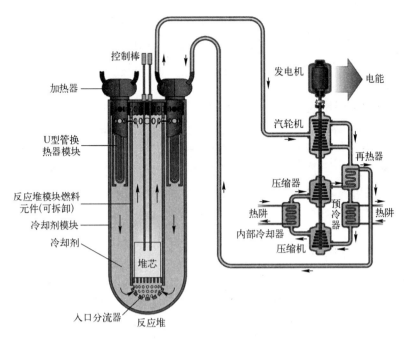

图 13-1　铅合金液态金属冷却快堆系统结构图

冷快堆燃料元件栅距可以设计得比钠冷快堆大,同时保持较硬的中子能谱和较大的增殖比。燃料元件栅距变大使铅冷却剂/燃料的体积比增大,还可以大大地减少流道堵塞的可能性。在 25MWe 铅冷快堆方案设计中燃料元件栅距为 8.4mm,燃料元件栅距与外径之比 $p = 1.4$,铅冷却剂/燃料的体积比为 2.143,而我国原子能科学院所设计的 25MWe 实验钠冷快堆的燃料元件栅距为 7mm,$p = 1.17$,钠冷却剂/燃料的体积比为 1.321,因此,铅冷快堆内铅的流速比钠冷却快堆内钠的流速小得多(铅流速的最大值只有 1.8m/s),同时,较大的燃料元件栅距导致回路的水力当量直径(D_e)较大,而反应堆一回路内摩擦压降与冷却剂流速及物性的关系式可表示为

$$\Delta p_f = a \frac{L\rho^{0.8}\mu^{0.2}v^{1.8}}{D_e^{1.2}} \qquad (13-1)$$

式中,Δp_f 为摩擦压降,Pa;a 为无量纲常数;L 为回路的通道长度,m;D_e 为回路的通道当量直径,m;ρ 为冷却剂密度,kg/m³;μ 为冷却剂黏度,Pa·s;v 为冷却剂流速,m/s¹。

从上式可以看出,摩擦压降 Δp_f 与 ρ 的 0.8 次成正比,而铅的 ρ 要比钠大一个数量级。从表面上看,铅冷快堆的 Δp_f 有可能大于钠冷快堆,但由于铅的 $v^{1.8}/D_e^{1.2}$ 比钠要小得多,因此,铅冷快堆的摩擦压降 Δp_f 实际上并不比钠冷快堆的大。

4. 热工和材料的安全裕量大

由于铅的沸点高,使得铅的沸腾裕量较大。如果用温度增益来表示,铅的沸腾裕量数值约为 10,是钠沸腾裕量(1.5~2)的 5 倍,加上核燃料熔化裕量和包壳破损裕量也较大以及自然循环和通过负反馈的自调节等,可以简化反应堆控制系统,最大限度地减少由于人为差错所造成的事故。

5. 能减少回路的放射性、放射性废物量和反应堆结构的辐照损伤

铅是很不活泼的金属,不会与空气和水发生剧烈的化学反应。由于铅的中子活化率

小,因此,铅冷快堆一回路的放射性比钠冷快堆小得多,所以铅冷快堆既可不设置中间回路,又可省去昂贵的钠水反应探测系统。另外,通过铅对快中子通量的慢化,有助于减少反应堆结构及拱顶的辐照损伤,从而延长反应堆的寿命,使结构更新和维护工作简化,进而减少放射性废物量。

6. 能减少铅泄漏事故

铅的熔点比钠要高,为了防止液态铅在蒸汽发生器内凝固,蒸汽发生器二次侧的水温应大于铅熔点值(约350℃)。但熔点高也将带来一定的益处,当低压的铅回路系统及设备有小泄漏时,破口处的铅容易凝固形成自密封,阻止了铅的继续泄漏。根据铅的自封性试验研究结果表明,对于缓慢的小孔(直径小于0.3mm)泄漏,在常温常压的外界环境条件下即能够实现自封。另外,当需要运输凝固状态的堆芯时,铅可作为一个附加的放射性射线的屏蔽层,因而增加了运输的安全性。

7. 能降低堆芯功率密度

由于铅冷快堆的燃料元件栅距比钠冷快堆大,故冷却剂-燃料的体积比也大,与同样功率的钠冷快堆相比,堆芯体积、钚装载量和倍增周期都增大,因而降低了堆芯的功率密度,对反应堆的安全有利,而对经济性的影响可忽略不计。

13.4 中国铅基研究反应堆 CLEAR-I 简介

13.4.1 设计目标与原则

中国铅基研究反应堆 CLEAR-I 作为 ADS 研究装置的重要组成部分,不仅可以为 ADS 的集成验证提供平台,还可同时兼顾铅冷快堆技术发展和快中子基础科学研究。其设计目标如下:

(1)验证液态铅铋冷却反应堆设计分析软件与数据库;

(2)验证液态铅铋冷却反应堆的物理、热工与安全特性;

(3)考验液态铅铋冷却反应堆结构材料与燃料及关键部件的综合服役性能;

(4)验证 ADS 嬗变处理核废料的特性及能力;

(5)开展中子学及材料科学基础研究;

(6)验证加速器驱动次临界系统耦合运行及测量控制技术。

根据 ADS 系统实现的技术途径,前期进行低功率次临界堆的实验研究,后期逐步提高次临界度并开展临界实验。因此,CLEAR-I 的设计过程中重点贯彻在同一个装置上实现临界和加速器驱动次临界双模式运行的理念。

考虑到反应堆建造的现实技术可行性和安全性要求,同时兼顾研究堆实验要求的灵活性和后期技术升级的延续性,按照一次设计、分步实施的方式进行。具体设计技术原则如下:

(1)现实可行性。采用现有较成熟的结构材料、核燃料和相关技术,提高反应堆建造的现实可行性。

(2)安全可靠性。充分利用铅铋合金的物理和化学特性,使反应堆具有固有安全性和非能动余热排出能力。反应堆设置控制棒系统,用于反应性调节及紧急停堆。

（3）实验灵活性。设置遥操换料系统,使堆芯具备采用不同燃料布置方式的能力,实现开展不同次临界度和临界运行的功能。

（4）技术延续性。反应堆关键设备技术路线与未来高功率实验堆一致,具有装载MOX燃料以及次锕系嬗变靶件燃料的运行能力。

13.4.2　堆芯布置与核设计

CLEAR-I 堆芯组件参考方案采用快堆中普遍采用的六边形组件,燃料棒棒束采用三角形排列并用绕丝固定。首炉燃料采用非军控的 19.75% 富集度的 UO_2,燃料棒包壳材料主选 15-15Ti 不锈钢。堆芯依据功能划分由内到外依次为靶区、活性区、反射区和屏蔽区。核设计采用的计算程序为自主开发的大型集成多功能三维中子学计算分析软件系统 VisualBUS。通过对装料量和功率分布进行优化分析确定了反应堆堆芯的高度与直径比。考虑到 CLEAR-I 采用的铅铋冷却剂具有较弱的中子慢化和吸收能力,设计了大棒径和大栅距的燃料组件方案,在大大降低反应堆装料量的同时提高了事故状态下反应堆的自然循环能力。

考虑到 CLEAR-I 的实验灵活性和升级需求,CLEAR-I 具备临界运行能力。在加速器驱动次临界运行时,通过将外圈部分燃料组件替换成反射层组件的方式,将反应堆调整为加速器驱动次临界状态。

临界堆芯布置时,活性区由 94 盒组件组成,其中 86 盒燃料组件(次临界运行时,52盒燃料组件替换成反射层组件),8 盒控制棒组件。堆芯内设置两套独立的反应性控制系统,其中第一套反应性控制系统包括 3 根补偿棒和 2 根调节棒,第二套反应性控制系统包括 3 根安全棒。反应性控制系统在正常工况和卡棒情况下均能实现有效停堆,全堆剩余反应性满足 10 个满功率年的运行需求。燃料多普勒系数和冷却剂温度系数为负值,反应堆具有固有安全性。

燃料组件为六角形,由按正三角形排列的 61 根燃料棒束装入外管套中构成。燃料元件之间利用绕丝定位,两端分别固定在上管座和下管座。上管座的上端为装载燃料组件用的操作头,而下管座下端为作为支撑和导入冷却剂的管脚。为保证燃料组件在铅铋冷却剂中依靠自重压紧,在燃料元件包壳管中采用了高密度材料配重的方式,同时在组件结构设计中采取机械固定的方式。

13.4.3　反应堆热工水力及冷却剂系统设计

CLEAR-I 一回路冷却剂系统采用机械泵驱动液态铅铋合金冷却,二回路冷却剂系统采用加压液态水冷却,通过空气冷却器将热量释放到最终热阱大气中。堆芯铅铋入口温度为 300℃,最高出口温度为 400℃,可根据实际运行情况进行调节。二回路冷却剂系统水进出口温度分别为 215℃ 和 230℃,压力为 4MPa。

一回路系统内设置两台主泵和四台管壳式主换热器,均布在反应堆主容器铅铋池中,成为一体化池式结构。在铅铋池的中部有一层隔板和隔热层把铅铋池分为内外两部分,300℃ 铅铋由堆芯下栅格板进入堆芯向上流动带走燃料棒核热,汇入堆芯上部热铅铋池,混合后平均温度为 400℃。热铅铋通过主换热器上端的入口窗进入主换热器壳侧与二回路管侧冷却水进行热量交换,然后从换热器下端的出口窗流出经机械泵驱动重新进入堆芯,形成一回路循环。

二回路加压冷却水在循环全程单相运行,通过水泵将215℃的水送入主换热器,在主换热器出口处的水温度达到230℃。从主换热器流出的水沿二回路管道进入空气热交换器,将热量传递给周围环境中的大气。二回路中设置稳压器,用于维持二回路压力在4MPa正常工作参数范围内,同时可以缓解回路中压力波的冲击。

正常停堆后,堆内的余热由反应堆二回路冷却剂系统的循环冷却水导出,当二回路系统发生故障时,采用完全非能动的反应堆容器空气冷却系统排出余热。当堆内功率不足时,依靠辅助加热系统维持容器内铅铋温度高于下限温度300℃以防止铅铋发生凝固。

13.4.4 反应堆本体设计

反应堆本体由容器、堆内构件及热屏蔽层、堆顶盖、堆顶旋塞及中心测量柱、堆内换料机构、控制棒驱动机构、主泵、主换热器、堆芯及围桶、中子源靶等10个主要部件和设备组成。图13-2展示了CLEAR-I本体结构设计图。反应堆容器采用双层池式结构,其内层为主容器,外层为安全容器,主容器作为一回路边界,包容一回路冷却剂和覆盖气体,并将核反应限制在密闭的区域内进行,是防止放射性物质外泄的重要屏障之一。

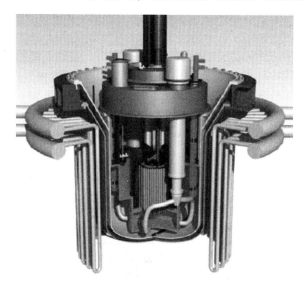

图 13-2　CLEAR-I 本体结构图

堆顶旋塞嵌入堆顶盖中心,与堆顶盖共同起到密封和辐射屏蔽作用。采用双旋塞模式,大旋塞提供大幅运动,小旋塞提供小幅运动,双旋塞组合运动实现精确定位换料。中心测量柱与旋塞系统连为一体,为测量系统和控制棒驱动机构提供相对固定边界,防止流致振动,既避免堆芯出口高温铅铋对测量柱内部件的冲击,又可以完成与换料系统的耦合。

堆内支撑构件承载整个堆芯和围桶,分隔反应堆冷、热铅铋池,为主换热器、主泵和堆内换料机提供中下部支撑或约束。表面覆盖热屏蔽层(分为水平热屏蔽和径向热屏蔽),可降低反应堆容器的壁面温度。

重金属散裂靶管道从反应堆容器顶部贯穿大旋塞插入堆芯,堆芯内部预留7盒燃料组件的空间作为靶组件空间。液态铅铋有窗靶以及流态固体钨球颗粒靶作为两种候选的散裂靶方案。

13.4.5 专设安全设施设计

为了确保 CLEAR-I 实现紧急停闭、堆芯余热排出和放射性物质包容的功能,设计了多项专设安全设施,包括包容体系统、事故余热排出系统和反应堆容器超压保护系统等。

包容体系统主要起到放射性物质的包容、防御外部事件和生物屏蔽等重要功能。结合 CLEAR-I 的一回路低压特性和极低概率发生大量放射性释放的可能性,包容体系统选择内部放射性包容小室与外部封闭厂房的联合系统,即在封闭的反应堆厂房(二次包容体)内形成几个密封性较高的放射性包容小室(一次包容体)的包容体系统。一次包容体充分考虑对放射性氚气和 ^{210}Po 等放射性物质的包容,以及对 ADS 加速器质子束管的屏蔽,设置有放射性氚气包容小室、堆顶包容小室和放射性钋气溶胶包容小室,包容了所有主冷却剂存在的空间。

为确保主换热器给水中断和地震等事故状态下堆芯余热排出能力,设计了完全非能动的事故余热排出系统——反应堆容器空气冷却系统。该系统通过在安全容器外布置多条 U 形空气冷却管道,通过主容器、安全容器、空气管道间的热辐射将反应堆内的热量带至环境空气。环境空气在热空气上升通道内被加热,靠空气本身温度差引起的密度差驱动向上流动,通过烟囱排入大气,使堆芯和整个反应堆处在安全状态。该系统是一个完全非能动系统,且未在主容器内布置,简化了主容器内部结构。

反应堆超压保护系统用来保护反应堆主容器和安全容器,防止其中的保护气体压力超过设计限值。系统主要由补偿容器和液封装置等设备组成。当主容器气腔中的保护气体压力超过允许值时,液封器自动开启,排出超压气体,降低反应堆容器的压力。

13.4.6 其他关键系统设计

在对 CLEAR-I 主系统进行设计的同时,针对铅铋反应堆及加速器和散裂靶引入导致的特殊要求,进行了关键系统的设计与预研工作,包括控制棒驱动机构、换料系统、铅铋工艺系统、仪表与控制系统和实验应用系统等。

CLEAR-I 共设计了 2 套不同控制原理的停堆系统,第一套由调节棒、补偿棒及其驱动机构组成,第二套由安全棒及其驱动机构组成。针对铅铋合金高密度的特征,采用配重和驱动弹簧的方式克服紧急停堆时的下降阻力。

CLEAR-I 采用分体式中心测量柱式换料系统方案,通过分体式中心测量柱耦合换料系统的大旋塞、小旋塞和换料机组成的三级曲柄连杆的运动可以完成堆芯所有位置的换料。

CLEAR-I 仪表与控制系统设计采用全数字化分布式控制系统 DCS,按照结构分为现场级、控制级、监控级和管理级四个层次。反应堆应用系统主要由实验孔道、辐照组件、样品传输机构和辐照后检验设备构成。将辐照样品安装在随堆辐照组件内,辐照组件的外形与堆芯组件一致,可利用换料系统将辐照样品装入或移出反应堆。

基于国际上 ADS 及铅基反应堆的发展,中国设计的铅铋冷却临界/次临界双模式运行的铅基研究反应堆 CLEAR-I 具有良好的现实可行性、安全可靠性、实验灵活性和技术延续性,现已开展了多项涉核及非核关键技术研究,反应堆初步工程设计及关键设备研制工作也在顺利进行中。

参 考 文 献

[1] 吴宜灿,FDS团队. 第四代核能系统铅基反应堆前景展望[J]. 科技导报,2015,33(14):12.

[2] 伍浩松. 俄罗斯将建设一座铅冷实验快堆[J]. 国外核新闻,2012(11):16.

[3] 王海丹,伍浩松. 美国公司推出使用氮化铀燃料的铅-铋冷快堆[J]. 国外核新闻,2009,(12):9.

[4] 龚昊. 铅铋冷却快堆单盒组件堵流事故分析研究[D]. 北京:中国科学技术大学,2014.

[5] Y Wu,FDS Team. Conceptual Design Activities of FDS Series Fusion Power Plants in China[J]. Fusion Engineering and Design,2006,81(23-24):2713-2718.

[6] 辜峙钚,王刚,汪振,等. 铅铋冷却快堆瞬态超功率事故分析[J]. 核安全,2015,14(3):60-64.

[7] 吴宜灿,王明煌,黄群英,等. 铅基反应堆研究现状与发展前景[J]. 核科学与工程,2015,35(2):213-221.

[8] 沈秀中,于平安,杨修周,等. 铅冷快堆固有安全性的分析[J]. 核动力工程,2002,23(4):75-78.

[9] 吴宜灿,柏云清,宋勇,等. 中国铅基研究反应堆概念设计研究[J]. 核科学与工程,2014(2):201-208.

[10] 肖宏才. 自然安全的BREST铅冷快堆—现代核能体系中最具发展潜力的堆型[J]. 核科学与工程,2015,35(3):395-406.

[11] Schikorr W M. Assessments of the Kinetic and Dynamic Transient Behavior of Sub-Critical System(ADS) in Comparison to Critical Reactor Systems[J]. Nuclear Engineering and Design,2001,210:95-123.

[12] Knief R A. Nuclear Reactor Theory[J]. Encyclopedia of Physical Science & Technology,1970,11(4411):817-835.

第十四章　气冷快堆

气冷快堆(Gas-cooled Fast Reactor,GFR)通常用氦气、CO_2或N_2O_4作冷却剂。由于堆芯中没有慢化剂,中子谱硬化,因而有利于增殖。气冷快堆继承了高温气冷堆的部分优点,如冷却剂无相变且透明,能够大大简化检测和维修等操作。高温气冷堆中除堆芯以外的大部分部件和设备技术可以相对容易地移植到气冷快堆中。与钠冷快堆一样,气冷快堆同样能实现钚的增殖以及放射性废物的嬗变。此外,它还能够克服金属钠因化学性质活泼而带来的不足(如钠火、钠水反应)。气冷快堆与钠冷快堆最大的差异在于气冷快堆运行压力较高(5~10MPa),任何压力丧失事故都必须得到有效的管理。

14.1　气冷快堆发展概况

气冷快堆作为钠冷快堆的一种变种堆,其研究始于20世纪六七十年代。最初是为了在保持较高增殖增益的同时,尽可能避免钠作为冷却剂带来的风险,同时通过提升堆芯出口温度来提高能量转换效率。气冷快堆的燃料元件为棒束结构,使用氧化物燃料和金属包壳。为了改善气体的热传输性能,气冷快堆在设计上引入了一些新的措施,如对包壳表面进行粗糙化处理,但这些处理同时也会造成堆芯摩擦压降的增加。此外,气冷快堆还需要一个复杂的压力平衡系统以实现对堆芯不同通道的气流进行调节和控制。

表14-1列举了早期气冷快堆的一些主要工程,其中GCFR工程的主回路系统布局如图14-1所示。通过这些早期工程,一方面验证了气冷系统的可行性,但另一方面其相对于钠冷系统的优势并未得到真正展示。虽然相关钠技术还在不断发展,但是20世纪80年代初,出于对未来短期内大规模工业部署快中子反应堆可能性不高的担忧,各国便陆续停止了对这些早期工程的研究。

表 14-1　气冷快堆早期工程

工程名(缩写)	GBR	ETGBR	GCFR
工程名(全称)	Gas breeder reactor	Existing technology gas-cooled breeder reactor	Gas-cooled fast reactor
公司	European GBR Association	UK national program	General Atomics
时期	1968-1978	20世纪70年代	1962-1980
功率/MWe	1000-1200	1320	1240
冷却剂	He 或 CO_2	CO_2	He
增殖增益		1.2~1.4	
压力容器		预应力混凝土	
能量转换		蒸汽发生器	

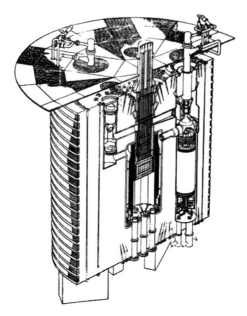

图 14-1　GCFR 主回路系统布局图

　　除棒状燃料元件外,GBR 工程对颗粒床燃料组件也进行了研究。这种新型燃料组件的设计如图 14-2 所示。在该设计中,通过燃料组件外面的气流对小的包覆燃料颗粒进行径向冷却。

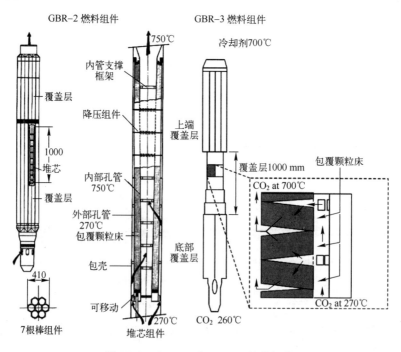

图 14-2　GBR-2 和 GBR-3 燃料组件

　　目前,气冷快堆主要指高温氦冷快中子反应堆。它带有闭式燃料循环,与钠冷快堆相比,技术成熟度相对较低,但从长远来看,它具有更好的性能。气冷快堆和钠冷快堆拥

196

有同样的燃料循环过程。此外,从能源可持续角度出发,气冷快堆也可看作是热中子谱的氦冷反应堆的一种发展。这就意味着它能从热中子谱氦冷堆中继承相对成熟的技术和工艺,同时又兼具燃料回收以及更有效利用铀资源的优势。

14.2 气冷快堆设计特点分析

气冷快堆堆芯设计的主要特性包括氦气作冷却剂、快中子谱、具有正的增殖增益以及对所有锕系元素的均匀回收。过去的分析和经验已经表明,设计一种满足这些要求的堆芯是可行的,因此研究的焦点应主要放在安全方面。对于高温气冷堆,由于使用石墨作慢化剂增加了堆芯的热惯性,从而限制了各种瞬变下的最高温度(图14-3)。另一方面,气冷快堆具有较低的热惯性,为克服该不足,燃料元件应使用熔点较高的材料并具有较高的热导率,以便在极高的温度范围内也能确保放射性物质不泄漏。主回路设计需要提供向上的堆芯冷却压头,以及在事故情况下保证一回路各主要设备都具有足够的循环动力。安全系统的一个基本参数便是气体压力。在正常情况下,主回路氦气通常加压到7MPa左右。为防止主回路因失冷而导致压力丧失,在主回路外面设有气体保护容器。但维持较高的氦气密度则意味着余热排出系统需要依靠一定的泵功率,甚至在某些情况下还需要借助被动的对流。

图 14-3　600MWth 的气冷快堆堆芯(Ⅰ)与被石墨(Ⅱ)
包围的高温气冷堆堆芯(Ⅲ)的几何对比

在气体冷却剂热容较低的情况下,燃料元件也必须经受住非常高的操作温度和瞬变。反应堆以及燃料元件的设计主要基于以下的参考温度准则:

(1) 操作温度为1000℃左右,以保证有充分的安全裕度;

(2) 边界温度为1600℃,保证在低于此温度的工况下,裂变产物不会释出;

(3) 上限温度为2000℃,超过该温度无法保持堆芯几何结构完整并且难以冷却。

GIF 提出的气冷快堆示意图如图 14-4 所示。

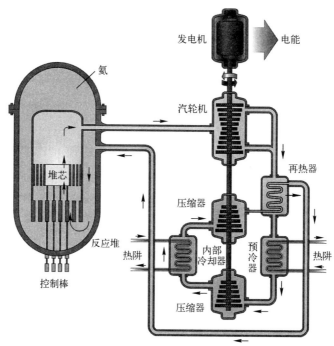

图 14-4　GIF 提出的气冷快堆系统结构图

14.3　气冷快堆典型设计

截至 2015 年,世界上尚未建成过气冷快堆。一般而言,气冷快堆的宏观特征如表 14-2 所列。表中各参数设计主要用于开发一座 1100MWe 规模的工业反应堆。

表 14-2　气冷快堆主要宏观参数

参　数　项	参　数　值
功率	2400MWth
效率	45%~48%
冷却剂	氦气
燃料	碳化物或氮化物
包壳	陶瓷或耐火材料
平均燃耗	5% FIMA
燃料中次锕系元素比重	1.1%
堆芯功率密度	100MW/m³

14.3.1　燃料元件

到目前为止,国际上提出了两种燃料元件设计方案,即陶瓷板状燃料元件(图 14-5)和陶瓷棒状燃料元件。在实验室条件下,燃料元件的结构参考材料是增强陶瓷,即碳化硅陶瓷基复合材料,燃料则是铀-钚-次锕系元素碳化物颗粒。为防止裂变产物通过包壳逃逸,需要设置一层由难熔金属或陶瓷组成的防漏屏障。由此可以看出,燃料元件的制造非常复杂。

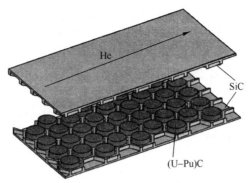

图 14-5　GCFR 燃料元件板状设计

而我国设计的球床式气冷快堆应用的是球状燃料元件,可以是一种包覆燃料颗粒结构,也可以是弥散型燃料球、中空型燃料球或者是实心型燃料球结构。其中弥散型燃料球可以提高燃料在堆芯的体积份额并且能尽可能地保证更硬的能谱。在弥散型燃料元件结构中,燃料和基体材料混合在一起,燃料球分为燃料区和燃料区外面的包壳层。

14.3.2　堆芯设计与性能

根据堆芯最大功率(由系统热力设备和热工水力分析得出)、反应性控制系统以及最优功率分布的需要,可以对堆芯进行合理布局(246 根易裂变燃料组件,24 根控制棒)。表 14-3 列举了某参考堆芯的主要属性。可以发现,气体的空泡反应性影响并不显著(低于缓发中子份额)。

表 14-3　2400MWth 气冷快堆典型堆芯特点

设 计 内 容	参 数 项	参 数 值
堆芯-燃料组件	H/D	0.387
	组件间距	3mm
	高度	1650mm
	组件宽度	175.3mm
燃料元件	包壳厚度	1.08mm
	内衬	40+10=50μm
	颗粒直径	6.7mm
	棒间距	11,56mm
操作条件	堆芯压降	0.14MPa
	燃料最高温度	1280℃
	包壳最高温度	990℃
陶瓷堆芯	氦气/包壳/间距/燃料体积分数	42.9/26.8/2.4/27.9
	铀元素含量	17.5%
	钚装载重量	10.2 t/GWe
	堆芯管理(如满功率天数)	3×480=1440
	平均燃耗	5.0% FIMA
	增殖增益	0.0
	缓发中子份额	0.360%
	堆芯空泡反应性	0.322%

14.3.3　主回路系统

与高温气冷堆类似,反应堆主容器是一个大而厚的金属容器(内径 7.3m,总体高度20m,重量 1000t)。容器结构材料为 9Cr1Mo 不锈钢,该材料在 400℃左右温度下的蠕变可以忽略。主回路由 3 个 800MWth 的环路构成,每个环路均含有一个独立换热器和鼓风机单元。

停堆系统参考钠冷快堆进行设计,包含两套冗余、被动的停堆系统(无需电源,重力驱动控制棒自由落下)。各主要控制棒和停堆设备均单独驱动和控制,从而使两套停堆系统能够完全独立地运作。

为确保主回路在气体大量丧失的情况下依然能维持一定的气压,在主回路外面设置了包围主回路的气体保护容器(图 14-6)。该保护容器为金属结构,为防止空气渗入,容器内最初装有略高于大气压的氮气。通过设置保护容器,可以限制第一、二道安全屏障(即燃料包壳和主回路压力边界)失效而导致的后果。

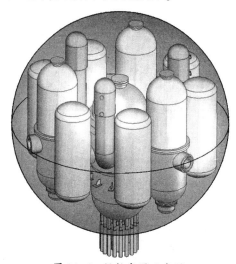

图 14-6　保护容器示意图

事故余热排出系统(包括换热器和一些强制对流设备)通过管路连接在主压力容器上,可以确保在任何事故情况下都能将堆芯余热及时导出。另外,由于堆芯压力较低,在大多数事故(如一回路小破裂)情况下,可以通过气体自然对流达到余热排出的目的。

14.3.4　能量转换系统

能量转换系统有间接循环和直接循环两种方式(图 14-7)。间接循环方式中,中间循环使用 He-N$_2$ 混合气体,系统循环效率为 45%左右。直接循环方式中,氦气在离开堆芯后将直接进入汽轮机。直接循环方式非常紧凑,可以将系统热效率提升至 50%左右,但是该循环方式对系统的安全设计提出了较大的挑战。

14.3.5　ALLEGRO 工程

为证明气冷快堆系统的可行性,建立小型示范堆显得尤为迫切。近年来,欧洲提出了 ALLEGRO 工程。ALLEGRO 工程热功率为 80MWt(不生产电力)。ALLEGRO 将包含目前气冷快堆系统设计中除能量转换系统以外的主要设备和系统(如图 14-8)。ALLEGRO 工程通过在主回路外面设置保护容器,确保主回路在发生泄漏的情况下仍能保持一定的压力水平,从而保证堆芯在任何情况下都能得到有效冷却。

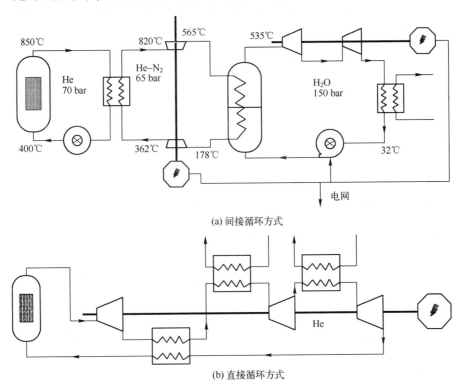

(a) 间接循环方式

(b) 直接循环方式

图 14-7 气冷快堆能量转换系统

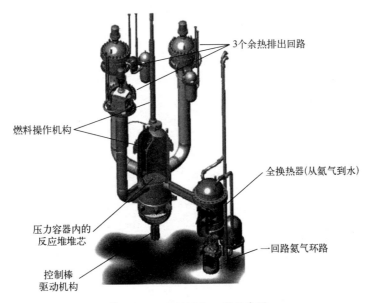

图 14-8 ALLEGRO 工程示意图

参 考 文 献

［1］ Anzieu P,Lenain R,Thomas J. Nuclear Reactor System［M］. France:EDP Science,2016.

［2］ Van Rooijen W F G. Gas—Cooled Fast Reactor:A Historical Overview and Future Outlook ［J］. Science and Technology of Nuclear Installations,2009,965757:1-11.

［3］ Stainsby R,Peers K,Mitchell C,et al. Gas Cooled Fast Reactor Research and Development in the European Union ［J］. Science and Technology of Nuclear Installations,2009,238624:1-7.

［4］ Chersola D,Lomonaco G,Marotta R. The VHTR and GFR and their use in innovative symbiotic fuel cycles ［J］. Progress in Nuclear Energy,2015,83:443 – 459.

［5］ Perkó Z,Pelloni S,Mikityuk K,et al. Core neutronics characterization of the GFR2400 Gas Cooled Fast Reactor ［J］. Progress in Nuclear Energy,2015,83:460 – 481.

［6］ Poette C,Malo J Y,Brun – Magaud V,et al. GFR demonstrator ALLEGRO design status ［C］. Proceedings of International Congress on Advances in Nuclear Power Plants 2009,Tokyo,Japan,May 10-14,2009.

［7］ Malo J,Alpy N,Bentivoglio F,et al. Gas Cooled Fast Reactor 2400 MWth,Status On The Conceptual Design Studies and Preliminary Safety Analysis ［C］. Proceedings of International Congress on Advances in Nuclear Power Plants 2009,Tokyo,Japan,May 10-14,2009.

［8］ Bentivoglio F,Messie A,Geffraye G,et al. CATHARE Simulation of Transients For The 2400 MW Gas Fast Reactor Concept ［C］. Proceedings of International Congress on Advances in Nuclear Power Plants 2009,Tokyo,Japan,May 10-14,2009.